大学生人格发展与辅导

DAXUESHENG RENGEFAZHANYUFUDAO

许思安　严标宾◎编著

暨南大学出版社
JINAN UNIVERSITY PRESS
中国·广州

图书在版编目（CIP）数据

大学生人格发展与辅导／许思安，严标宾编著．—广州：暨南大学出版社，2009．11
ISBN 978－7－81135－396－9

Ⅰ．大…　Ⅱ．①许…②严…　Ⅲ．大学生—人格心理学　Ⅳ．B844．2

中国版本图书馆 CIP 数据核字(2009)第 185300 号

出版发行：暨南大学出版社

地　址：中国广州暨南大学
电　话：总编室（8620）85221601
营销部（8620）85225284　85228291　85220693（邮购）
传　真：（8620）85221583（办公室）　85223774（营销部）
邮　编：510630
网　址：http：//www.jnupress.com　http：//press.jnu.edu.cn

排　版：暨南大学出版社排版设计中心
印　刷：暨南大学印刷厂

开　本：787mm×1092mm　1/16
印　张：13．75
字　数：276 千
版　次：2009 年 11 月第 1 版
印　次：2009 年 11 月第 1 次

定　价：25．00 元

序　言

大学阶段是青年学生人格形成的关键时期，也是其人格心理转折的关键时期。然而科技进步、经济全球化以及体制变革等诸多因素的影响，导致市场经济迅速推进，形成了竞争日趋激烈的社会环境，大学生在校期间所面临的环境适应、人际交往、学习成才、交友恋爱、求职择业、网络诱惑、情绪调节等方面的心理压力和冲突日趋严重，反映出的心理困惑和问题也日益突出。加强大学生人格教育，已成为高等院校人才培养必须研究解决的课题。

关于大学生人格问题的论述在已有的著作中并不鲜见，它或作为专门的章节在大学生心理健康类的著作或教材中出现，或作为独立的人格系列书籍出现。这些著作无论是表达的广度还是深度均可圈可点，其中不乏有重要影响的力作。本书的目的并不是否认其他著作的重要性，也不仅仅是在这些著作的基础上增加一部新的作品，而是要揭示人格的发展和辅导乃大学生学习和生活的一个重要组成部分。它并不是空洞的理论说教，也不是遥不可及的理念构想，而是可以通过学习掌握和提升的实践操守。

基于这样的目的，本书承担了教材和生活指导书籍的双重作用。它既向大学生传递人格概念的相关理论知识（如其具体内涵和相关理论），让他们了解人格概念在心理学领域中的确切范畴，又让他们能够熟练运用人格的相关理论分析、指导甚至解决自我成长中的相关问题，真正将理论知识实践化。理论是实践的基础和指导，而实践是理论的应用和延伸，两者相辅相成，互助互益。同时，在写作风格和内容安排上，本书在以下几方面有所突破：

第一，可读性强。对专业领域之外的其他大众来说，过分理论化和学术化的叙述从来不会受到欢迎和抬爱，不会吸引他们的注意力，也不会引起他们的兴趣，更不会给他们留下深刻的印象。大学生也不例外。为了解决这个难题，本书一方面尽量保持非专业化的叙述风格，让人格领域的专业知识通俗化、简单化；另一方面本书采用“知识链接”的形式对部分内容进行补充叙述，使行文更加具有趣味性和可读性。

第二，理论与实践有机结合，具有较强的可操作性。人格问题历来是比较复杂的一个心理学概念，它与人性等概念联系紧密。关于人格的本质与发展也存在许多争论，因此对人格奥秘的科学探索一直在继续，而人格研究的不同观点也仍在不断变化，及至相互融合。这样，在人格理论的叙述上，本书坚持大刀阔斧的选择原则，重点阐述一些与大学生人格发展有重要联系的观点，而没有企图包罗万象。与此同时，本书选择一些和大学生联系比较紧密的事例佐证这些理论。这样，对大学生来说，理论就不再是空洞的理论，而实践也不再是无理论指引的枯燥的行为了。因此，从某种意义上说，人格发展和辅导是人格理论的一个具体运用和延伸。

第三，前沿性。传统的人格理论强调病态心理的治疗和维护，而忽视了心理健康层面的人格发展。新近兴起的积极心理学力图改变这种局面，将积极人格的概念引入人格心理学，激起了许多人格心理学家的兴趣。本书也力求体现这一新理念，引入了幸福感、健康人格等概念，不但关注心理健康层面的大学生人格发展，而且关注心理发展层面的大学生人格发展。在人格理论不断发展的趋势下，对这些前沿性知识的引入既是人格理论发展的一种必然结果，也是人格理论发展和辅导的一种自然需求。

本书由两位青年心理学工作者，也是我的学生撰写。本书是他们多年在人格及其辅导问题上的研究与思考的结晶，总结了前人的有关理论研究成果及古今中外学者关于人格及其辅导的实践经验。作为一名从事心理学研究与教学多年的学者，我很喜欢本书的写作风格，感到它对人格概念和相关内容的介绍十分通俗易懂，引人入胜。本人希望本书的出版可为广大心理健康教育工作者、青年学生及其家长和老师提供理论的指导与实践的启示，引导广大青少年积极向上发展，形成良好的、健全的人格。

郑　雪

于华南师范大学心理系

目　录

序　言 …………………………………………………………………………（1）

第一章　绪　论 …………………………………………………………（1）
本章提要 ………………………………………………………………………（1）
一、人格——有别于生活视角的理解 ……………………………………（1）
（一）人格的词源分析 ………………………………………………………（2）
（二）人格的心理学定义 ……………………………………………………（3）
（三）气质、性格、个性与人格 ……………………………………………（5）
二、健康人格——走向和谐与成长 ………………………………………（9）
（一）中国古代思想家关于理想人格的思辨 ………………………………（9）
（二）西方思想家、哲学家关于理想人格的思辨 …………………………（12）
（三）心理学视角的健康人格 ………………………………………………（14）
（四）自我统合人格理论 ……………………………………………………（28）
三、健康与幸福——大学生活的重要主题 ………………………………（36）
（一）健康与心理健康 ………………………………………………………（36）
（二）幸福心理与人格 ………………………………………………………（41）
小　结 …………………………………………………………………………（46）
关键词 …………………………………………………………………………（47）
思考题 …………………………………………………………………………（47）

第二章　人格的发展 ……………………………………………………（48）
本章提要 ………………………………………………………………………（48）
一、人格发展的阶段论——差异中的共同点 ……………………………（48）
（一）弗洛伊德的人格发展阶段论 …………………………………………（48）
（二）奥尔波特的统我发展观 ………………………………………………（51）
（三）埃里克森的发展阶段理论 ……………………………………………（52）
（四）启　示 …………………………………………………………………（54）

二、谁来决定你的人格——并不孤立的成长 ……………………………………(56)
（一）内源性因素 ………………………………………………………………(56)
（二）外源性因素 ………………………………………………………………(60)
三、人，认识我们自己——大学生人格发展现状 ……………………………(65)
（一）大学生基本人格状况 ……………………………………………………(66)
（二）大学生人格问题状况研究 ………………………………………………(70)
（三）大学生特殊人群人格状况 ………………………………………………(73)
（四）大学生统合人格状况 ……………………………………………………(81)
小　结 ……………………………………………………………………………(83)
关键词 ……………………………………………………………………………(83)
思考题 ……………………………………………………………………………(83)

第三章　人格发展动力 ……………………………………………………(84)
本章提要 …………………………………………………………………………(84)
一、心理动力学模式——力量的源泉 …………………………………………(84)
（一）精神分析的动力观 ………………………………………………………(85)
（二）人本主义动力观 …………………………………………………………(97)
二、行为、认知模式——我有我选择……………………………………………(103)
（一）行为主义者眼中的人格 …………………………………………………(104)
（二）从认知主义的视角看人格 ………………………………………………(113)
三、社会文化模式——各自各精彩………………………………………………(118)
（一）霍妮的神经症需要决定人格观 …………………………………………(118)
（二）弗洛姆的社会性格论 ……………………………………………………(119)
（三）沙利文的人际关系人格理论 ……………………………………………(120)
（四）卡丁纳的文化与人格相互作用理论 ……………………………………(121)
小　结……………………………………………………………………………(121)
关键词……………………………………………………………………………(122)
思考题……………………………………………………………………………(122)

第四章　大学生人格的自我管理…………………………………………(123)
本章提要…………………………………………………………………………(123)
一、自我意识管理——在悦纳自我中成长……………………………………(123)
（一）自我意识的内涵 …………………………………………………………(124)
（二）自我意识的管理 …………………………………………………………(127)

二、自我管理的其他模式——见仁见智般的多样性……………………………(131)
（一）动机的自我管理 ……………………………………………………(131)
（二）自我目标管理 ………………………………………………………(143)
三、自我管理新取向——来自积极心理学的启迪…………………………(145)
（一）积极心理学的兴起及其主要特征 …………………………………(146)
（二）积极心理学对大学生人格自我管理的启迪 ………………………(147)
小　结……………………………………………………………………………(153)
关键词……………………………………………………………………………(154)
思考题……………………………………………………………………………(154)

第五章　大学生人格的自我评估………………………………………………(155)
本章提要…………………………………………………………………………(155)
一、人格评估的一般问题——用科学的方法了解自己………………………(155)
（一）人格评估的可行性 …………………………………………………(155)
（二）人格评估的资料来源 ………………………………………………(156)
（三）人格评估工具的保证 ………………………………………………(157)
二、测验法与投射法——人格自我评估的主要方法…………………………(162)
（一）人格评估的问卷式测验 ……………………………………………(164)
（二）人格评估的投射测验 ………………………………………………(170)
三、人格评估的方法补充——其他方法的综合运用…………………………(174)
（一）场独立和场依存测量 ………………………………………………(174)
（二）行为评定 ……………………………………………………………(175)
（三）访谈法 ………………………………………………………………(177)
（四）情境测验 ……………………………………………………………(178)
小　结……………………………………………………………………………(178)
关键词……………………………………………………………………………(179)
思考题……………………………………………………………………………(179)

第六章　大学生人格辅导的外部寻求…………………………………………(180)
本章提要…………………………………………………………………………(180)
一、大学生常见的人格障碍——识别中提高警觉……………………………(180)
（一）心理异常概述 ………………………………………………………(181)
（二）大学生中几种常见的人格障碍 ……………………………………(183)
二、大学生人格辅导的主动寻求——调适中走向成熟………………………(192)

（一）积极的自我暗示 ……………………………………………………………（192）
（二）掌握调适的策略 ……………………………………………………………（194）
三、大学生的人格辅导的被动寻求——学习中完善自我…………………………（201）
（一）人格教育的途径 ……………………………………………………………（201）
（二）人格教育的方法 ……………………………………………………………（203）
小　结……………………………………………………………………………（206）
关键词……………………………………………………………………………（206）
思考题……………………………………………………………………………（206）

参考文献………………………………………………………………………（207）
后　记…………………………………………………………………………（212）

第一章 绪 论

本章提要

生活中，我们常常会听到这样的一些评价：某某人很有气质；某某人实在太有个性了；某某人的性格相当不错。气质、个性、性格，这些朗朗上口的生活常用语，在学术上则指向了心理学的一个重要分支学科——人格心理学。那么，这也许就会带给我们一组首要问题：什么是人格？人格和气质、个性、性格有联系吗？它们之间有区别吗？并由此衍生了另一组问题：我的人格健康吗？什么是健康？什么是健康人格？不健康人格又有何表现？我们该如何应对？事实上，对人格的理解，学术界仍无定论，而对于健康人格的探讨正是时代的热点话题。本章从人格的词源开始，介绍心理学界对人格的不同理解以及当前对健康人格的研究成果，由此探析生活中对健康和幸福的态度。

一、人格——有别于生活视角的理解

古希腊神话故事中有这么一个传说：传说中众神居住的地方叫做奥林匹斯山，奥林匹斯山上有一块石碑，碑上刻着一句箴言。众神的主神宙斯想把这句箴言告诉人类，于是他派了斯芬克斯来到人间。斯芬克斯把这句箴言化作了一道谜语让人类猜，它来到了古希腊一座著名的城堡拜森克，并守候在这座城堡唯一的水井旁，要求每一位前来打水的人猜这句谜语，凡是没有猜中的，斯芬克斯马上把他吃掉。这句谜语给当时的拜森克城民带来了前所未有的灾难。这句谜语是："什么东西早上4条腿走路，中午2条腿走路，晚上3条腿走路？"

图1-1 埃及古萨金字塔前的斯芬克斯雕像

这句谜语对我们这个时代的大学生们来说，显然已经不再构成迷惑。谜底直指——“人”。那么什么是“人”？为什么在当年这个谜语却造成了拜森克城堡的危机？宙斯希望让人类领悟的那句箴言又是什么？这些疑问，指向了心理学的一个热点话题，那就是——人格，这也是我们大学生生活中的一个重要话题。有一句话，也许我们都不陌生：“人格决定一个人的命运。”这句话虽然并不完全正确，但存在一定合理性。在某种程度上，人格确实影响一个人的身心健康、生活幸福与学业、事业成功。那么，什么是人格？其词源的本意是指什么？心理学界又是如何理解它的？

（一）人格的词源分析

下面的脸谱都是京剧中的角色，你能说出他们的名字吗？

图 1－2　脸谱

脸谱，这与人格有何关系？据说在距今两千多年前，古罗马的一名戏剧演员为了遮掩他那不幸的斜眼开始采用面具，然后就出现了“persona”这个词。而这个词正是人格（personality）的拉丁文词源。面具、脸谱随人物的角色不同而变换，因此面具这个词的含义很快被人们扩充来指其他一些东西。例如，在古罗马时期著名学者西赛罗的著作中，“人格”被赋予了不同的含义：第一，“一个人表现在别人眼中的印象，或外表的自我”。这指向了“面具”这个词的原意，但又有所扩充。它不但指戏剧中演员所戴的面具，而且指生活中人们所戴的“面具”，即向社会他人所展示的自我形象，而不一定是真实的自我。第二，“某人在生活中扮演的角色，或真实的自我”。这揭示了一个人在生活中所扮演的角色，指出了他的真实身份，而不是假面具。第三，“与自己工作相适应的个人品质的总和”。指出了一个人内部的心理品质，这与现代心理学中人格的通常定义很接近，对现代心理学中人格概念的演变起了重要的作用。第四，“表示一个人的尊严和优越”。表明一个人的重要性、声望和优越的社会地位。这个含义很快被吸收到罗马的阶级社会制度中，进而引申出“要人”与平民百姓相区别，“自由的公民”与奴隶相区别，等等。从西赛罗的角度，也许人格就是一个人带着不同的面具出现在不同的处境、情境之中。

知识链接 **人格面具**

现代著名分析心理学家荣格的人格理论体系中有一个重要的概念——人格面具。荣格把它称为精神的“外部形象”（outward－face），是一个人公开展示的一面，其目的在于给人一个很好的印象，以便得到社会的承认。荣格把人格面具看做是“一定的模型即行为类型”，“是一种适应机制，它使个体容易适从一定的立场或环境”，因而“对人的生存来说也是需要的，它保证了我们能够与人，甚至与那些我们并不喜欢的人和睦相处。它能够实现个人目的，达到个人成就，它是社会生活和公共生活的基础”。

（资料来源：徐光兴．世界文学名著心理案例集．上海：上海教育出版社，2006. 244）

（二）人格的心理学定义

从西塞罗时代开始，对人格概念的探讨是心理学中最有吸引力也最有挑战性的研究领域之一。然而迄今为止，“人格”的定义尚在争论中。近现代的西方学者就此提出了许多不同的心理学定义，归纳起来可以分成五种：

第一，罗列式的定义。从古罗马时期就开始有了这种定义，到了17世纪，更成为人格的习惯用法。例如，普林斯认为：“人格是个体一切生物的先天倾向、冲动、趋向、欲求和本能，以及由经验而获得的倾向和趋向的总和。”沃伦提出：“人格包括了个人品性的各个方面，如智慧、德行、气质和技能等。”又如，梅林格对人格的定义是：“人格被用来描述几乎所有东西，从灵魂的属性到爽身粉的属性。照我们的用法，人格是指整个的人，他的身高和体重、爱和憎、血压和反射；他的微笑和希望，瘤腿和扁桃体肿大。人格是指一个人现在的一切和他对自己将来的一切希望。”上述定义的基本特点是，通常采用诸如“人格是……的总和”；有时采用“集合”、“组合”或“聚合”等词汇，都是以列举的方式罗列属于人格的东西。

第二，整合的或完形的定义。例如，麦考迪把人格定义为“多种模式（兴趣）的整合，这种整合使有机体的行为具有一种特殊的个人倾向”。华伦和卡尔启尔把人格定义为“一个人在任何发展阶段的全部组织”。盖舍尔则认为人格是“渗透一切的超模式，这个超模式表现有机体的完整性和行为特征的个体性”。可见这种类型的定义强调的是个人属性的组织性和整体性。

第三，层次性定义。最为经典的定义是美国著名心理学家詹姆士提出来的，他把自我（实际上是指人格）分成四个层次：①物质的自我，包括一个人的身体、财产所有，以及家庭和亲友；②社会的自我，即在交往中人们对他的承认；③精神的自我，即自我的统一功能，它能把不同层次的自我统一起来，尽可能排除人格各部分之间的不协调；④纯粹的自我，即对自我进行反省的自我，它具有自我认识的功能。这种定义的方式是把人格的属性或特征按一定的层次结构排列起来，使人格特征层次分明，并具有内在的相互联系和统一性。

第四，适应性定义。例如，克雷奇和克拉奇菲尔德把个体在减除紧张上所具有的各种适应方式称为人格；而肯朴夫把人格定义为“人对环境进行独特的适应中所具有的那些习惯系统的综合”。可见，这类型的定义倾向于把人格看成是生物进化过程中对环境适应的一种现象。它深受达尔文生物进化论思想的影响，强调个体与环境的关系。

第五，区别性的定义。例如，苏恩认为：“人格是习惯、倾向和情操的有组织的系统，起作用的整体或同一体，而那些习惯、倾向和情操是区别一群人中任何一个成员不同于其他成员的特征。”又如，惠勒把人格定义为“区别一个人和另一个人的那些有组织的反应的特殊模式或平衡”。可见，这种类型的定义特别强调人格的独特性，人与人之间在人格上的差异性或区别性。

由此可见，“人格”的定义目前仍处于百家争鸣的状态。虽然一直存在争议，但是心理学界对“人格”的一些基本特点已逐步达成了一些共识：

第一，稳定性，主要表现为人格的跨时间和跨情境的一致性。比如，在大学里，我们常常可以观察到身边一些比较外向的人的行为，他们不仅在学校里常常表现出喜欢交朋友、好交际等行为，在校外的活动中，他们也同样有类似的表现。

第二，独特性，主要表现为人格是区分个体与个体、群体与群体差异的主要标志。比如，在现实生活中，我们也常常观察到，每个人的行为和其他人都有所区别，每个人都有其各自的能力、爱好、特长、价值观等。

第三，生物性与社会性并存，主要表现为遗传素质与环境共同对人格的形成、发展发挥复杂的相互作用。比如，在大学里，我们的同学可能来自五湖四海。细心的你也许可以观察到，来自同一地区的那些同学，在行为或者价值观等方面可能存在着某些共同的取向，这正体现了区域文化环境对生活在同一地区的人的影响；又如，我们反观一下自己，看看自己在长相、行为、价值观、特长、爱好等方面和自己的父母有哪些共同之处，这些共同点正是遗传素质传承的具体表现。

知识链接

人格的内涵

为了本书内容的选择与统一性，我们借用郑雪等对人格所下的定义作为本书对人格概念的理解：

人格是个体在先天生物遗传素质的基础上，通过与后天社会环境的相互作用而形成的相对稳定和独特的心理行为模式。

对于这一定义，具体解释如下：

第一，人格是一个人的心理行为模式。就是说人格是由内在的心理特征与外部的行为方式构成的，它不仅是一个个单一的心理特征或行为方式，还是这一个个心理特征和行为方式相互联系形成的有一定组织和层次结构的模式。简单地说，就是个体心理与行为的多侧面、多层次与多因素的统一体。

第二，这种心理行为模式是独特的。这是指每个人的人格都是独特的，这种独特性不仅仅表现在某些个别的心理或行为特征上，更主要表现在整个模式上，从而使得人与人之间相互区别开来。当然，我们并不否认人与人之间在某些心理或行为特征上有共同性，但从整体上来讲，每个人的人格都是独一无二的。

第三，这种心理行为模式是相对稳定的。这是讲一个人的人格及其特征在时间上具有前后一贯性，在空间上具有一定的普遍性。例如，某个人性情比较急躁，他昨天是这样，今天是这样，明天很可能也是这样。同样，这个人在学习上比较急躁，工作中也是这样，甚至在日常生活和人际交往中也表现出急躁。这就是所谓人格在时间上的前后一贯性和空间上的普遍性。当然，我们并不排除这个人在某种场合偶尔也会表现得比较沉稳。这时我们会说："他的举止不像他本人。"人格的相对稳定性也并不意味着它一成不变，我们相信在一个人的一生中，人格都具有可塑性和可变性。

第四，人格不是生下来就有的，而是在先天生物遗传素质的基础上，通过与后天环境相互作用而形成的。人格具有生物性，同时也具有社会性，因为生物遗传素质是人格形成、发展的重要基础，但它不是人格的唯一决定因素。离开了后天的社会环境教育，遗传素质不可能自发地演化为人格。同样，后天社会环境与教育对一个人的人格形成也起着十分重要的作用，但离开了遗传素质的基础，它的作用就无法表现出来。当然，一个人从受精卵开始，遗传素质与环境作用就不可分割地联系在一起，它们共同对人格的形成、发展发挥作用。并且，它们的作用不是简单的相加，而是复杂的相互作用。一方面，环境、教育使遗传素质的作用得到发挥和表现；另一方面，一个人的遗传素质也制约着环境、教育的作用。它们双方相互制约、相互作用，共同影响着人格的形成、发展。

（资料来源：郑雪．人格心理学．广州：广东高等教育出版社，2004. 7 – 8）

（三）气质、性格、个性与人格

气质、性格、个性这三个概念与人格概念关系密切且容易混淆，为了更好地理解人格的内涵，特对这几个概念阐释如下：

1. 个性（individuality）与人格

生活中，我们常常听到这样的评论："某某太有个性了。"在这里，也许我们可以理解为某某是个比较特别的人。这种"特别"正是个性与人格概念之间存在区别的体现。我们认为，个性指向的是个体差异（individual difference），它体现的是一个人不同于他人的某些特点。而人格除了具有独特性之外，还有其他特点。此外，个性是相对于共性（generality）而言的，世界万物都有个性，人自然也有个性，而人格只是对人而言。

2. **气质（temperament）与人格**

气质，往往就是我们平常所说的“秉性”、“脾气”。比如，我们常说某某很温柔、某某很火爆，等等。它是与生俱来的心理活动的动力特征，是一种人格特征，依赖于生理素质或身体特点的人格特征。古希腊医生希波克拉底曾提出，气质是由人体内的四种液体即血液、黏液、黄胆汁、黑胆汁的混合比例所决定的。并由此衍生出人的四种气质：多血质、黏液质、胆汁质、抑郁质。一种较为公认的观点是：胆汁质型的气质特征是智慧敏捷，缺乏准确性；热情，但急躁，易冲动；刚强，但易粗暴。多血质型的气质特征是灵活，有朝气，善于适应变化的生活环境，情绪体验不深。黏液质型的气质特征是稳重但不灵活；忍耐力强，沉着，但缺乏生气。抑郁质型的气质特征是易感，但内向；稳重，持久，但懦弱；沉默而孤独。这四种气质类型属于极端形式，实际生活中的人们大多接近或类似某种气质。气质与人格之间的关系或可这样描述：气质是指向人的先天禀赋，反映了人格的先天倾向；但人格除了受遗传因素的影响之外，还受到社会文化等其他因素的共同作用。

知识链接　**气质六十问（陈会昌编制）**

下面60道题可以帮助你大致确定自己的气质类型。请认真阅读下列各题，对于每一题，你认为非常符合自己情况的记2分；比较符合的记1分；吃不准的记0分；比较不符合的记－1分；完全不符合的记－2分。

1. 做事力求稳健，不做无把握的事。
2. 遇到可气的事就怒不可遏，想把心里话全说出来才痛快。
3. 宁肯一个人做事，也不愿很多人在一起。
4. 到一个新环境很快就能适应。
5. 厌恶那些强烈的刺激如尖叫、噪音、危险的镜头等。
6. 和人争吵时，总是先发制人，喜欢挑衅。
7. 喜欢安静的环境。
8. 善于和人交往。
9. 羡慕那种能克制自己感情的人。
10. 生活有规律，很少违反作息制度。
11. 在多数情况下情绪是乐观的。
12. 碰到陌生人觉得很拘束。
13. 遇到令人气愤的事，能很好地自我克制。
14. 做事总是有旺盛的精力。
15. 遇到困难常常举棋不定，优柔寡断。
16. 在人群中从不觉得过分拘束。
17. 情绪高昂时，觉得干什么都有趣；情绪低落时，又觉得什么都没有意思。

18. 当注意力集中于某一事物时，别的事物很难使我分心。
19. 理解问题总比别人快。
20. 碰到危险情境常有一种极度恐怖感。
21. 对学习、工作、事业怀有很高的热情。
22. 能够长时间做枯燥、单调的工作。
23. 符合兴趣的事情，干起来劲头十足，否则就不想干。
24. 一点小事就能引起情绪波动。
25. 讨厌做那种需要耐心、细致的工作。
26. 与人交往不卑不亢。
27. 喜欢参加热烈的活动。
28. 爱看感情细腻、描写人物内心活动的文学作品。
29. 工作或学习时间长了，感到厌倦。
30. 不喜欢长时间谈论一个问题，愿意实际动手干。
31. 宁愿侃侃而谈，不愿窃窃私语。
32. 别人说我总是闷闷不乐。
33. 理解问题常比别人慢。
34. 疲倦时只要短暂的休息就能精神抖擞，重新投入工作。
35. 心里有话宁愿自己想，不愿说出来。
36. 认准一个目标就希望尽快实现，不达目的，誓不罢休。
37. 同样学习、工作一段时间后，常比别人更疲倦。
38. 做事有些莽撞，常常不考虑后果。
39. 老师讲新知识时，总希望他讲慢些，多重复几遍。
40. 能够很快地忘记那些不愉快的事情。
41. 做作业或完成一种工作总比别人花的时间多。
42. 喜欢运动量大的剧烈体育活动，或参加各种文娱活动。
43. 不能很快地将注意力从一件事转移到另一件事上去。
44. 接受一个任务后，希望把它迅速完成。
45. 认为墨守成规比冒风险强些。
46. 能够同时注意几件事物。
47. 当我烦闷的时候，别人很难使我高兴起来。
48. 爱看情节起伏跌宕、激动人心的小说。
49. 对工作抱认真严谨、始终一贯的态度。
50. 和周围人们的关系总是相处不好。
51. 喜欢复习学习过的知识，重视做已经掌握的工作。
52. 希望做变化大、花样多的工作。

53. 小时候会背的诗歌，我似乎比别人记得清楚。
54. 别人说我“出口伤人”，可我并不觉得是这样。
55. 在体育活动中，常因反应慢而落后。
56. 反应敏捷，头脑机智。
57. 喜欢有条理而不甚麻烦的工作。
58. 兴奋的事常使人失眠。
59. 老师讲的概念，常常听不懂，但是弄懂以后就很难忘记。
60. 假如工作枯燥无味，马上就会情绪低落。

计分方法：

胆汁质：2、6、9、14、17、21、27、31、36、38、42、48、50、54、58

多血质：4、8、11、16、19、23、25、29、34、40、44、46、52、56、60

黏液质：1、7、10、13、18、22、26、30、33、39、43、45、49、55、57

抑郁质：3、5、12、15、20、24、28、32、35、37、41、47、51、53、59

如果某一类气质的得分明显高于其他三种（均高出4分以上）则可定为该类气质。此外，如果该类气质得分超过20分，则为典型型；如果该类得分在10~20分，则为一般型。如果两种气质类型得分接近，其差异低于3分，而且又明显高于其他两种，高出4分以上，则可定为这两种气质的混合型。

（资料来源：樊富珉，王建中．当代大学生心理健康教程．武汉大学出版社，2006.108－110）

3. 性格（character）与人格

在生活中，我们也常常听到这样的评论：“某某性格不好。”为什么性格能用“好”与“不好”来区分呢？或许，这正体现了性格可作为价值评价的基本特点。在心理学上，我们认为性格是指个人的品行道德和风格，是人格结构的一个重要组成部分，是个人有关社会规范、伦理道德方面的各种习性的总称，是不易改变的、稳定的心理品质。如，诚实、坚贞、奸险等可作善恶、好坏、是非等价值评价的心理品质。

知识链接

性格就是命运

古希腊哲人赫拉克利特说：“一个人的性格就是他的命运。”这句话包含两层意思：第一，对每个人来说，性格是与生俱来、伴随终身的，永远不可摆脱，如同不可摆脱命运一样；第二，性格决定了一个人在此生此世的命运。

那么，能否由此得出结论，说一个人命运的好坏是由天赋性格的好坏决定的呢？我们认为不能，因为天性无所谓好坏，因此由之决定的命运也无所谓好坏。明确了这一点，可知赫拉克利特名言的真正含义是：一个人应该认清自己的天性，过最适合于他的天性的生活，对他而言这就是最好的生活。

一个灵魂在天外游荡，有一天通过一对男女的交合而投进一个凡胎。他从懵懂无知开始，似乎完全忘记了自己的本来面目。但是，随着年岁和经历的增加，那天赋的性质渐渐显露，使他不自觉地对生活有了一种基本的态度。在一定意义上，“认识你自己”就是认识附着在凡胎上的这个灵魂，一旦认识了，过去的一切都有了解释，未来的一切都有了方向。

赫拉克利特的名言也常被翻译成：“一个人的性格就是他的守护神。”的确，一个人一旦认清了自己的天性，知道自己究竟是什么人，他也就知道自己究竟要什么了，如同有神守护一样，不会在喧闹的人世间迷失方向。

（资料来源：周国平．性格就是命运．读者，2005（22）．8－9）

综上所述，我们或许可以这样概括这三个概念与人格之间的关系：个性是指人格的独特性；气质是人格发展的先天基础，体现了人格的生物性；性格是个人后天形成的道德行为特征；个性、气质、性格都属于人格所包含的内容。

二、健康人格——走向和谐与成长

人格有变态人格和健康人格之分。奥尔波特很早就提出了健康人格（healthy personality）的概念。从其英文的含义看，健康人格是指健康的人格，而不是指健康人的人格，或促进健康的人格。当然，健康人格与健康个体的人格密切联系，也能增进人的健康，但它们之间并不等同。健康人格是一种理论上的抽象概括。那么它的内涵是什么？

（一）中国古代思想家关于理想人格的思辨

早在2000多年前，从《周易》开始，中国古代的儒家思想家孔子、孟子等人就从理想人格的探索涉猎健康人格的问题。他们采用托古立言的方法，把古人理想化，利用人们贵远贱近的心理，赋予尧、舜、禹、汤、文、武、周公等古人许多功绩、才能和人品，诸如仁人、克己、公正、谦恭好学、治国平天下等，以此来传播自己的思想。在他们看来，理想的人格关键在于积极进取，通过积极的修养，培养良好的道德品质。通过积极向外拓展，为社会作出贡献，达到所谓的“内圣外王”的境界。

1.《周易》与理想人格

中国心理学史学家燕国材先生曾将《周易》中对理想人格的描述进行了概括，得到18项心理特征：

（1）天人合一的主客观念；

（2）奋发有为的积极态度；

（3）自强不息的进取精神；

(4) 仁义礼智的完整道德;
(5) 谦虚逊让的美好德行;
(6) 诚信不欺的正直精神;
(7) 不怕困难的坚强意志;
(8) 自我节制的调控能力;
(9) 持之以恒的坚持精神;
(10) 与人为善的待人态度;
(11) 与人为善的积极情感;
(12) 光明磊落的宽广胸怀;
(13) 认真负责的工作态度;
(14) 刚柔并济的处事方式;
(15) 胜不骄、败不馁的正确态度;
(16) 趋时守中的处世原则;
(17) 革新创造的变革精神;
(18) 特立独行的完善人格。

2. 儒家与理想人格

在儒家学派中,"圣人"与"君子"一直被视为儒家理想人格的代称。儒家推崇的理想人格模式是"内圣外王","圣也者,尽伦者也;王也者,尽制者也。两尽者,足以为天下极矣。故学者以圣王为师"(《荀子·解蔽篇》)。能达到这一境界的人格就是"圣人","圣人"是理想人格的最高典范。如孟子说:"圣人,人伦之至也。"(《孟子·离娄上》)但是,"圣人"的境界往往给人以至高无上、只可顶礼膜拜的感觉,是普通人难以达到的,因此缺乏实际的感召力和吸引力。于是,一个世俗化的、易于为大众所接受的、人们经过主观努力可以达到的理想人格"君子"就出现了。且先看看儒家经典作品中对"君子"的描述与要求:"君子喻于义,小人喻于利。"(《论语·里仁》)"君子谋道不谋食。"(《论语·卫灵公》)"君子义以为质,礼以行之,孙以出之,信以成之。君子哉!"(《论语·卫灵公》)"君子必慎其独也。"(《大学》)"君子不可以不修身。"(《中庸》)"君子周而不比,小人比而不周。"(《论语·为政》)"君子成人之美,不成人之恶,小人反是。"(《论语·颜渊》)"君子敬而不失,与人恭而有礼,四海之内皆兄弟也。"(《论语·里仁》)"不知命,无以为君子也。"(《论语·尧也》)……由此可见,儒家中的"君子"应是这样的一个(类)人:总的来说,他是道德高尚、精神境界不俗的人。分而言之,君子是有坚定信念的人,而且为了实现自己的信念而不懈努力、奋斗终生;在追求理想的过程中,君子以对自身道德的培养来作为实现的手段;此外,君子还对不同的人与物有不同的态度。

其中,儒家理想人格的关键特征是中庸之道,即在具体的行为情境中避免"过"与"不及"。在中国儒家经典《尚书》中提出的所谓九德都可用"中庸"

一词来贯穿："宽而栗，柔而立，愿而恭，乱而敬，扰而毅，直而温，简而廉，刚而塞，强而义"（《尚书·皋陶谟》）。杨中芳指出，作为一个有德之人，必须在两两对立的行为特性中取得一个均衡点。这个均衡点既非两者的中点，也不是一个定点。如一个"宽而栗"的人并不是以宽与栗的中点作为行事的准则，而是在具体行为中，根据自我要达成的目标，以及情境的要求，在宽与栗之间拿捏分寸，成为"既宽且栗"的人。

3. 道家与理想人格

先秦道家学派的老子和庄子所讲的理想人格与孔孟儒家的理想人格相去甚远。他们虽然也讲圣人的品格，但是与儒家说的不一样。儒家讲积极进取，而道家主张清静无为；儒家强调人与社会的和谐，而道家重视人与自然的和谐。在老子的理想人格中，无为是首要内容。无为并不等于什么事都不做，无为是指一切顺其自然，遵循自然规律，不强求，过自然而然的生活，这就是健康人格的关键之处。老子主张淡泊名利，平和心性，主张"轻利寡欲"、"致虚守静"、"无私不争"，强调弃智，崇尚无为，提倡无欲，"是以圣人不行而智，不见而明，不为而成"（《老子·第四十七章》）。老子还强调人从"道"那里获得的自然本性是天纯未散、元气充足的，是最完美的。所以，他常常以婴儿、赤子作比喻。但是，人这种完美的朴素之性，由于后天的圣智、仁义、巧利的影响，会变得性亏德离。所以，要得到理想的人格，必须"绝圣弃智，民利百倍；绝仁弃义，民复孝慈；绝巧弃利，盗贼无有"（《老子·第十九章》），从而"复归于朴"。

庄子也提出了与老子思想类似的"反真去伪"说。在他看来，人的本性自然朴素，然而人为的一切都属于后天社会加工的"伪"。要保持人的纯朴本性，必须去掉"伪"，抛弃名利欲求，以到达"恬淡、寂寞、虚无、无为"（《庄子·刻意》）的理想境界。他强调人的精神自由和意志独立，即"道通为一"（《庄子·齐物论》）。庄子对理想人格的界定可概括为：第一，无情。即不动感情，保持心境和平，不为喜怒哀乐等情绪困扰。他说："且夫得者，时也；失者，顺也；安时而处顺，哀乐不能入也。此古之所谓悬解也。"（《庄子·大宗师》）第二，无己。理想的人格应是"至人无己，神人无功，圣人无名"（《庄子·逍遥游》）。其中，"无己"即不考虑自己，"无功"是说不追求功绩，"无名"是说不追求名誉。这三种人中，以无己的境界最高，因为做到了无己，才能视功名为粪土。第三，无所待。庄子说："若夫乘天地之正，而御六气之辩而游无穷者，彼且恶乎待哉！"（《庄子·逍遥游》）第四，无用。如其所言，"人知有用之用，而莫知无用之用也"（《庄子·大宗师》）。无用反而有大用，这就是保存自己，享受逍遥游的生活。第五，不以人助天。即不要从事人为的努力，不从事任何人的变革。如《庄子·大宗师》中所言："古之真人，不知说生，不知恶死；其出不䜣，其人不距；倏然而往，倏然而来而已矣。不忘其所始，不求其所终；受而喜之，忘而复之，是之谓不以心捐道，不以人助天。是之为真人。"

可见，在道家看来，现实的个人在社会中是极其渺小的，人所要做的是保持其自然本性，不为物欲蒙蔽，不为他物牵累，致虚极，守笃静，“依德而行，循道而渔”（《庄子·天道》），纵情于山水间，逍遥于天地之外，做到不辨物我，不执是非，不论善恶，安时处顺，全真保性，从而达到本性与大道统一。

（二）西方思想家、哲学家关于理想人格的思辨

1. 西方古代、近代思想家的人格和谐观

（1）苏格拉底的西方理性主义。

与古希腊早期的自然哲学家不同，苏格拉底不关心自然的知识，而是重视人类本身及社会道德的研究。他开创了西方理性主义的传统。他教人要“认识自己”，也就是要认识“真正的我”。这个“我”是指我的灵魂，也就是“心灵”或“理智”。他强调人的理性在健康人格中起着关键作用，认为美德就是知识，善出于知，恶出于无知。一个人有理性，才会有知识；有了知识，这个人才能完善自我。

（2）柏拉图的人格和谐论。

柏拉图进一步发扬苏格拉底的观点，认为在理想人格中应该包含四种美德，即智慧、勇敢、节制与正义。每个人的灵魂都有理性、意志与欲望三个部分，相应于这三个部分有智慧、勇敢与节制三种美德。当一个人在理性的调节控制下，各部分各司其职，和谐统一，便产生第四种美德，即“正义”。相反，若是灵魂各部分不服从理性的支配，相互矛盾冲突，破坏了灵魂的和谐秩序，就会导致无知、懦弱与放荡。他提出：“生活中有两道泉在我们心中涌流着，一道是快乐，可以比作蜜泉；另一道是智慧，可以比作清凉剂，我们必须设法将这两种东西配成可口的合剂。”可见，在柏拉图看来，所谓幸福的人生就是“蜜泉”与“清凉剂”的融合，即感性与理性的和谐状态。

（3）亚里士多德的中庸论与幸福论。

在亚里士多德那里，人既是理性的动物，也是政治动物。作为政治动物的人的美德就是行德，作为理性动物的人的美德就是知德。行德与知德的完美结合就是人格高尚的人。亚里士多德指出：“过度和不足是恶行的特性，而适中则是美德的特性。”一切美德都处于过分与不足两者之间，即中庸状态，因此，美德的核心是适中或中庸，这也就是一个人格完善者的根本特征。在这点上，亚里士多德的看法与孔子的中庸之道是相通的。要掌握这种“中庸之道”，决不是机械地确定两个极端之间一个算术中项，如像确定5为1与9之间的中项一样。中庸适度是相对的，要受时间、地点和条件的制约，因人、因环境的差异而有所不同。因此，要掌握中庸之道必须依靠个人的经验和智慧，亚里士多德称之为“实践智慧”。此外，亚里士多德还强调，至善即幸福，幸福生活是理性指导下的感性活

动，身心协调、理性与感性的和谐发展。人类最崇高的、最优良的和最幸福的生活包括：外物诸善、躯体诸善和灵魂诸善，特别是自然赋予的心理潜能实现所产生的幸福感。

（4）伊壁鸠鲁的快乐主义。

伊壁鸠鲁是快乐主义的创始人。他认为，人的本性就是趋乐避苦。理想的人是追求快乐且获得快乐的人，因为幸福生活是天生的最高的善，而快乐又是幸福生活的具体内容或目的，所以快乐是天生的最高的善。快乐和幸福是精神上的一种安宁的感觉。他说“当我们说快乐是一个主要的善时，我们并不是指放荡者的快乐或肉体享受的快乐”，“我们所谓的快乐，是指身体的无痛苦和灵魂的无纷扰”。

（5）爱尔维修的利己与利人统一论。

爱尔维修认为，人一方面是具有感性的肉体的人，因而趋乐避苦、自爱自保是人的本性之一；另一方面人又是社会的人，每个人都在追求自己的幸福同时又不能离开别人，别人是自己存在和幸福的最重要的条件，因此，爱他人也是人本性中不可缺少的东西。人既自爱，也爱人，是两者的和谐统一。他说过，公共幸福是由所有的个人幸福组成的，社会利益是个人利益的总和，因此，个人幸福与社会幸福并不矛盾，而应该相辅相成，相互促进。

2. 马克思的人格全面和谐发展观

（1）人的社会属性。

马克思认为：人既是自然存在物（人不仅要靠自然生活，他自身就是自然界的一部分）又是社会存在物，这就是人的两重性，即自然属性和社会属性。而人的根本属性是社会实践性，人的生存和发展不能离开以特定的社会关系为前提和基础的社会实践活动。因此，必须把人放在“他所生活的那个社会”中，放在一定性质的生产过程中去考察和认识。他强调，人的本质“在其现实上，它是一切社会关系的总和”。这一结论对我们探索健康人格的机制有着重要的指导意义。它告诉我们除了要研究人的意识的物质本体和人的自然属性外，还必须在一定的历史条件下、一定的阶级背景和复杂的社会关系中研究人格。

（2）全面发展观。

马克思认为“全面发展”包含了三个特点：第一，人的体力和智力的充分统一和发展。马克思设想：“我们把劳动或劳动能力，理解为人的身体即活的人体中存在的、每当人生产某种使用价值时所运用的体力和智力的总和。”第二，人的才能和志趣的多方面发展。马克思强调，只有既能从事物质活动又能从事精神活动的人，才是全面发展的人。第三，共产主义道德的发展。马克思在分析人的对象性关系时，不仅注重人与自然的关系，同时也强调人与人的社会关系。他认为“社会关系的含义就是指多个人的合作”。为了进行合作，社会就必须建立一定的行为规范，而道德正是调节人们相互关系的一个重要手段。

(3) 人的全面和谐发展论。

马克思在其“人的自由全面发展”的学说中指出，理想的人格首先表现为人的活动能力的全面性，全面发展的人具有真正的多才多艺；其次是人格内部及外部的多方面和谐、真善美的统一，如人的知识水平与事业的目标取向、动机需要、态度意志和情感体验的协调，人和社会的和谐等；再次是具有自身独特的统一性和完整性，理想和健康的人格提供给人一种自我意象，形成个人内在的恒常性和同一感，使人能认识到他的自我，达到一种熟悉和理解自身的体验。马克思还指出，人只有在追求自己与自然、自己与社会、自己与自己平衡适应的社会实践活动中才能实现自我肯定、自我完善和自我实现，才能真正实现人格的完美。马克思的观点为构建科学的健康人格模式指明了方向。

(三) 心理学视角的健康人格

马斯洛曾经写过一篇没有公开发表的文章《和尚能够自我实现吗》，文中指出：“我们面临的一个巨大挑战就是如何把西方文明中关于自我实现的观念和东方文明中关于内在和谐的观念结合起来。”前人对健康个体和杰出人士的人格及心理变态者的人格进行过长期的研究，已经获得了丰硕成果，形成了诸多关于健康人格的观点或理论。现择其要点介绍如下：

1. 精神分析学派与健康人格

自从冯特开创科学心理学以来，不少心理学家关注健康人格的问题。特别是精神分析学派的学者，通过对变态人格的研究，揭示了健康人格的某些本质特征。

(1) 弗洛伊德与健康人格。

精神分析学派的创始人弗洛伊德虽然主要探讨变态人格、变态心理的发生与矫治问题，没有专门讨论健康人格的问题，但在他的理论之中还是包含了不少关于健康人格的真知灼见。在其人格结构论中，他主张人格健康的关键因素是自我，具有强大而充满理性的自我才能平衡协调本我与超我的对立、本我与现实的矛盾，寻找到满足矛盾各方要求的最佳行为路线。人格的变态在于自我不能有效地应对人格内部的各种冲突，从而导致人格的分裂。因此，只有和谐统一的人格才是健康的人格。弗洛伊德在其人格发展论中认为，一个人如果能很好地解决人生早期各个发展阶段的心理矛盾和冲突，顺利地达到人格发展的最高阶段——生殖阶段，那他就会获得健康人格，即所谓“生殖型人格”。这是弗洛伊德最推崇的健康、理想的人格，具有这种人格的人能够消除本能力量的破坏作用，使之富于建设性，不仅在性方面，而且在心理和社会方面都达到完美的境界。

知识链接

弗洛伊德简介

西格蒙德·弗洛伊德（Sigmund Freud）于1856年出生在弗赖贝格市，该市现在位于捷克境内摩拉维亚省，当时是奥地利帝国的一部分。他4岁时全家迁居到维也纳，他的一生几乎都是在那里度过的。弗洛伊德读书时就是一个出类拔萃的学生，1881年他在维也纳大学获得医学学位。在随后的10年中，他在一个精神病诊所行医，个人开业治疗神经症，同时致力于生理学的研究。他在巴黎与杰出的精神病专家让·夏尔科共事。他还曾与维也纳内科专家约瑟夫·布鲁尔共事过。

弗洛伊德的心理学思想是逐渐发展起来的。直到1895年才出版了他的第一部论著《歇斯底里论文集》；他的第二部论著《梦的解析》于1900年问世，这是他最有创造性、最有意义的论著之一。虽然该书开始非常滞销，但是却大大地提高了他的声望，他的其他重要论著也相继问世。1908年弗洛伊德在美国作了一系列演讲，当时他已是一位知名人士了。1902年他在维也纳组织了一个心理学研究小组，艾尔弗雷德·阿德勒就是其中的最早成员之一，几年以后卡尔·荣格也加入了这个行列，两个人后来都成了名副其实的世界著名心理学家。

弗洛伊德结过婚，有六个孩子。他晚年患了颌癌，为了解除病根，他从1932年起先后做过三十多次手术。尽管如此，他仍然不息工作，陆续写出一些重要论著。1938年纳粹分子入侵奥地利，由于弗洛伊德是犹太人，因此他不顾82岁高龄逃往伦敦，1939年3月23日在那里因癌症不幸去世。

弗洛伊德对心理学作出了很大贡献，用简短的文字很难加以概括。他强调人的行为中的无意识思维过程极为重要。他证明了这样的过程如何影响梦的内容，如何造成常见的不幸，如口误、忘记人名、致伤的事故，甚至疾病。

弗洛伊德创造了用精神分析来治疗精神病的方法。他系统地论述了人的个性结构学说，还发展和普及了一些心理学学说，如有关焦虑、防御功能、阉割情绪、抑制和升华等，在此不一一列及。他的著作极大地引起了人们对心理学的兴趣，他的许多观点在过去和现在都存在着很大的争论，而且自他提出之日起就引起了热烈的争论。

弗洛伊德广为世人所知，也许是由于他提出了受抑制的性爱经常会引起精神病或神经症这一学说（实际上这个学说并不是由弗洛伊德创立的，虽然他的著作为普及这个学说作出了许多贡献）。他还指出，性爱和性欲始于早期儿童时期而不是成年时期。

由于对弗洛伊德的许多学说仍有很大争议，因此很难评估他在历史上的地位。他有创立新学说的杰出才赋，是一位先驱者和带路人。但是弗洛伊德的学说与达尔文和巴斯德的不同，从未赢得过科学界的普遍承认，所以很难说他的学说中有百分之几最终会被认为是正确的。

尽管对弗洛伊德的学说一直存在着争论，但他仍不愧为人类思想史上的一位极其伟大的人物。他的心理学观点使我们对人类思想的观念发生了彻底的改变，他提出的概念和术语已被普遍使用——例如，本我（Id），自我（Ego），超我（Super－Ego），恋母情绪（Oedipus Complex）和死亡冲动（Death Drive 或 Death Instinct）。

精神分析法实际上是一种代价极高的治疗方法，因此往往无效。但是也有许多成功的事例应当归功于这种方法，这是毋庸置疑的。未来的心理学家很可能最终会断定受抑制的性爱所起的作用比许多弗洛伊德派学者所认为的要小，但是这种作用肯定比弗洛伊德以前的大多数心理学家所认为的要大。同样，大多数心理学家现在已经确信无意识思维过程对人的行为起着一种决定性的作用—— 一种在弗洛伊德之前被大大低估了的作用。

弗洛伊德当然不是心理学的鼻祖。从长远的观点来看，人们也许会认为他作为心理学家所提出的学说并非十分正确；但是他显然是在现代心理学发展中最有影响、最重要的人物。

（资料来源：http：//baike. baidu. com/view/2215. htm）

（2）阿德勒与健康人格。

弗洛伊德的后继者阿德勒、荣格等人都有关于健康人格的论述。在阿德勒看来，我们每个人都受“克服自卑、追求优越”的向上动力所驱使。克服自卑、获得优越的方式、方法就是生活风格。因为生活风格具有相对稳定性，所以生活风格可看作是一个人的人格特征。健康的生活风格（也即健康的人格）只有一种，而不健康的生活风格或人格则有多种。健康与不健康的分野就是社会兴趣，因为社会兴趣可以使人获得美满的爱情生活，热爱自己的工作且取得成就，发展和保持良好的社会关系。那些缺乏社会兴趣的人不可能获得美满的爱情和婚姻，在工作上不能尽心尽力，无所作为，在社会上难有真正的朋友。阿德勒指出所有失败者——神经症患者、精神病人、罪犯、酗酒者、堕落者、娼妓之所以失败，就是因为他们缺乏从属感和社会兴趣。阿德勒的健康人格理论强调了人与社会的和谐统一。

知识链接

阿德勒简介

阿德勒于1870年出生于维也纳郊区一个中产阶级犹太人家庭，但富裕的家庭条件并没有给他带来快乐的童年。在他的记忆中，他的童年生活是不幸且多灾多难的。他自己曾说他的童年生活笼罩着对死亡的恐惧和对自己的虚弱而感到的愤怒。他在弟兄中排行第二，长得既矮又丑，幼年时患软骨病，身体活动不便。他4岁才会走路，又患佝偻病，无法进行体育活动。在身体健康的哥哥面前他总感到自惭形秽，觉得自己又小又丑，样样不如别人。他还被汽车轧伤过两次。5 岁时，他患了严重的肺炎，甚至连他的家庭医生也对他绝望了。然而，几天后病情却意外地好转。从此他想当一名医生。在后来的回忆中，他曾说自己的生活目标就是要克服儿童时期对死亡的恐惧。进学校读书以后，他的成绩一开始很差，以致老师觉得他明显不具备从事其他工作的能力，因而向他的父母建议及早训练他做个鞋匠才是明智之举。

不过在一些小事上，我们还是能看到他不甘人后的一面。他曾自述过一件小事："我记得走往学校的小路上要经过一座公墓。每次走过公墓我都很惊恐，每走一步都觉得心惊胆战，然而看到别的孩子走过公墓却毫不在意，自己感到十分困惑不解。我常因自己比别人胆小而苦恼。一天，我决心要克服这种怕死的恐惧，采用了一种使自己坚强起来的办法。我在放学时故意落在别的同学后面而且间隔了一段距离，把书包放在公墓墙壁附近的草地上，然后多次地来回穿过公墓，直到我感到克服了恐惧为止。"另外，阿德勒一直是一个合群的孩子，与同伴玩时被人所接受的感觉使他感到高兴和满足。

1895 年，阿德勒获得维也纳大学医学学位，成为眼科和内科医生。1900 年，弗洛伊德的《梦的解析》出版后，他读了此书，并对其深有好感。他认为此书对了解人性有很大的贡献。于是他在维也纳一本著名的刊物上著文为弗洛伊德的观点作辩护。或许正是这一缘故，当 1902 年弗洛伊德着手建立小组织——"星期三心理学会"后不久，阿德勒就被邀请加入，成为弗洛伊德最早的同事之一。鉴于阿德勒在这个小群体中智力最为出众，弗洛伊德对阿德勒备加赞誉，也非常信任。1910 年，在弗洛伊德的推荐下，他成为维也纳精神分析协会第一任主席，并负责该协会会刊的编务。但是，两人之间的关系其实在一开始就潜伏着有朝一日会破裂的危机。阿德勒从一开始就不是弗洛伊德的忠实信徒，两人之间也从未建立亲密的个人关系。正如著名心理学史家墨菲所指出的那样，阿德勒显然一开始就认为自己是弗洛伊德这位大师的年轻同事而不是弟子，而弗洛伊德则把阿德勒看作自己的信徒和门生，他不能容忍他心目中的弟子对他的学说有任何怀疑和偏离。1907 年，阿德勒发表了一篇论述由身体缺陷引起的自卑感及其补偿的论文并获得了很大的声誉，此时弗洛伊德还认为阿德勒的观点对精神分析学作出一大贡献。但是，当阿德勒进一步发展自己的观点并认为补偿作用是理论的中心思想时，弗洛伊德便不能容忍了。两人在理论方面分歧越来越大。1911 年，阿德勒连续发表三篇文章，阐述他对精神分析性倾向的反对。两人的矛盾激化，最后阿德勒辞去协会主席之职，率领他的几个追随者退出了维也纳精神分析协会，另组了"自由精神分析研究会"。鉴于"精神分析"一词已为弗洛伊德使用，1912 年，他又把组织名字改为"个体心理学学会"。从那时起，阿德勒便致力于发展和完善他的"个体心理学"理论体系。

一战期间，阿德勒曾在奥国军队当军医。以后，他又曾在维也纳的教育机构从事儿童辅导工作。到20世纪20年代，阿德勒已是声名远播的人物了。1926年，阿德勒应邀访美，并受到了热烈的欢迎；1927年，他担任哥伦比亚大学教授；1932年他出任纽约长岛医学院教授；1934年他决定在美国定居；1937年，他应聘赴欧洲讲学，最后，过度的劳累使得他心脏病突发而死在苏格兰阿伯登市的街道上。

“思想是从生活中孕育出来的。”这句话并不一定适用于所有人，但用在阿德勒身上却是极其贴切的。我们透过他的生平可以明了他的几乎所有重要观点之来源。

阿德勒的观点对后来心理学的发展影响颇大。许多著名心理学家如奥尔波特、勒温、马斯洛都对他与他的观点表示了好感。1970年，马斯洛曾说：“在我看来，阿德勒一年比一年显得正确。随着事实的积累，这些事实对他关于人的形象的看法给予越来越强有力的支持。”事实上，阿德勒被认为是人本主义心理学的先驱者之一。

他的主要著作有：《神经症的性格》、《器官缺陷及其心理补偿的研究》、《理解人类本性》、《个体心理学的实践与理论》、《生活的科学》、《生活对你应有的意义》（又译为《超越自卑》和《挑战自卑》）和《神经症问题》等。

阿德勒被誉为个体心理学的创始人，人本主义心理学的先驱，现代自我心理学之父；他是精神分析学派内部第一个反对弗洛伊德的心理学体系的人。他的由生物学定向的本我转向社会文化定向的自我的心理学，对后来西方心理学的发展具有重要的意义。

（资料来源：http：//baike. baidu. com/view/22879. htm）

（3）弗洛姆与健康人格。

弗洛姆是精神分析社会文化学派中对现代人的精神生活影响最大的人。他把文化与经济、政治、社会意识形态等结合起来，强调这些社会因素对人格的作用。他根据同化过程中的取向是否具有生产性，将人分为两大基本类型：生产性取向和非生产性取向。他认为生产性取向是人类发展的一种理想境界或目标，这在任何社会都还没有达到，获得生产性取向唯一的方法就是生活在健全的社会中，生活在促进创造的社会中。他强调，只有生产性取向才是人格健康的表现。而具有生产性取向的人关心的是人的潜能的实现，他们可以充分发挥自己的潜能并成为创造者，从而对社会作出创造性的贡献。弗洛姆提出健康人格（即生产性取向的人）具有五种特征：

第一，创造性的自我。生产性取向的人依靠他们天生的全部潜能，创造了自我，成为对社会有贡献的创造者。

第二，创造性的爱。即给予他人爱、关心、责任、尊重和了解，同时也自爱。然而，创造性的爱是难以达到的。

第三，创造性思维。即能如实地了解客观世界、反映客观世界。从整体上把握客体而不是集中于一点或一面，保持客观性与主观性之间的同一性。

第四，幸福。生产性取向的人是愉快的人。这种愉快的感觉和状态能给人以活力，促进身体健康和个人潜能的实现。

第五，道德心。生产性取向的人完全依靠内在自我指导调节，支配自己的行为，产生内部的赞同和幸福感。

知识链接

弗洛姆简介

弗洛姆（Erich Fromm，1900—1980）是一位国际知名的美籍德国犹太人人本主义哲学家和精神分析心理学家。毕生旨在修改弗洛伊德的精神分析学说以切合发生两次世界大战后的西方人的精神处境，弗洛姆因此被尊为“精神分析社会学”的奠基人之一。

此外，在德国时弗洛姆还是法兰克福学派的成员，移居美国后始终保持和该学派的联系。弗洛姆思想的特色便是企图调和弗洛伊德的精神分析学跟马克思的人本主义学说，其思想可以说是新弗洛伊德主义与新马克思主义的交汇。

1900 年 3 月 23 日，弗洛姆生于德国法兰克福市一个犹太人家庭，为家中独子。1918 年，弗洛姆进入法兰克福歌德大学，学习了两学期的法学。1919 年暑假后，弗洛姆进入海德堡大学学习，改学社会学，老师有 Alfred Weber（马克斯·韦伯的兄弟）、Karl Jaspers 和 Heinrich Rickert。1922 年在海德堡获哲学博士学位，次年至慕尼黑大学专攻精神分析学。1925—1930 年，他在柏林精神分析学会接受精神分析训练。1930 年，他开始临床实践，加入法兰克福社会观察学会。纳粹在德国执政后，弗洛姆搬到日内瓦，1934 年进入纽约哥伦比亚大学。1943 年离开哥伦比亚大学后，他帮助组建华盛顿精神病学学校纽约分校，1945 年又组建了 William Alanson White 精神病学、精神分析和心理学协会。

1950 年，弗洛姆搬到墨西哥城，成为 UNAM（Universidad Nacional Autónoma de 墨西哥）教授，直到 1965 年退休。这里的医学院建立精神分析部。1957—1961 年他担任密歇根州立大学心理学教授，1962 年以后担任纽约大学文理学院心理学客座教授。1974 年他搬到瑞士 Muralto。1980 年，80 岁生日前 5 天他在家中去世。弗洛姆一生坚持临床实践、出版著作。

（资料来源：http：//baike. baidu. com/view/364380. htm）

（4）埃里克森与健康人格。

埃里克森批判地吸收了弗洛伊德的理论，站在遗传和社会文化二因素相互作用的角度分析了人格的形成和发展，并提出人格发展的阶段理论。他强调社会环境对自我适应的作用，从生物、心理、社会环境三方面考察自我的发展。他认为，人格的发展包括机体成熟、自我成长和社会关系这三个不可分割的过程；一个完整的人生周期共分八个阶段；每一个阶段都由一对冲突或两极对立的矛盾组成，并形成一种危机；危机的解决标志着前一阶段向后一阶段的转化，顺利地渡过危机是一种积极的解决，反之是一种消极的解决。积极地解决危机，会增强自我的力量，形成某种良好的自我品格；反之，则会形成消极的自我品格。而健康人格是以人格心理发展八个阶段中各危机的积极解决而形成的八种品质为特征的，包括：

第一，具有希望的品质。指敢于冒险，不怕挫折和失败。

第二，意志品质。埃里克森把意志解释为“进行自由选择和自我抑制的不屈不挠的决心，尽管在幼儿期不可避免地要体验到羞怯和疑虑”。

第三，目的的品质。埃里克森把目的定义为“正视和追求有价值的目标的勇气，尽管这种目的曾被幼儿期的幻想、被罪疚、被惩罚的失魂落魄的恐惧所阻止”。

第四，能力品质。埃里克森说，“能力……就是灵巧和智力在完成任务时的自如运用，它不为儿童时期的自卑感所削弱”。

第五，忠诚的品质。忠诚就是“尽管价值体系有着不可避免的矛盾，仍能效忠发自内心的誓言的能力”。

第六，爱的品质。爱就是一种“永远抑制内在分裂机能的互相献身”。

第七，关心的品质。具有这种品质的人，能自觉自愿地关心他人的疾苦和需要，能给人以温暖和爱。

第八，智慧的品质。所谓智慧，也就是“以超脱的态度对待生活和死亡”。

埃里克森的理论强调人格发展中自我的自主性和独立性以及与社会的相互作用，同时也指出，健康人格的发展必须结合每一次危机的正反两个方面，否则就会有弱点。

知识链接

埃里克森简介

艾利克·埃里克森（Erik H. Erikson，1903—1994），美国神经病学家、发展心理学家和精神分析学家。他提出人格的社会心理发展理论，把心理的发展划分为八个阶段，指出每一阶段的特殊社会心理任务；并认为每一阶段都有一个特殊矛盾，矛盾的顺利解决是人格健康发展的前提。他1903年出生于德国法兰克福，父母都是丹麦人。生父在埃里克森出生之前就弃家出走了。他3岁时，母亲嫁给了一个名叫西塞多·洪柏格的儿科医生。埃里克森在童年时期并不知道洪柏格不是他的亲生父亲。但他总是有这种感觉：无论如何，他不属于父母亲，并幻想能成为“更好的父母”的儿子。埃里克森多年来一直沿用继父的姓，甚至在第一次写论文时还使用艾利克·洪柏格的名字。直到1939年他加入美国籍时，才改姓埃里克森。

埃里克森那种不属于他的家庭的感觉因为这样一种事实而不断加剧：母亲和继父都是犹太人，而他却由于斯堪的纳维亚血统长得身材高大，碧眼金发。在学校，人们说他是犹太人，而在继父的祖庙里，却称他为异教徒。由此想来，为什么“同一性危机”的概念能成为后来埃里克森理论上最为关注的问题之一就不足为怪了。

大学预科毕业后，他违背继父要他成为一名医生的愿望，从事艺术专业，并周游整个欧洲大陆。总的说来，埃里克森在校时不是一位杰出的学生，但他却有艺术天赋。

1927年是埃里克森一生的转折点。那年，他受一位名叫彼德·波罗斯的老同学的邀请到维也纳一所规模较小的学校工作，该校生源都是弗洛伊德的病人与朋友的子女。开始，他是以艺术家身份受聘的，后来担任了指导教师，最后，弗洛伊德的女儿安娜·弗洛伊德征求他是否愿意接受培训当儿童精神分析者的意见时，埃里克森接受了安娜的提议，以每月支付7美元培训费的条件接受安娜的精神分析训练。安娜·弗洛伊德的精神分析理论与她父亲的理论不同，在诸多方面都具有独特的创见，这对埃里克森产生深远的影响。1964年，埃里克森把自己的《洞察力与责任感》一书呈现给安娜，以表达对她的感激之情。

形势对埃里克森十分有利。他获邀加入一个当时被医疗机构拒之门外的团体。一方面通过参加这个“遗弃者”的组织，他作为一名“局外人”保持自己的同一性。另一方面，由于这个团体的职能是帮助烦恼不安的人们，所以他起码能够间接地满足继父希望他当一名医生的愿望。

他大学预科毕业时获得的一份蒙台梭利学校的毕业文凭，以及接受安娜·弗洛伊德在儿童精神分析方面的训练，是他所获得的不多的正规学校的学习经历。因为埃里克森没有获得高级学位，所以他完全可以成为弗洛伊德所认为的精神分析家不必攻读医科专业主张的一个典型范例。

1929年，埃里克森与同校任教的加拿大籍教师琼·谢尔逊结婚。1933年为了防范纳粹日益加剧的威胁，埃里克森（已有两个孩子）全家迁居丹麦，后又迁往麻省的波士顿，在那里，他以精神分析家的身份私人开业。除了私人开业外，埃里克森还在亨利·墨里主持的哈佛医学院神经精神病学系任研究员。埃里克森被哈佛医学院录取为心理学哲学博士候选人，但几个月后他就放弃了这个意图。

1936年到1939年间，埃里克森在耶鲁大学精神病学系医学院任职，在那里，他研究了正常儿童和情绪紊乱的儿童。也约在这一时期，他与人类学家鲁斯·本尼迪克特和玛格丽特·米德有了交往。1938年，他前往南达科苏语印第安人的松脊居住地进行了实地考察，观察了苏语印第安人抚育子女的实况。诸如此类的人类学研究使埃里克森进一步认识到社会文化因素对人格形成的重要性。这种认识极其强烈地渗透到他的整个理论中。

1939 年，埃里克森迁居加利福尼亚州，在那里他担任了加利福尼亚研究所的研究助理。1942 年起，他一直担任心理学教授，但在 1950 年时他因拒绝在效忠宣誓上签字，而被免去教授职务。后来，加利福尼亚大学发现他“政治可靠”，又重新授予他心理学教授，但是埃里克森拒不接受，因为其他教授也因同样的“罪名”被免职了。

1950 年，他离开加利福尼亚州，同年出版名著《童年期与社会》，该书高度强调了社会和文化因素对人类发展的重要性。书中还详尽地论述了自我的功能，创立了现在被人称为新学科的“自我心理学”。1951 年到 1960 年，埃里克森居住于麻省的斯多克桥，在那里担任了奥斯丁——里格斯中心的高级会诊医生和匹兹堡大学医学院精神病学系教授。

1969 年，埃里克森回到哈佛医学院，在那里担任人类发展学教授，并讲授“人类生命周期”，这是一门深受研究生欢迎的课程。

（资料来源：http：//baike. baidu. com/view/1498642. htm）

（5）荣格与健康人格。

荣格提出了健康人格是统合（integration）人格的思想，他强调人格的统一性与整体性。个体一生都在力求保持人格的统合，并在此基础上最大限度地发展其多样性、连贯性、和谐性，小心地不让人格分裂为彼此分割的和相互冲突的系统，因为分裂的人格就是变态的人格、不健康的人格。作为心理分析家的荣格，其首要任务就是帮助那些人格分裂的病人恢复失去了的统合人格，强化其心灵以抵制未来可能产生的分裂。可以说心理分析的终极目的不是精神分析，而是人格的统合。荣格还从人格结构上探讨了维持人格统合的关键因素。他认为，在意识层面上，高度发展的自我，即自觉的自我意识组织，是保证人格的同一性和连续性的关键因素。同时，荣格还指出了人格统合的更深层的遗传进化根源，即在集体潜意识中存在的自我原型，这种原型是统一、组织和秩序的原型，它把人格的其他因素或部分吸引在自己的周围，使它们统一起来，达到和谐的状态。自我原型的作用就像太阳对太阳系所起的核心作用一样。荣格认为人格的最终目标，就是充分地发挥自我原型的作用，使之自我完善，自我实现。荣格的理论突出了人与自身的和谐统一。

知识链接

荣格简介

卡尔·古斯塔夫·荣格（Carl Gustav Jung，1875—1961）是瑞士著名精神科医师，也是分析心理学学派的创始人、国际精神分析学会的第一任会长。荣格是一位学贯东西的学者，在世界心理学界都得到了很高的评价，是心理学的鼻祖之一。

1875年7月26日荣格生于康斯坦斯湖畔一个乡村的自由主义新教牧师的家庭。荣格的童年生活是孤独的。他有两个哥哥，但都在他出生之前夭折了；他的父母不和睦，经常吵架，母亲的性情反复无常。

荣格12岁的时候，发生了一件改变其命运的事情。一个初夏的中午在他等待同学的时候，一个男孩猛然推倒了他，他的脑部受到了重击。接下来的几个月里，似乎有种神秘的咒语萦绕在荣格的脑中，每当必须回到学校或者面对功课时，他便陷入昏厥的状态。这种状况的持续使其父母忧心不已，从各处请来的医生亦无法提出有效的治疗方法，甚而有人认为这是一种癫痫的症状。但慢慢地，他用意志力来克服这个问题：一开始，在认真10分钟后，眩晕的感觉袭上心头，但荣格并未放弃，持续地强迫自己继续看父亲的拉丁文书。经过了几个星期的努力，一切又回复了原状，仿佛一切都没有发生过。日后回忆起这件事，他视其为经历了一次“精神官能症”。这个精神官能症对他而言是个秘密，一个可耻的秘密。但它却诱发了荣格一种非同寻常的勤奋，每天5点准时起床，而这一切都是为了自己，并非做做样子罢了。

荣格开始接触西方哲学史，系统地探讨自己所拟定的问题，深深为柏拉图、毕达哥拉斯、恩培多克勒所吸引。对荣格而言，他们的思想很美，富有学术气息，不像亚里士多德式的唯智论令人生烦。其中，最令荣格感兴趣的莫过于叔本华的著作，他对世界阴暗面的描述相当符合荣格的看法：对于上帝，他们皆认为上帝乐于唤起人们的阴暗面更胜于光明且积极的一面，这对自幼便开始怀疑上帝是否完美的荣格而言，无疑是找到了志同道合的伙伴。

1900年的12月，他在苏黎世的伯戈尔茨利精神病院谋得了助理医师的执照，于是他离开充满腐朽的传统气息的巴塞尔。这所严格一如修道院的精神病院开启了荣格的精神医学之旅。1904年至1905年期间，荣格积极地参与由布雷勒领导的一个实验计划，主题是如何治疗早发性痴呆，后来布雷勒将它改名为精神分裂症。在布雷勒的指导下，荣格进一步发展了“字词联想”的测验方式，借着病患们对一连串经过挑选的字词的回答方式和反应时间，来分辨不同型态的心理情结及其原因。接着，他也尝试以电压检流计探测皮肤的方式来量度病患们的心理状态，试着把“字词联想”测验应用在侦测罪犯上。

1907年3月，荣格和弗洛伊德在维也纳第一次会面，并长谈了足足13个小时。对荣格而言，弗洛伊德是他所遇见的最重要的人，没有人可以和他相比。1911年，弗洛伊德不顾其他人的反对，推荐荣格担任了国际精神分析学会的第一任主席。同时荣格也是该协会第一本心理分析期刊的主编。

慢慢地，他们两个人的思想出现了分歧，二人最终走向了决裂。1914年，荣格辞掉了职位，开始了一连串的旅行，并专心地去探讨自己的潜意识。1918年，他踏上面对潜意识的道路，竭力寻找历史人物心路历程的资料，以避免因自身的个人偏见对病人产生误判。1916年荣格在巴黎就自我和潜意识的关系举办了一次讲座，并于1921年出版了《心理类型》一书。他希望能借着这本书来界定自己的观点和弗洛伊德及阿德勒是有所出入的，主要目的在于探讨个人与世界、他人和事物的关系，并讨论了五花八门的意识层面，即意识头脑对于世界可能产生的态度。接着，他就宗教和心理学的关系发表著作，出版了《基督教时代》，尝试解释基督的出现如何符合一个新时代的开始。对基督现象的研究，让荣格重新思考如何依据个人的体验来表达自身现象的问题，意识和潜意识之间的交互作用，从潜意识到意识的发展，以及人格对每个人的冲击。

荣格独树一帜的心理学理论及类型理论赢得了当时乃至今天世人的普遍认同和赞誉，他也成为与弗洛伊德比肩而立的世界级心理学大师。荣格的分析心理学中的集体无意识理论可以解释其他心理学流派无法解释的现象，如宗教问题、神话、象征、超感官知觉等。他把众多的人类活动都包含在这一理论之中，在历史、文学、人类学、宗教以及临床心理学领域产生了无比深刻和深远的影响。

（资料来源：http：//www. huangshoujuan. com/page_ xl. php？ xuh =184）

纵观精神分析学派关于健康人格的论述可以发现，他们有一些共同之处。首先，他们强调人格各成分间的和谐统一是健康人格的重要标志，而人格结构间的相互冲突是导致人格失调的根源。这一点有一定的可取价值。但是，他们的健康人格观一般是从对精神变态者的研究中所得到的启示，他们对人格健康者缺乏直接研究。其次，他们一般都从心理动力的角度看待人格的健康与否，认为人格内部各种动力因素的平衡、协调和统一是人格健康的本质特征。最后，他们一般都强调自我的作用，成熟的和理性的自我是人格内部各因素之间动力平衡的基本保障。

2. 人本主义学派与健康人格

人本主义心理学以精神分析学派的对立面出现，认为精神分析学派对精神变态者的研究不能真正揭示健康人格的本质，因此人本主义心理学家强调要以健康人为研究对象，以此来发现健康人格的本质特征。

（1）奥尔波特与健康人格。

人本主义心理学的先驱奥尔波特承认弗洛伊德对变态人格的研究是一种贡献，但他极力主张健康的成人人格原则上不能由对动物、儿童、神经症患者的研究引申而来，只有通过对健康人的研究才能发现健康人格。他在对健康的成人人格的研究中发现，成人成熟的人格，即健康人格首先是统一整合的，即具有统我或自我统一体，即个人所意识到的包括其身心一切特征的自我，体现了意识性、一致性、统合性和独特性。他提出，健康人格具有六个特点：

第一，自我广延的能力。健康成人参加活动的范围极广，他们不仅积极参与交际，结识许多朋友，而且有许多爱好；他们积极地投入到有意义的工作中，这包括了参与政治、社会、宗教等活动。

第二，与他人热情交往的能力。健康成人与他人的关系融洽，能够容忍他人的缺点和不足，容忍自己与别人在价值观和信念上的差别，且具有同情心，没有嫉妒心理和占有欲。

第三，情绪上的安全感和自我认同感。健康成人能够忍受生活中不可避免的冲突和挫折，经得起一切不幸。他们对自己具有积极的意象，即良好的自我形象和乐观的态度。

第四，具有现实性知觉。健康成人能够准确、客观地知觉周围现实，能够正确看待情境和顺应情境，而不是根据自己希望的那样来看待事物。

第五，具有自我客观化。健康成人对自己的所有和所缺都十分清楚和准确。他们理解真正的自我与理想自我之间的差别，知道自己看待自己与别人看待自己的差别。

第六，有一致的人生哲学。健康成人具有统一的人生观和价值观，并且能够把它应用到生活的各个方面。他们面向未来，其行为的动力来自长期的目标和计划。

其中，健康人格的核心特征是有意识的目标或抱负。奥尔波特指出，有无长远的目标，是区别人类和动物、成人和儿童、健康人格和病态人格的一个主要标志。有长远目标并能为实现目标而努力的人，就不易受问题和冲突的干扰，而能把人格的各个方面整合起来。相反，缺乏长远目标的人，往往受到潜意识的力量或外界情境因素的左右，使完整的人格化为一些互不联系的亚系统。这就是神经症人格的主要特征。

知识链接

奥尔波特简介

奥尔波特（Gordon W. Allport，1897—1967），于1897年11月11日出生在美国印第安纳州蒙特祖玛，在四兄弟中排行最小，其兄F. 奥尔波特是著名的社会心理学家。1922年，奥尔波特获得哲学博士学位。1922—1924年，他先后就读于柏林大学、汉堡大学和剑桥大学。在1924年，奥尔波特重返哈佛大学，开设了美国最早关于人格理论的课程：《人格：它的理论和社会领域》。1939年，奥尔波特出任美国心理学会主席，曾荣获1963年美国心理学基金会金质奖章。

奥尔波特对心理学所作的贡献，有人把他形象地比喻为一只牛虻。正当学院派心理学极力否认大部分人类所特有的东西时，奥尔波特却坚持研究作为个体的人，并为将研究个人作为一种合理的科学事业而辩护。奥尔波特通过将人格特质假设为人格的基本单位来处理人格这一令人迷惑的复杂问题。他认为特质是一种概括化了的行为方式，这种行为方式具有个体的特征，并且人与人之间有很大差异，它是一种实在的和具有决定意义的神经心理结构。同时，特质也来源于人们观察个体所得的印象。

（资料来源：郑雪．人格心理学．广州：广东高等教育出版社，2004. 127 – 128）

（2）马斯洛与健康人格。

人本主义心理学的代表人物马斯洛从人的积极向上的本质，即人的潜能具有建设性的成长和实现的倾向出发，提出了“自我实现者”的模式。他认为自我实现使个人潜能和价值都得到最有效的挖掘和使用，从而使自我实现者具有健康的人格。他概括出自我实现者人格或健康人格的十五个特征：

①能准确而客观地知觉现实，对事物具有正确的判断力和较强的推理能力。

②能接纳自己和他人，不会为自己或他人的缺点所困扰或感到内窘与不安，能坦然地接受自己的现状，包括自己的需要、水平、愿望，同样也宽容地对待他人的弱点和问题，从容地活，很少使用防御机制。

③自发、坦率、真实，能真实地对待自己的感情，并坦诚地说出自己的感受，不掩饰自己，自然而单纯地表现自己。

④倾向于关心问题而不是自己，专注于某项工作，热情地献身于自己的工作，把谋生与实现自我融合为一，以努力工作为快乐。

⑤有独立和自立的需要，不回避与人接触，不依赖他人为自己拿主意、做决断。

⑥自主性，能独立于所处的环境，不受所谓尊重、地位、报答、金钱、名望、爱等需要的影响，他们的满足来自于自身内部，可以不受环境影响而自主生存。

⑦能欣赏生活，有持续的新鲜感。

⑧和一般人相比，有较经常的“高峰体验”——进入一种天人合一、物我两忘的境界，沉浸在一片纯净而完善的幸福之中。高峰体验的重要性不仅在于它能给人带来欢乐与喜悦，更重要的是它具有改变人格的伟大力量，能使人得到一种启示、一种觉醒，使人性趋向完善，而减少忧虑和焦虑。

⑨对人有同情心，能关心他人，帮助他人。

⑩能发展与他人深刻的交往关系，具有很强的交往能力。但这种交往关系是以共同的价值观念为基础的，因此他们与人交往是有选择的，数量上是有限的。

⑪具有民主的思想倾向，能以平等的态度待人，随时准备听取别人的意见，虚心向任何有见识的人学习。

⑫具有创造性，在所从事的工作中，时常体现创新精神。

⑬有明确的伦理道德标准，并能信守不渝。

⑭具有富于哲理性的幽默感。

⑮不盲从。在遵守社会习俗与规范的同时，能坚守自己的价值体系和行为方式，保持内在的超脱，能抵制现实的压力和束缚。这是内引导性的人格特征。

此外，他还指出了通向自我实现的健康人格的八条途径：

第一，无我地体验生活，全身心地投入工作；

第二，作出成长的选择，而不是退缩的选择；

第三，肯定自我，显露自我；

第四，坦诚和承担责任；

第五，听从自己的志趣和爱好；

第六，志向高远，但要从小处做起，要经历勤奋的和付出精力的准备阶段；

第七，感受高峰体验，即自我实现的短暂时刻；

第八，发现自己的先天本性，使之不断成长。

知识链接

马斯洛简介

亚伯拉罕·马斯洛（Abraham Harold Maslow，1908—1970）出生于纽约市布鲁克林区。他是美国社会心理学家、人格理论家和比较心理学家，人本主义心理学的主要发起者和理论家，心理学第三势力的领导人。1926 年入康乃尔大学，三年后转至威斯康辛大学攻读心理学，在著名心理学家哈洛的指导下，1934 年获得博士学位。之后，留校任教。1935 年在哥伦比亚大学任桑代克学习心理研究工作助理。1937 年任纽约布鲁克林学院副教授。1951 年被聘为布兰戴斯大学心理学教授兼系主任。1969 年离任，成为加利福尼亚劳格林慈善基金会第一任常驻评议员。第二次世界大战后转到布兰代斯大学任心理学教授兼系主任，开始对健康人格或自我实现者的心理特征进行研究。曾任美国人格与社会心理学会主席和美国心理学会主席（1967），是《人本主义心理学》和《超个人心理学》两个杂志的首任编辑。《纽约时报》评论说："马斯洛心理学是人类了解自己过程中的一块里程碑。"

（资料来源：http：//www. dabuluo. com/bllp/ShowArticle. asp？ArticleID＝47）

（3）罗杰斯与健康人格。

著名人本主义心理学家罗杰斯提出了充分发挥机能者（或机能完善者）的健康人格模式。在他看来，充分发挥机能的人就是具有健康人格的人，这种人不会作假，他们会展现真实的自我。这种人很像一个小孩，因为他们按照自己的机体评估过程评判个体经验是否同自我实现倾向一致，而不依赖外在的价值条件来生活。自我是自己的主人，目标方向的选择、行为表现不是依赖他人的规范和习俗的约束，而是完全由自己独立决策。充分发挥机能者具有五个主要的人格特征：

第一，经验的开放性；

第二，自我与经验的和谐一致；

第三，信任机体评估过程；

第四，富于自由感；

第五，高度创造性。

知识链接 **罗杰斯简介**

罗杰斯（Carl Ramson Rogers）是美国心理学家、当代人本主义心理学的主要代表、美国应用心理学会的创始人之一，1964—1967 年担任美国心理学会主席，1956 年、1972 年先后获美国心理学会卓越科学奖和卓越专业贡献奖。

罗杰斯在 1927 年开始了他的职业，那时人格心理实际上是精神分析的领域。他于 1938 年提出“非指导性治疗”。在其第一部著作《问题儿童的临床治疗》（1939）中，对传统的指导性疗法提出疑问。书中认为：人有积极改变的巨大潜能，因而心理治疗的任务在于启发和鼓励这种潜能的发挥。在 1942 年出版的《咨询和心理治疗：新近的概念和实践》一书中，罗杰斯主张在咨询和心理治疗中采用非指导疗法，后改称患者中心疗法。1957 年他出版了主要著作《患者中心治疗：它的实践、含义和理论》，提出了“自我理论”，即人格及其变化理论，主张人格的现象学解释以及人的实现的倾向。1959 年出版《在患者中心框架中发展出来的治疗、人格和人际关系》一书，更系统地阐述了自己的人格理论。1964 年以后罗杰斯一直致力于把患者中心疗法的理论和实践推广到教育及其他领域。他还有《论人的形成》、《一种存在的方式》等其他重要著作。

（资料来源：郑雪. 人格心理学. 广州：广东高等教育出版社，2004. 248）

不同人本主义心理学家的健康人格观虽然各有差异，但也具有一些共同的特点。首先，他们都是从成熟健康的成人，甚至是杰出人士的研究中归纳出健康人格的基本特征；其次，他们都强调健康人格的内部协调和统一性；最后，他们都列举了健康人格的一系列特征，但其本质特征是个体与自己本性的协调统一，即按照自我实现倾向去体验和生活。人本主义心理学家强调人与自己的自然本性的和谐统一有其合理性，但对个人与社会的和谐统一有所忽视。

（四）自我统合人格理论

基于从哲学视角、心理学视角对“健康人格”的诸多讨论，郑雪等对这些理论进行了梳理、选择，并整合了它们的精华，构建了统合人格的理论模式。现将该理论介绍如下：

1. 自我统合的概念

（1）“统合”的治疗学与社会学定义。

“统合”一词，原主要应用于治疗学与社会学。在治疗学上，特指“感觉统合”，指大脑不同部位必须经过统一协调的工作才能完成人类高级而复杂的认知活动，包括注意力、组织能力、自我控制、概括和理解能力，才能协调好身体对外界的各种刺激，从而作出适当的反应。这里的“统合”指统一、协调。在社会学上，“统合”一词多用于指一种趋势或需要。如寻求建立一种能统一、联合某领域各学派的理论，把各个理论学派都团结在某种理论框架之下，从而推动学科的前进与发展。这里的“统合”指统一、联合。

（2）自我统合人格理论提出的依据。

1）荣格与“统合人格”。选择和整合的主要依据之一来自心理分析学创始人荣格提出的统合人格的概念。正如前文中所介绍的，荣格认为，统合人格就是健康的人格。他强调个体一生中都在力求保持人格的统合，并在此基础上最大限度地发展其多样性、连贯性、和谐性。荣格认为，心理分析家的首要任务就是帮助那些人格分裂的病人恢复失去了的统合人格，强化其心灵以抵制未来可能产生的分裂。因此，心理分析的终极目的就是为了人格的统合。其中，自觉的自我意识组织，是保证人格的同一性和连续性的关键因素。他提出，人格的最终目标就是充分地发挥自我原型的作用，使之自我完善，自我实现。

2）“和谐”与理想人格。前述中西方古代和近代思想家、哲学家、心理学家对理想人格的探讨中，相当一部分学者提及了“和谐”对于天、地、人的重要价值，这引起郑雪等对这一理念的重视。此外，党的十六大明确提出把“社会更加和谐”作为党的一个重要奋斗目标，可见，“和谐”这一理念在今天的社会中仍具有强大的生命力。那么，什么是“和谐”？它与理想人格的关系如何？

“和谐”一词，与中国传统哲学的一个重要概念有着密切的关系。在中国传统哲学中，“中”与“和”是其中颇为重要的概念。在此，“中”是不偏不倚、无过不及的意思，“和”即指和谐；“中和”是我国古代理想人格理论化、哲学化的表述；“致中和”是我国古代心理教育的目标。最早用“中和”的概念来描述人格的是《易经》，有“圣人感人心而天下和平”；“与天地相似，故不违；知周乎万物而道济天下，故不过；旁行而不流，乐知天命，故不忧”。而把“中”与“和”合在一起，明确提出“中和”概念，并把它作为理想人格的则是《中庸》。《中庸》指出：“喜怒哀乐之未发，谓之中；发而皆中节，谓之和。”“致中和，天地位焉，万物育焉。”即喜怒哀乐这些情绪存在于人的内心时能够做到不偏不倚，就可以称为“中”；表达这些情绪能够做到合乎节度，达到和谐，就可以称为“和”。天地若能达到中和，万物就能各得其所；人若能达到中和，就能形成完美人格。"中和"思想以"人自我身心内外的和谐"为起点，通过道德修养达到自身的和谐，进而推广到"人与社会的和谐"。《黄帝内经》也按照阴阳学说把人分为五种类型，其中"阴阳和平"型的人具有"举止稳重、临危不惧、遇喜不狂、位尊不傲、位卑不自卑"等人格特点。在最近一项采用自由分类的方法对汉族、壮族、蒙族、纳西族人格结构的比较中，四个民族的被试均把"淳朴、温和、诚实、随和、自制力强、脾气好、优雅、善解人意、宽宏大量、温文儒雅、成熟"11个词聚为一类，它们描述了一种理想人格，正是"中和的人格特征"的现实体现。可见，"中和"的思想源远流长，影响至今。因此，和谐的人格也应是现代理想人格的重要特征，它包括了人与自然的和谐、人与社会的和谐。

3）自我统合人格理论中的"统合"内涵。郑雪等将整合人格的概念进一步扩展和具体化，认为"统合"是健康人格的本质特征，人格变态与人格健康的根本区别在于分与合。如果一个人的人格是冲突的、不和谐的和分裂的，则其人格是变态的；反之，若人格是和谐的、完整的和统合的，则其人格是健康的，或者说他具有健康的人格。

在此，"统合"包含了两层含义：其一，是指自我内部的统合，包括自我在认知、情感与行为方面的协调、认同，也包括了自我在过去、现在和将来的协调、统一；其二，是指自我与社会在互动过程中的平衡、协调和认同。可见，这里的"统合"是作为自我这个整体的各组成部分的聚合方式，它并非一种完全的同一，而是寻求一种多元化的统一。

(3)"自我内部统合"、"自我与实践统合"及"自我与外部统合"的内涵。

郑雪等认为，在人生发展过程中，个体在生活、学习和工作实践活动中，与他人、社会的互动，可实现自我认识、自我调控与协调发展，获得自我认同和社会认同，从而实现个体的个性化与社会化。因此，人格统合包含三个方面的统合，即自我内部的统合、自我与外部的统合，以及自我与自己实践活动的统合（对学生来说主要是学习活动）。（见图1-3）

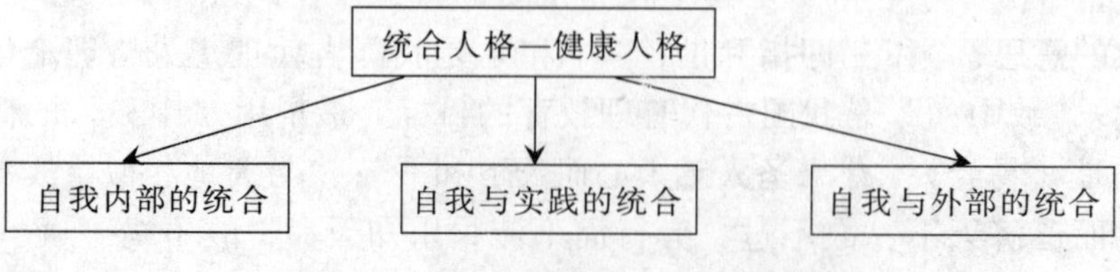

图1-3　统合人格的理论框架示意图

1）自我内部统合。自我内部统合包括了自我在认知、情感与行为方面的协调与整合，潜在自我、现在自我与理想自我的统合；也包括了自我在过去、现在与将来的协调与整合，形成个体自我内在一致的感受，即它使个体产生一种个人自我一致的心理感受。

2）自我与外部的统合。自我与外部的统合包括了与自然的和谐、与社会文化的和谐、人际的和谐三个方面。

3）自我与实践活动的统合。自我与实践活动的统合指个体潜能在活动中得以实现和展示，获得活动的效能感，是目标任务与能力的统合。

2. 自我统合的表现

郑雪等从以下几个方面综合衡量自我统合的表现：客观把握现实的认知能力与较强的创造力；情绪智力高与幸福感强；良好的意志品质；知、情、意全面平衡协调发展；乐观向上，有人生理想与追求；良好的自我意识、自尊与自信；良好的人际关系与社会适应能力等。

（1）人格统合良好的特征。

我们认为，人格统合良好的个体主要有以下几个方面特征：

第一，客观的认知与正确的自我意识。

他们能够采用客观的态度去认识自己、认识他人、认识周围世界，不带任何主观偏见去看待现实，能够按照事物的本来面目去认识，更能发现事实真相。自我意识是指个体对自己身心状态特征以及所作所为的觉察、评价和态度，包括对自己的存在以及自己与周围的人或物的关系的意识。正确的自我意识表现在认识过程中就是客观、全面地认识自我、评价自我、悦纳自我；表现在情感过程就是自尊、自爱；表现在意志过程就是努力发展身心潜能，提高抗挫折能力，自信、自强。具有健康人格的个体能够正确认识自己并能接纳自己，对自己有合理的期望，而且知道自己为什么活着，善于利用每个成长机会改进自己、完善自己。缺乏正确自我意识的人常常表现出自我冲突、自我矛盾，或者自视清高、妄自尊大，或者自轻自贱、妄自菲薄，从而放弃了一切可以努力的机遇。

第二，乐观向上的生活态度与积极的情绪体验。

乐观不仅是每个人所应有的生活态度，也是人格健康的前提。乐观的人常常能看到生活的光明面，对前途充满希望和信心，从来不会被眼前的困境所吓倒。相反，悲观的人常常看到生活的阴暗面，对任何事物都没兴趣，心情沉重，遇到一点挫折就情绪低落，怨天尤人，甚至自暴自弃。乐观开朗的人比悲观者更幸福、更有成就。积极的和良好的情绪有益于人的身心健康，它是人格成熟的标志。人格健康的青少年情绪反应适度，具有调节和控制情绪的能力，能够经常保持愉快、满意、开朗的心境，并富有幽默感。当消极情绪出现时，能合情合理地宣泄、排解、转移和升华。他们消极情绪较少，而积极情绪较多，因而具有较高的主观幸福感。

第三，和谐的人际关系与良好的社会适应。

人际关系是指人际交往中由于相互认识和相互体验而形成的以感情亲疏为特征的直接心理关系。它表现为交往双方心理相容或心理冲突的主观体验状况，是构成人类社会最普遍、最直接的关系。人际关系形成的必要前提是社会交往。社会交往可以促进人与人之间相互沟通理解，调节身心状态，增强人的责任感。人际关系最能体现一个人人格的健康程度。一个具有健康人格的青少年应当拥有亲密的同学或朋友，参加范围较广的活动，正确处理人际竞争与合作的问题。与人相处时诚恳、热情，尊敬、信任等正面态度多于嫉妒、怀疑等消极态度，而且能够尽力遵循理性和公正的原则，正确认识自己和他人的情绪，能营造和谐的群体气氛。和谐的人际关系既是人格健康水平的反映，同时又影响着健康人格的形成与发展。社会适应反映了人与社会的协调程度。人格健康的人对社会表示极大的关注，愿意同外界密切接触，具有较强的社会责任感和道德原则。他们不把眼光仅仅局限在与本人有直接关系的事物上，对广泛的公共事务都有兴趣，能够以一种开放的态度，主动关心社会，了解社会，看到社会发展的积极面和主流。在认识社会的同时，他们的思想、信念、目标和行为能跟上时代的发展步伐，与社会的要求相符合。当发现自己的需要和愿望与社会的要求或他人的利益发生冲突时，能迅速进行自我调整以达到和社会需要相协调。

第四，实践活动的积极主动性、创造性与自我效能感。

人格健康者能够积极主动地投入到学习、生活和工作等各种实践活动中，在活动中展现和发展自己的潜能，获得学习能力、工作能力和生活能力，具有实践活动的自我效能感。他们在学习、工作和生活中有很强的动力和热情，并将自己的智慧与能力和谐搭配，勇于开拓，有所建树。他们敢于接受各种挑战，在困难面前不屈不挠、坚持到底，具有应付挫折的能力。中国传统文化专注于人与人、人与社会的协调，对人的独立人格、个性与创造性有所忽视。随着社会的不断进步和发展，创造性人格受到越来越普遍的重视。为了适应日益发展的当代创新型社会，培养青少年的创造性是一项重要的任务。我们要引导青少年树立创造的意识与信念，自觉摆脱思维习惯的束缚，充分挖掘自己的创造潜能，塑造自身的创造性人格。

（2）统合不良的表现。

第一，消极的自我观念。统合不良者具有消极的自我体验、自我满意度低、自卑、自我认识评价偏差等表现。他们不能悦纳自己，难以体验到自我存在的价值，不能很好地面对日常生活中遇到的各种挑战。

第二，社会适应不良。即就社会而言，个体需求的满足方法出现了社会所不认可的现象。具体可表现为缺乏正确的观察，不关心社会变化发展，对新环境缺乏适应能力；社会责任感缺乏、社会兴趣缺乏、敌对、对人持消极的态度、道德观念薄弱、人际关系敏感以及反社会倾向。

第三，消极的情绪体验与悲观的生活态度。统合不良者多存在不同程度的焦虑、情绪消极、主观幸福感低落、意志薄弱、承受挫折能力弱、否定现实、消极对抗等情况。他们对生活和前途缺乏希望和信心，对学习和工作缺少兴趣，不能充分发挥自身潜能，难以正确面对困难和挫折，心境消极而悲观，难以正确处理和消除不良情绪，缺乏幽默感。

第四，人格障碍。统合不良情况较严重者，往往伴有不同程度的认知障碍，甚至是人格分裂等。

知识链接

大学生健康统合人格量表

想了解自己人格统合的状况吗？来试试以下题目吧。请在以下每小题符合您的情况的选项上画“○”，其中5表示“非常符合”；4表示“符合”；3表示“说不清”；2表示“不符合”；1表示“非常不符合”。

	非常符合	符合	说不清	不符合	非常不符合
1. 我不知道自己究竟适合做什么。	5	4	3	2	1
2. 我对自己持否定态度。	5	4	3	2	1
3. 当遇到不愉快的事情时，我能在较短的时间内忘掉。	5	4	3	2	1
4. 在过去的一个星期里，我在所有时间都感受到愉快或幸福。	5	4	3	2	1
5. 到目前为止我感觉自己是非常快乐的。	5	4	3	2	1
6. 我在每个学期都制定新的学习目标。	5	4	3	2	1
7. 当遇到困难时，我经常轻易放弃自己的目标。	5	4	3	2	1
8. 与异性相处时我经常感到害羞、不自在。	5	4	3	2	1
9. 我能根据别人的面部表情判断他的情绪状态。	5	4	3	2	1
10. 不管生活条件有多大变化，我也能很快习惯。	5	4	3	2	1
11. 我经常给自己的生活和学习制订一定的计划。	5	4	3	2	1
12. 对于学习我一向非常主动，不需要别人督促。	5	4	3	2	1
13. 我做事情很难专心一致。	5	4	3	2	1
14. 即使没有报答，我也乐意为新颖的想法花费大量时间。	5	4	3	2	1
15. 在学校里，我喜欢试着对事情或问题作猜测，即使不一定都猜对也无所谓。	5	4	3	2	1
16. 最近几天，我对自己不满意的地方比以往更多。	5	4	3	2	1
17. 有时我真想骂人。	5	4	3	2	1
18. 只要我去做，很多事情就可以做好。	5	4	3	2	1
19. 我了解自己的性格（个性）。	5	4	3	2	1
20. 总的来说，我对现实生活中的自己是满意的。	5	4	3	2	1

21. 我对自己的身体或外貌感到很不满意。 5 4 3 2 1
22. 当我不开心时，我很难使自己快乐起来。 5 4 3 2 1
23. 当我感到忧郁、沮丧的时候，我总是尝试去想愉快的事情。
5 4 3 2 1
24. 我有明确的学习目标。 5 4 3 2 1
25. 我常常能察觉周围同学的变化。 5 4 3 2 1
26. 适应新环境对我而言是一个痛苦的过程。 5 4 3 2 1
27. 在我需要帮助的时候，我在很大程度上能够依靠朋友。
5 4 3 2 1
28. 与他人一起学习或工作时，我觉得很愉快。 5 4 3 2 1
29. 我喜欢参与班集体组织的各项活动。 5 4 3 2 1
30. 对学习中遇到的难题，我总是设法去解决，而不愿把它带到以后的学习中。
5 4 3 2 1
31. 我比我认识的多数人更缺乏自信。 5 4 3 2 1
32. 我了解自己是怎样的人。 5 4 3 2 1
33. 我很欣赏自己。 5 4 3 2 1
34. 在过去的一个星期里，我在所有时间都感受到感激或爱。
5 4 3 2 1
35. 我的感情很脆弱，经常容易受到伤害。 5 4 3 2 1
36. 当别人看着我或谈论我时，我经常感到不自在。 5 4 3 2 2
37. 我了解身边同学的性格特点。 5 4 3 2 1
38. 与自己一个人做事相比，我更喜欢与他人合作。 5 4 3 2 1
39. 上课前，我经常会按照老师的要求预习新内容。 5 4 3 2 1
40. 我经常能够抵御外界的干扰，有条不紊地按计划完成自己的学习任务。
5 4 3 2 1
41. 即使遇到自己非常喜欢的娱乐活动，我也会先把学习任务完成。
5 4 3 2 1
42. 我经常喜欢深入思考学习中遇到的各种问题。 5 4 3 2 1
43. 我喜欢解决问题，即使没有正确的答案也没关系。 5 4 3 2 1
44. 即使受到他人的责难，我也不会丧失自信。 5 4 3 2 1
45. 有时我会把今天该做的事拖到明天去做。 5 4 3 2 1
46. 我经常感到讨厌自己。 5 4 3 2 1
47. 几乎没有令我烦恼的、不愉快的想法困扰我。 5 4 3 2 1
48. 我善于调节自己的情绪。 5 4 3 2 1
49. 我愿意按照自己定的目标做事情。 5 4 3 2 1
50. 对我来说，提高学习成绩是我的主要目标之一。 5 4 3 2 1

51. 一般情况下我都能判断同学关系是否友好。 5 4 3 2 1
52. 与其他人一起做事时，我的效率会更高。 5 4 3 2 1
53. 我能和别人齐心协力把工作完成好。 5 4 3 2 1
54. 为了保持良好的学习状态，我每天晚上都比较准时上床睡觉。
5 4 3 2 1
55. 我经常选择自己最有效率的方式学习。 5 4 3 2 1
56. 做作业时，我常会受到外界噪音的影响。 5 4 3 2 1
57. 如果遭到严重的打击，我会垮下来。 5 4 3 2 1
58. 最近，我比以前更缺乏自信。 5 4 3 2 1
59. 在过去的一个星期里，我在所有时间都感受到自豪或振奋。
5 4 3 2 1
60. 来到一个新环境后，我会让自己在很短时间内适应环境。
5 4 3 2 1
61. 我适应新事物比较慢。 5 4 3 2 1
62. 每天下课后，我总是先把当天的作业完成，再做其他事情。
5 4 3 2 1
63. 上课时我无法集中精力，经常容易走神。 5 4 3 2 1
64. 如果受到挫折，我也能坦然面对，不会逃避。 5 4 3 2 1
65. 如果遭到挫折打击，我很难保持原来的精神状态和热情。
5 4 3 2 1
66. 我喜欢想一些新点子，即使用不着也无所谓。 5 4 3 2 1
67. 我对“这可能是什么”比“这是什么”更感兴趣。5 4 3 2 1
68. 有时我打破常规去做我原来并未想到要做的事。 5 4 3 2 1
69. 有时我也说说人家的闲话。 5 4 3 2 1
70. 学习时即使遇到很强的干扰或诱惑（如娱乐），我也能继续学习。
5 4 3 2 1
71. 当我做事情遇到困难时，我会选择放弃。 5 4 3 2 1
72. 我的自我约束能力很强。 5 4 3 2 1
73. 做事情时，我常常犹豫不决、优柔寡断。 5 4 3 2 1
74. 我总能约束自己按计划做事情。 5 4 3 2 1
75. 宁愿自己吃亏，也不愿伤害别人的感情。 5 4 3 2 1
76. 只要获得成功，我可以不择手段。 5 4 3 2 1
77. 在争取自己的利益时，我不会损害他人的利益。 5 4 3 2 1
78. 当与别人的利益发生冲突时，我宁愿忍让。 5 4 3 2 1
79. 为了保持友谊，我愿意牺牲个人利益。 5 4 3 2 1
80. 如果有某种方式可以阻止我的竞争对手获胜，我会毫不犹豫地加以采用。
5 4 3 2 1

81. 当 .他人利益冲突时，我会尽量寻求“双赢”的方法。

5　4　3　2　1

量表评分：

《大学生健康统合人格量表》由三个分量表共81个题项组成，分别是：自我和谐分量表、社会和谐分量表和实践能力分量表。

自我和谐分量表包括以下题目：18、32、1*、19、20、33、21*、2*、46*、22*、3、23、47、48、34、4、59、5、24、6、49、7、50。

社会和谐分量表包括以下题目：8*、35*、36*、25、9、51、37、26*、10、60、61*、27、28、52、38、29、53。

实践活动能力分量表包括以下题目：39、11、54、55、40、30、41、62、42、70、71*、72、73*、74、12、13*、56*、63*、57*、64、65*、16*、31*、58*、44、43、14、66、15、67、68、75、76*、77、78、79、80*、81。

注：*题项为反向计分题项。

（资料来源：郑雪．健康与人格．广州：暨南大学出版社，2007）

三、健康与幸福——大学生活的重要主题

培养健康的人格，核心是“健康”，其最终目的就是促进个体自身和谐成长。而每个人在成长的过程中，除了“健康”这个主题以外，也许还有着某个或某些追求的目标，这些目标最终指向的就是希望自己得到幸福。那么，什么是幸福？似乎每个人都有自己的独特见解，每个人都按照各自的方式去追求幸福。追求幸福可谓人类所具有的天赋权利。在第二节中，我们从“健康人格”的理论层面探讨和分析了健康人格的内涵与表征，在本节中，我们从身体与心理的角度综合分析在大学生活中的两个重要主题——健康与幸福。先从健康说起。

（一）健康与心理健康

1. 概述

（1）健康的概念。

1948年，世界卫生组织（WHO）把“健康”定义为“不但没有身体缺陷和疾病，还要有完满的生理、心理状态和社会适应能力”。根据这一健康定义，要判别一个人是否健康，应从生物医学、心理学和社会学等多方面综合考虑，如没有器质性或功能性异常；没有主观不适的感觉；没有社会公认的不健康行为。

1989年，WHO在宣言里把健康定义为：不仅是没有疾病，而且包括躯体健康、心理健康、社会适应良好和道德健康。这是对健康观念的深化，它使健康的范围波及个体和群体生活的各个方面。

知识链接 **健康的标准**

经典的健康十条标准

WHO在1948年提出健康的定义以后，曾具体地提出了以下的健康十条标准：

（1）有充沛的精力，能从容不迫地应付日常生活和工作的压力，而不感到过分紧张；

（2）态度积极，乐于承担责任，不论事情大小都不挑剔；

（3）善于休息，睡眠良好；

（4）能适应外界环境的各种变化，应变能力强；

（5）能够抵抗一般性的感冒和传染病；

（6）体重得当，身材均匀，站立时头、肩、臂的位置协调；

（7）反应敏锐，眼睛明亮，眼睑不发炎；

（8）牙齿清洁，无空洞，无痛感，无出血现象，齿龈颜色正常；

（9）头发有光泽，无头屑；

（10）肌肉和皮肤富有弹性，走路轻松匀称。

“五快”、“三良好”的新健康标准

1999年，WHO新制定的健康标准包括躯体健康方面“五快”和心理健康方面“三良好”的八条标准：

（1）吃得快：进食时有良好的胃口，不挑剔食物，能快速吃完一餐饭。说明内脏功能正常。

（2）便得快：一旦有便意，能很快排泄完大小便，感觉轻松。说明胃肠、肾功能良好。

（3）睡得快：上床后能很快入睡，且睡得好；醒后精神饱满，头脑清醒。说明中枢神经系统兴奋、抑制功能协调，且内脏无病理信息干扰。

（4）说得快：语言表达正确，说话流利。表明头脑敏捷，心肺功能正常。

（5）走得快：行走自如，活动灵敏。说明精力充沛，身体状态良好。

（6）良好的个性：情绪稳定，性格温和，意志坚定，感情丰富，胸怀坦荡，豁达乐观。

（7）良好的处世能力：看问题客观、现实，具有良好的自控能力，能适应复杂的环境变化。

（8）良好的人际关系：助人为乐，与人为善，有好人缘，保持心情愉快。

（资料来源：许思安，唐红波．教师心理保健．广州：广东省语言音像电子出版社，2007）

（2）心理健康的内涵。

什么是心理健康？似乎至今仍没有统一的概念。我们试罗列以下概念给大家分享：

第三届国际心理卫生大会（1946）：所谓心理健康，是指在身体、智能以及情感上与他人的心理健康不相矛盾的范围内，将个人心境发展成最佳的状态。

社会工作者波孟：心理健康就是合乎某一水准的社会行为，一方面为社会所接受，另一方面能为本身带来快乐。

心理学家英格里西：心理健康是指一种持续的心理状况，当事者在那种状况下能良好适应，具有生命的活力，并能充分发展其身心的潜能。这是一种积极、丰富的状况，不仅仅是免于心理疾病而已。

陈家麟：心理健康是指旨在充分发挥个体的内部心理协调与外部行为适应相统一的良好状态。

知识链接

心理健康的标准

世界心理卫生联合会提出心理健康的四个标志是：①身体、智力、情绪十分调和；②适应环境，人际关系中彼此能谦让；③有幸福感；④在工作和职业中，能充分发挥自己的能力，过着有效率的生活。

马斯洛和米特尔曼（Mittelman）提出的十条标准被许多人认为是“标准”的“标准”：①有充分的自我安全感；②能充分了解自己，并能恰当估价自己的能力；③生活理想切合实际；④不脱离周围现实环境；⑤能保持人格的完整与和谐；⑥善于从经验中学习；⑦能保持良好的人际关系；⑧能适度地宣泄情绪和控制情绪；⑨在符合团体要求的前提下，能有限度地发挥个性；⑩在不违背社会规范的前提下，能适当地满足个人的基本需求。

台湾学者黄坚厚（1982）的四条标准通俗、具体：①心理健康的人是有工作的，能从工作中得到快乐；②心理健康的人是有朋友的，能与人建立良好的关系，正面态度（如尊敬、信任、喜悦等）常多于反面态度（如仇恨、怀疑、憎恶等）；③心理健康的人是有自知之明的，能悦纳自己，并进而发展自己；④心理健康的人是对现实环境适应良好的人。

台湾学者曾文星、徐静（1987）认为，心理健康并非指超人的非凡状态，而是每个人都可以追求而获得的普通健康状况。心理健康宜具备下列条件：①对自己有信心，对自己的人生抱有希望。②关心家庭，有喜欢、亲近的人。③喜欢自己的工作，满意自己的成就。④保持广泛的兴趣与活动。⑤能发挥自己的潜在优点，也能利用机会。⑥知道自己的短处，也愿意接受他人的帮助。⑦能接受失败、挫折，并且愿意面对困难、正视困难。⑧能接受环境的变化，并适应之。⑨时时充实自己，促进自我成长与成熟。⑩会享受人生，使自己的生活过得有意义。

王登峰等人（1992）提出了有关心理健康的八条标准：①了解自我，悦纳自我。②接受他人，善与人处。③正视现实，接受现实。④热爱生活，乐于工作。

⑤能协调与控制情绪，心境良好。⑥人格完整、和谐。⑦智力正常，智商在80以上。⑧心理年龄符合年龄特征。

（资料来源：许思安，唐红波．教师心理保健．广州：广东省语言音像电子出版社，2007）

2. 人格与心理健康

（1）人格特征与身心疾病。

来自医学方面的研究发现，许多身心疾病都与相应的人格特征有关。如哮喘病患者多与过分依赖、幼稚、暗示性高的人格特征有关；强迫性神经症，其相应的人格特征称为强迫性人格，具体表现是谨小慎微、求全求美、自我克制、优柔寡断、墨守成规、拘谨呆板、敏感多疑、心胸狭窄、事后容易后悔、责任心过重和苛求自己等；偏头痛患者多表现出刻板、好竞争、好嫉妒、追求完美的人格特征等。

（2）人格特征与情绪反应。

个体的人格特征对心理健康的影响是较为明显的。这是因为具有不同人格特征的人对各种致病因素的认知是不同的，对各种社会生活事件及心理冲突等的情绪反应也是不同的。例如，一般来讲，属于外向型人格的人，虽然情绪反应较为强烈，但体验的深刻程度却不大，情绪持续的时间也不太长，恢复心理平衡较容易；属于内向型人格的人，情绪反应深刻而持久，恢复心理平衡的过程较长。

（3）A型性格与冠心病。

自20世纪50年代弗里德曼（M. Friedman）等人提出A型性格模型以来，它与冠心病的关系已有多门学科的大量研究，结果表明：A型性格者冠心病发病率、复发率、死亡率均较高。A型性格的特征是：有雄心壮志，喜欢竞争、出人头地；性情急躁，缺乏耐心，容易激动；有时间紧迫感，行动匆忙；对人有敌意。与此相反的性格，如不争强好胜，做事不慌不忙的性格称为B型性格。流行病学调查证明，A型性格者冠心病发病率是B型性格者的2倍，复发率5倍，死亡率4倍。实验研究表明，A型性格者的血胆固醇、甘油三酯、去甲肾上腺素水平均较高。因此，A型性格被认为是与高胆固醇血症、吸烟及高血压并列的四项冠心病危险因子之一。

近年来，有人提出一种易发生肿瘤的性格模型，即C型性格。其特征是压抑自己的情绪，过分忍让，回避矛盾，怒而不发，好生闷气，内向。流行病学研究表明，C型性格者，宫颈癌发病率比其他人高3倍，患胃癌、肝癌等消化系统肿瘤的危险性更高。

知识链接

A型性格问卷

按各题所问事项在“是”、“否”处填答。如果半数以上题目答“是”，希望你改变习惯、放慢生活的节奏。

问题	是	否
1. 你说话时会刻意加重关键字的语气吗?		
2. 你吃饭和走路时都很急促吗?		
3. 你认为孩子自幼就该养成与人竞争的习惯吗?		
4. 当别人慢条斯理做事时你会感到不耐烦吗?		
5. 当别人向你解说事情时你会催他赶快说完吗?		
6. 在路上挤车、餐馆排队时你会感到着急吗?		
7. 聆听别人谈话时你会一直想你自己的问题吗?		
8. 你会一边吃饭一边写笔记?		
9. 你会在休假之前先赶完预定的一切工作吗?		
10. 与别人闲谈时你总是提到自己关心的事吗?		
11. 让你停下工作休息一会时你会觉得浪费了时间吗?		
12. 你是否觉得全心投入工作而无暇欣赏周围的美景?		
13. 你是否觉得宁可务实而不愿从事创新或改革的事?		
14. 你是否尝试在时间限制内做出更多的事?		
15. 与别人有约时你是否绝对遵守时间?		
16. 表达意见时你是否握紧拳头以加强语气?		
17. 你是否有信心再提升你的工作绩效?		
18. 你是否觉得有些事等着你立刻去完成?		
19. 你是否觉得对自己的工作效率一直不满意?		
20. 你是否觉得与人竞争时非赢不可?		
21. 你是否经常打断别人的话?		
22. 看见别人迟到时你是否会生气?		
23. 用餐时是否一吃完就立刻离席?		
24. 你是否经常有匆匆忙忙的感觉?		
25. 你是否对自己近来的表现不满意?		

（资料来源：樊富珉，王建中. 当代大学生心理健康教程. 武汉：武汉大学出版社，2007. 114－115）

（二）幸福心理与人格

知识链接 **《求求你，表扬我》电影片段**

电影《求求你，表扬我》的开场白有这样的对话——

杨红旗："啊，什么？"

记者："你叫什么？"

杨红旗："杨红旗啊，刚才你问我什么？"

记者："什么叫幸福？"

杨红旗："幸福啊？"

记者："嗯，你怎么看？"

杨红旗："幸福，那就是，我饿了，看别人手里拿个肉包子，那他就比我幸福；我冷了，看别人穿了一件厚棉袄，他就比我幸福；我想上茅房，就一个坑，你蹲那了，你就比我幸福。"

（旁人笑。）

杨红旗："可笑吗？没上过茅房啊……"

什么是幸福？作为大学生，你觉得自己幸福吗？也许不同的人，对幸福的理解并不相同。有的人觉得能做自己喜欢的事就是幸福；有的人认为，克服困难达成了一定目标就是幸福；有的人照着镜子看着自己感觉满意就是幸福；有的人感觉能被别人欣赏就是幸福；有的则感觉能到大自然中尽情享受就是幸福；有的人强调，只要快乐就是幸福……那么，什么是你追求的幸福？现在，你体验到了吗？前面罗列的这一切，都是源于生活中我们对"幸福"的感性理解，且让我们从学术的角度来看看理论层面的"幸福"。

1. 幸福与幸福感

在心理学上，幸福是指人类个体认识到自己的需要得到满足以及理想得到实现时产生的一种情绪状态，是由需要（包括动机、欲望、兴趣）、认知、情感等心理因素与外部诱因的交互作用形成的一种复杂的、多层次的心理状态。

西方的幸福感理论大致可以概括为六种：①理念幸福论。它把由理性指导的精神需要的满足当作最高的幸福，主张摒弃一切情欲，主要以苏格拉底、柏拉图等为代表。②享乐幸福论。它主张肉体的快乐、物质需要的满足高于一切，主要代表是边沁、爱尔维修、费尔巴哈等。③自然主义幸福论。它强调物质幸福和精神的统一，以赫拉克利特、亚里士多德等为代表。④宗教幸福论。它视幸福为上帝的恩赐，以奥古斯丁、阿奎那等为代表。⑤劳动致富论。它突出了劳动在创造幸福中的重要作用，以卢梭、费希特等为代表。⑥马克思主义幸福论。它认为幸福是指主体通过创造性劳动，在物质生活和精神生活中，由于感受到和意识到实现了自己的理想和目标而引起的精神上的满足。

中国的幸福观则主要以儒学代表为主，提出：①仁者之乐。认为道德上的充实与完善，才是真正的人生快乐，以孔子和孟子为代表。②礼乐之乐。提出“乐善相乐”，即真正的乐来自审美体验与道德认识的结合、审美原则与道德原则的结合，以荀子为代表。③本体之乐。认为乐是天人合一、心理合一的本体体验，与本体认知是合而为一的，以周敦颐、程颐、朱熹等为代表。④性情之乐。认为乐来自人与万物“浑然一体”，出自人性之自然，关键是主客、内外的合一，“才见得万物非万物，我非我，浑然一体，此身在天地间，无少欠缺，何乐如之”，以黄宗羲、王夫之等为代表。

2. 主观幸福感

对幸福的体验，在学术中我们以“主观幸福感”（SWB）这一专有概念来描述。作为心理学专门术语，它是指评价者根据自定的标准对其生活质量的整体性评估，是衡量个人生活质量的重要综合性心理指标。当然，在不同的领域，人们也使用一些相似的术语，如快乐、高兴、幸福、自我实现、成就感等。很显然，这都是主观幸福感的一些代名词。

主观幸福感的基本特点是：①主观性，以评价者内定的标准而非他人的标准来评估。②稳定性，主要测量长期而非短期的情感反应和生活满意度，这是一个相对稳定的值。③整体性，综合评价包括对情感反应的评估和认知判断。现在一般学者都认为，主观幸福感的基本结构包括积极情感、消极情感和生活满意感三个方面。

知识链接　**知识链接：心理主观幸福感量表**

请仔细阅读下面的题目。根据自己目前的情况，写下最符合自己情况的相应数字。你的回答没有对与错、好与坏。我们承诺，对你的回答给予保密。谢谢你的合作！

1. 非常反对　2. 反对　3. 有点儿反对　4. 有点儿赞同　5. 赞同　6. 非常赞同

1. 多数人都认为我是个既亲切又有爱心的人。
2. 有时候，我会改变自己的行为或思想方式去迎合周围的人。
3. 总的来说，我认为我能够把握自己的生活。
4. 对那些能扩展自己眼界的活动，我都不感兴趣。
5. 每当我想到我过去所做的事情和将来希望做的事情时，我都感觉良好。
6. 每当我回顾自己的过去时，我对那些经历和结果都感到满意。
7. 对我来说，与人保持亲密的关系很困难，而且令我感到沮丧。
8. 即使与多数人的意见有分歧，我也不怕发表自己的意见。
9. 日常生活对我的要求令我感到压抑。
10. 总的来说，随着时间的流逝，我不断地加深对自己的认识。

11. 我得过且过，从未真正地思考过未来。
12. 总括来说，我对自己是肯定的，并对自己充满信心。
13. 我常常感到寂寞，因为很少有亲密好友能与我分忧。
14. 我的决定很少受他人影响。
15. 我很难融入周围的人及环境。
16. 我是那种喜欢尝试新事物的人。
17. 我倾向于关注当前，因为未来总是给我带来麻烦。
18. 我觉得我认识的许多人在生活中得到的比我多。
19. 我很喜欢与家人或朋友作深入的沟通，彼此了解。
20. 我比较在意别人对我的看法。
21. 我对日常生活中的许多职责都处理得很好。
22. 我认为现在的生活方式很好，不需要再作新的尝试。
23. 我的人生有方向和目标。
24. 若有机会，我愿意在很多方面改变自己。
25. 我认为当好友向我诉说他们的烦恼时，做一个好的聆听者是最重要的。
26. 我觉得对自己满意比获得他人的赞同更重要。
27. 我常常被自己所承担的责任压得喘不过气来。
28. 我认为，获得新经验是十分重要的。这些经验可以挑战我们对自己和对世界的既定看法。
29. 我的日常活动看起来既琐碎又微不足道。
30. 我对自己的性格大致感到满意。
31. 很少有人愿意听我倾诉心事。
32. 我很容易被那些很有主见的人影响。
33. 假如我不满意现状，我会努力想办法去改变它。
34. 回顾过去，我觉得自己并没有很大的改进。
35. 我不太清楚自己的人生目标是什么。
36. 虽然我曾经做过一些错误的决定，但总的来说，所有的事情我都尽力了。
37. 我觉得从友谊中获益匪浅。
38. 别人很难说服我去做我不想做的事。
39. 总的来说，我能妥善处理个人财政及个人事务。
40. 我认为无论任何年纪的人都能继续成长与发展。
41. 以前我常常为自己定下目标，但现在觉得那是在浪费时间。
42. 到目前为止，在很多方面我对自己在生活中所获得的感到失望。
43. 我觉得大多数的人比我有更多的朋友。
44. 我觉得迎合他人比坚持自己的原则更重要。
45. 我因未能应付每天必须做的事情而感到很大的压力。

46. 随着时间的流逝，我对生活有很多感悟，这使我成为一个更加坚强、更有能力的人。

47. 我喜欢为将来订下计划并努力去实践。

48. 大致上，我对自己和所过的生活都感到骄傲。

49. 人们认为我是一个肯付出并且愿意和他人分享自己时间的人。

50. 即使与人们的观点相悖，我仍然坚信自己的观点。

51. 我善于灵活安排时间，以便完成所有工作。

52. 随着时间的流逝，我感到自己成长了很多。

53. 我能积极主动地完成自己制订的计划。

54. 我羡慕许多人所过的生活。

55. 我很少与别人有彼此关怀、互相信任的关系。

56. 对我来说很难在有争议性的问题上发表自己的见解。

57. 虽然我每天都很忙碌，但是能够处理好每一件事使我感到满意。

58. 我不喜欢那些需要我改变以往处事方式的新环境。

59. 有些人生活没有目标，但我不是这样的人。

60. 我对自己的态度可能没有其他人的积极。

61. 当谈及友谊时，我常感到与我无关。

62. 我常因朋友或家人反对而改变我的决定。

63. 因为我从未能完成我决心要做的事，所以当我制订每天的活动计划时，我常感到很沮丧。

64. 对我来说，生活是一个不断学习、变化和成长的过程。

65. 有时我感到已经做完了一生中所有要做的事情。

66. 我醒来经常对自己的生活感到失望。

67. 我和我的朋友都认为我们之间是可以互相信任的。

68. 我不是那种会因社会压力而改变自己思想或行为的人。

69. 我在社交活动和建立人际关系上所付出的努力是相当成功的。

70. 我很高兴看到自己的思想有所改变并日趋成熟。

71. 我的人生目标为我带来的满足感多于挫折感。

72. 虽然过去的日子有好有坏，但一般来说，我并不想改变它。

73. 我很难敞开心扉跟别人沟通。

74. 我很在乎别人如何评价我在生活中所作出的各种选择。

75. 我难以用一种令我满意的方式来安排生活。

76. 我早就不想对自己的生活作出重大的改善或改变了。

77. 每当回想起我人生中所完成的事，我就感到很满意。

78. 当我把自己和朋友、熟人相比时，我的自我感觉良好。

79. 我和朋友都能够互相体谅对方的难处。

80. 我不是按别人的标准，而是按自己认为重要的标准来衡量自己。

81. 我已按照自己喜欢的方式营建家庭和生活方式。

82. 我认为，“老来不学艺”这句话说得很有道理。

83. 总的来说，我不确定我的生活是否充实。

84. 每个人都有自己的弱点，但是我的弱点似乎比别人多。

量表评分：

《心理主观幸福感量表》由六个分量表共 84 个题项组成，分别是：自主性、掌控环境、个人成长、与别人的积极关系、生活目标和自我接纳分量表。

“自主性”包括以下题目：2*，8，14，20*，26，32*，38，44*，50，56*，62*，68，74*，80。

“掌控环境”包括以下题目：3，9*，15*，21，27*，33，39，45*，51，57，63*，69，75*，81。

“个人成长”包括以下题目：4*，10，16，22*，28，34*，40，46，52，58*，64，70，76*，82*。

“与别人积极的关系”包括以下题目：1，7*，13*，19，25，31*，37，43*，49，55*，61*，67，73*，79。

“生活目标”包括以下题目：5，11*，17*，23，29*，35*，41*，47，53，59，65*，71，77，83*。

“自我接纳”包括以下题目：6，12，18*，24*，30，36，42*，48，54*，60*，66*，72，78，84*。

注：*题项为反向计分题项。

（资料来源：Ryff C. D. Psychological Well-being in Adult Life, *Current Directions in Psychological Science*, 1995, 4）

3. 幸福与人格

美国国家研究院的成人心理学家保罗·考斯塔和他的同事对 5 000 名美国成年人进行了长达 10 年的跟踪调查后得出结论，认为“个人持久的特征对快乐有很大的影响”。他们指出，不管一个人的性别、种族、年龄，也不管他的婚姻状况、工作、住处是否改变，在一开始调查时就快乐的人在 10 年之后仍然快乐。另外，20 世纪 20 年代，加利福尼亚大学的贝克莱研究员们追踪调查了一组青年男子的生活超过半个世纪，他们发现问题少年通常比别人想象的要好得多，还发现了人的情绪具有稳定性。换句话说，快乐的青少年也将是快乐的成年人。如果我们认真思考一下这些发现中隐藏的信息，不难发现，任何不幸的事都不可能剥夺使人重新获得快乐的机会，所以我们常可以见到有过悲惨遭遇的人、患病者、失业者、离婚的人都能重获快乐。如果一定要寻找一个答案的话，“人格在他们获得快乐的过程中起着重要的作用”就是最好的解释了。且看以下关于大学生幸福感的调查数据：

2003 年《大学生主观幸福感的跨文化研究：来自 48 个国家和地区的调查报告》显示：9 997 名大学生的主观幸福感体验处于中等偏上的水平，同时他们有比较积极的情感体验和比较高的生活满意感。研究分析这可能和大学生的年龄特点和知识经验有关：一方面，大学生正处于激情澎湃的阶段，他们充满热情，对未来满怀希望；另一方面，他们的生活环境与社会相比更为和谐也更文明，因此他们对自我以及他人的看法也更加乐观和开朗。

2005 年一项采用"大三人格量表"对广州 263 名大学生进行"主观幸福感的结构及其与人格特质的关系"探讨的结果显示：与西方研究结果一致，发现人格特质是 SWB 的主要预测指标。其中，外倾能导致较高的幸福感水平，而神经质能导致较低的幸福感水平。即外向的个体比内向的个体更幸福，而神经质的个体的幸福感程度相对较低。

知识链接

知识链接：大三人格

Eysenck 经过大量的实验研究与分析，找到了三个基本的人格维度：外倾—内倾（extraversion - introversion）、神经质—稳定性（neuroticism - stability）、精神质—超我技能（psychoticism - superego functioning），也就是俗称的"大三人格"结构。Eysenck 认为，这三种基本维度并不是互相排斥，也不是非此即彼的关系；每个人在这些维度上都有不同程度的表现，而极少有单纯类型的人；大多数人的人格特征都在人格维度的平均值范围内，处于 16% 到 84% 之间，很少有落于两个极端之中；三个维度中，"外倾—内倾"是人类性格的基本类型，而"神经质—稳定性"及"精神质—超我技能"都是表明从异常到正常的连续特征。

（资料来源：Eysenck H. J. Dimensions of Personality：16，5，or 3 - Criteria for a Taxonomic Paradigm . *Personality and Individual Differences*, 1991, 12：773 - 790）

1. 小　结

"人格"的定义一直存在争议，但是心理学界对"人格"的一些基本特点已逐步达成了一些共识。这包括了人格的稳定性、独特性、生物性与社会性并存。对人格的内涵，我们倾向于把人格理解为"是个体在先天生物遗传素质的基础上，通过与后天社会环境的相互作用而形成起来的相对稳定和独特的心理行为模式"。人格有变态人格和健康人格之分。中西方的思想家、哲学家、心理学者等对健康人格的理解各有侧重。基于从哲学视角、心理学视角对健康人格的诸多讨论，郑雪等对这些理论进行了梳理，选择和整合了它们的精华，构建了统合人格的理论模式，提出了自我统合的概念，分析了人格统合良好与不良的特征。此外，人格与个体的身心健康、幸福感等生活的重要主题也有着密切的关系。

2. **关键词**

人格　健康人格　自我统合　主观幸福感

3. **思考题**

(1) 你如何理解“人格”的内涵?

(2) 你如何理解“统合”这一概念?

(3) 统合良好与统合不良的人格各有何表现?

(4) 人格与幸福感的关系如何?

(5) 什么是你所认同的幸福?

第二章 人格的发展

本章提要

大学时代正是人生的黄金时期，也许我们会面临并不断思考这样一些问题：我是一个怎样的人？我能接受自己的一切吗？在同学、老师、家长的心目中，我是一个怎样的人？我受他们欢迎吗？我要成为一个怎样的人？我该怎样规划这四年的大学生活？四年后，我将何去何从？…… 对这些问题的思考，每个人都有着属于自己的答案，在不同的人生阶段里，也许这些答案并不一致，也许在某一人群中又有可能存在着某些共同的特点。本章中，我们将站在“大学”这一特定的人生阶段，分享学者们对人格发展变化观点的异与同，探讨影响人格发展的因素，并了解大学生人格发展的基本概况。

一、人格发展的阶段论——差异中的共同点

人格是如何发展起来的？弗洛伊德、奥尔波特、埃里克森等学者认为，人格的发展随着年龄的增长，可划分为不同的阶段。然而，具体如何划分，每一阶段又有何特点，却因学者们各自人格理论视角的差异而各有千秋。

（一）弗洛伊德的人格发展阶段论

弗洛伊德认为，人格发展（personality development）是沿着人从出生到成人所经历的若干先后有序的阶段而前进的。他非常重视人格的发展及其阶段，因此，在心理学上，有时也把弗洛伊德的精神分析称为“发展理论”。弗洛伊德的人格发展阶段论包括了以下几个要点：第一，人格的发展几乎就是个体性心理的发展。第二，人格的发展经过五个阶段，即口腔期、肛门期、性蕾期、潜伏期和生殖期。每一阶段都有其特点和特殊问题，阶段之间的先后顺序是固定的，这种固定的发展顺序是由成熟的过程决定的。第三，人格发展的最重要阶段是婴幼儿期。弗洛伊德认为一个人长到6岁时，其人格的基本模式就大致形成了，以后一

直保持终生，几乎没有什么大的变化。这五个不同的阶段详述如下：

第一阶段，口腔期（Oral stage）。弗洛伊德把初生到满周岁这段时间称为口腔期，此时婴儿的大部分活动在口腔。口腔的主要活动方式包括：摄入、吮吸、撕咬、吐出、紧闭等。口腔期可以分为两个亚期，即前口腔期和后口腔期。前口腔期从出生到8个月，快感主要来自吸吮和吞咽活动。后口腔期大约是出生后第八个月到一周岁。随着牙齿的生长，快感主要来自吞咽、咀嚼和吞食等活动。

第二阶段，肛门期（Anal stage）。这一阶段大约从出生后第二年起到三岁末。此时幼儿的主要动欲区从口腔转移到肛门。在这一时期，幼儿应当学会控制排泄过程，因此，便溺训练是这一时期的关键。同口腔期一样，肛门期也有两个亚期，即前肛门期与后肛门期。前肛门期的快感主要是通过肛门排泄粪便解除内部压力而获得。后肛门期，幼儿的快感主要来自保持粪便而不是排泄粪便。原因在于保持粪便也能产生性刺激，另外也是由于成人对儿童排泄活动的高度重视。既然这些粪便被人看成是如此贵重，那么儿童自然希望保留它们，而不是放弃他们。

第三阶段，性蕾期（Phallic stage）。大约从3岁到6岁是性蕾期。在这个阶段，儿童从换衣和淋浴中知道两性器官上的差异。这一时期的儿童通过抚摸、显露生殖器而获得快感。弗洛伊德认为，在这个阶段中，对人格的发展最为重要的事件是在儿童心中产生了有关父母的情绪冲突，即男孩心中的欧底帕斯情结（Oedipus complex）（俗称“恋母情结”）和女孩心中的爱莉克拉情结（Electra complex）（俗称“恋父情结”）。

知识链接　　**恋母情结与恋父情结**

弗洛伊德说：“在3岁之后，儿童开始表现出一个对象的选择，对某些人深情偏爱。”对于男孩，他所选择的第一个恋爱对象是自己的母亲。男孩想独占母亲，而父亲的存在是一种干扰，于是男孩内心中产生了一种对父亲的嫉恨、仇视的潜意识倾向。男孩心中这种恋母嫉父的情绪纠葛，被弗洛伊德称为欧底帕斯情结。欧底帕斯是古希腊神话中一个国王的名字，这个国王由于命运的安排在无意中“弑父娶母”。弗洛伊德借这位不幸国王的名字来表示男孩的这种情结。

在同父亲争夺母亲的爱情的过程中，男孩感到自己的力量有限，无法战胜对手，并且还产生了“阉割恐惧”（fear of castration），即害怕强大的父亲割掉自己的性器官。这种“阉割恐惧”迫使男孩抑制恋母倾向及对父亲的憎恨，因此本我和自我之间会激烈地冲突。为了解决这种冲突，男孩开始尽量以父亲为榜样，模仿父亲，并认同父亲。通过认同（identification）来获得对母亲性冲动的间接满足，同时认同本身也促使儿童习得男性行为，形成男子性格。

对于性蕾期的女孩来说，情况就更加复杂。女孩最初与男孩一样，对母亲也有强烈的依恋之情，但是当女孩注意到两性的差异时，这种依恋之情就降低了。

女孩认为母亲有目的地夺取了她的那种有用的器官，故对母亲产生了嫉恨。相反，女孩对父亲的感情成倍地增长。但是她对父亲的好感又伴随着嫉妒。如此看来，女孩的处境比男孩更为不妙，因为她面临着双重的冲突。为了解决这种冲突，女孩需要认同母亲，通过对母亲的认同作用，获得女性性格和女性行为。

（资料来源：郑雪．人格心理学．广州：广东高等教育出版社，2004．89－90）

第四阶段，潜伏期（Latency period）。从6岁到12岁左右是潜伏期。按照弗洛伊德理论，当儿童解决了欧底帕斯或爱莉克拉情结后，他们的力比多冲动就处于暂时的潜伏状态，性兴趣被其他兴趣，如探索自然环境、知识学习、文艺体育活动和同伴交往等所取代。

第五阶段，生殖期（Genital stage）。这是性本能发展的最后阶段。进入青春期后，由于性器官的成熟，儿童的性冲动再次萌发，他们开始对异性产生兴趣，喜欢参加由两性组成的集体活动。这时儿童的心理发生了根本的转折，从“自恋”转变为“异性恋”。异性恋倾向一旦形成，就一直持续人的一生，以后再不会发生根本的变化。弗洛伊德把性心理发展的最后阶段称为“生殖期”。从这个时期起，人类个体就开始摆脱对父母的依赖，成为社会中一个独立的成员。他们寻找职业，选择婚姻对象，开始异性恋的生活、生育和抚养后代。

知识链接　**成人中的几种典型人格特征类型**

口腔型特征（Oral character）：口腔期发生过停滞的人，会有口腔型特征。具有口腔型特征的人只对自己感兴趣，对他人的看法则完全从“他能给（喂）我什么”着眼，总要求别人给他什么东西（不论物质上的还是精神上的），不论采取乞求或攻击性的方式索取，总离不开口腔期“吸吮”的本质。他们在生活和工作中，追求安全感，扮演被动和依赖的角色，他们是退缩的、依赖的，好嫉妒和猜忌别人、苛求别人，遇到挫折易怒，易悲观和仇视人等。据弗洛伊德的看法，吮手指、吸烟、酗酒、贪吃和接吻等行为多与口腔期停滞有关。

肛门型特征（Anal character）：肛门期停滞所导致的人格特征称为肛门型特征。肛门期儿童的主要冲突是粪便的累积和排泄，父母对他们的大小便训练和他们对训练的抵抗。如果父母对子女的卫生训练过分严厉或放纵，都可能使儿童人格发展停滞，形成肛门型特征。肛门型人格有两个亚型：一是肛门便秘型，另一是肛门排泄型。便秘型的最基本特征有三种：讲究秩序和整洁，过分吝啬或节约，以及固执或具有强迫性。弗洛伊德把过分整洁和讲求秩序看成是对父母卫生要求屈从的延续，把过分节约看成是儿童在肛门期粪便保持和积累习惯的进一步发展。肛门便秘型特征者时间观念很强，不愿浪费任何时间，他们不断累积钱财，节省并不愿花费钱财。他们不是把金钱看成是使用的东西，而只把它看作贮存的对象。他们对时间和金钱的看法类似于早期儿童对粪便的看法。肛门期的某个时候，儿童特别珍视自己的粪便，尽量保持而不愿放弃。这种特征是一种消极、被动的反抗和攻击，它源于肛门期儿童对父母大小便训练的反抗。与便秘型特征相反，排泄型特征者有肮脏、放肆和浪费的习惯。

性器型特征（Phallic character）：这类特征是性蕾期没有解决好欧底帕斯情结或爱莉克拉情结所导致的。具有性器型特征的人，行为轻率、果断和自信，这些行为特征主要是对“阉割恐惧”的反抗。性器期儿童对性器官过高的评价，导致了强烈的自负、夸张、好表现和敏感，他们常常显出攻击性和挑衅性。他们的攻击性、支配性和易怒都是“阉割恐惧”的反映。他们的勇敢和冒险行为也是对这种恐惧的过度补偿。性器型特征实质上是极端自私和自恋，它妨碍良好的人际关系的建立。性器型特征者力图表现自己的男子汉气概，因而对妇女往往是粗暴和具有敌意的。性器型女子受强烈的阴茎嫉妒所驱使，总想在生活中扮演男性角色，力求超越男子。

生殖型特征（Genital character）：弗洛伊德认为极少有人真正达到人格发展的最高阶段——生殖阶段，因为人们很难顺利地、彻底地解决早期发展阶段所存在的各种心理矛盾和冲突，而不至于产生停滞和倒退。一个人只要有过停滞和倒退，那他就不可能完全达到最高阶段，具有与该阶段相应的人格特征。与生殖阶段相应的人格特征称为生殖型特征。生殖型人格是弗洛伊德最推崇的理想人格。具有这种人格的人，不仅在性的方面，而且在心理和社会方面都达到了完美的境界。他们能消除本能力量的破坏作用，使之富于建设性。他们有能力建立完满的爱情生活，获得事业上的成功。换句话说，具有生殖型性格的人，有能力控制和引导他们自身的大量力比多能量，使之通过升华的途径释放出来，为人类社会的文明和共同福利作出贡献。

（资料来源：郑雪．人格心理学．广州：广东高等教育出版社，2004．91－93）

（二）奥尔波特的统我发展观

奥尔波特提出“统我”的概念，用以描述个体自我发展的内容与历程。奥尔波特认为，个体出生之时，并没有将自己与环境进行区分的概念，后来才逐渐意识到自己的身体与周围的其他事物并不一样。婴儿能够控制自身的运动，而且当身体的某一部位受刺激时能够感觉到，由此儿童形成了一种身体的自我认同感，直至最后自我认同感完全形成。在这个过程中，他主张人格发展在经历最初几年后将贯穿人的一生。他提出，完善的统我只有从出生到成年经过躯体自我感觉（1 岁）、自我同一性的感觉（2 岁）、自尊的感觉（3 岁）、自我扩展的感觉（4 岁）、自我意向的感觉（4～6 岁）、理性运用者的自我形成（6～12 岁）、追求统我的形成（12 岁至青春期）、作为理解者自我的形成（成年）等八个阶段的发展才能达成。

（三）埃里克森的发展阶段理论

美国心理学史家墨菲说：“现代弗洛伊德心理学的锋芒所向是自我心理学，而其最杰出的代表人则是埃里克森。”埃里克森对自我心理学的主要贡献是进一步发展了哈特曼所重视的社会环境对自我适应作用的思想，从生物、心理、社会环境三方面考察自我的发展，提出了以自我为核心的人格发展的心理社会渐成说(psychosocial theory)。

埃里克森提出，一个完整的人生周期共分为八个阶段，如表2－1所示。

表2－1　埃里克森的人格发展八个阶段及其相应的品质

人格发展阶段	年龄（岁）	品质	
		成功地解决危机	不成功地解决危机
Ⅰ信任对不信任（口唇期）*	0～1.5	希望	恐惧
Ⅱ自信性对羞怯与疑虑（肛门期）*	1.5～3	意志力	自我怀疑
Ⅲ主动性对罪疚感（性器期）*	3～6	有目的	无价值感
Ⅳ勤奋对自卑（潜伏期）*	6～12	能力	无能感
Ⅴ同一性对角色混淆（生殖期）*	12～18	忠诚	不确定感
Ⅵ亲密对孤独	18～24	爱	乱婚
Ⅶ繁殖对停滞	25～65	关心他人	自私
Ⅷ自我整合对失望	65～死亡	智慧	无意义感和失望

注：＊为弗洛伊德的阶段

每一个阶段都由一对冲突或两极对立的矛盾组成，并形成一种危机；危机的解决标志着前一阶段向后一阶段的转化，顺利地渡过危机是一种积极的解决，反之是一种消极的解决。这八个阶段分别是：

第一阶段，信任对不信任（0到1岁半）。埃里克森认为，自我同一性的最初形成是儿童内心记忆中的、可预见的感觉和心象，与外界已熟悉的、可预见的事物及人物的统合。在这一阶段，婴儿既产生信任感也产生不信任感。

第二阶段，自主性对羞怯和疑虑（1岁半到3岁）。这一时期的儿童反复用“我”、“我的”和“不”等词来表示自己的自主性。但父母则不允许自己的孩子为所欲为，而要按照社会的要求来训练他们，控制他们的行为。

第三阶段，主动性对罪疚感（3岁至6岁）。埃里克森认为，顺利渡过前两个阶段的儿童已认识到自己是人，在这一阶段中，他们面临的问题是他们能成为什么样的人。他们检验各种限制，以便确定什么是允许的，什么是不允许的。

第四阶段，勤奋对自卑（6 岁至 12 岁）。在本阶段，儿童转向学习各种必要的谋生技能和使自己成为社会生产者所具备的专业技能。

第五阶段，同一性对角色混淆（12 岁至 18 岁）。埃里克森强调，青春期的主要任务是建立一种新的自我同一性，其发展危机是同一性对角色混淆。

第六阶段，亲密对孤独（18 岁至 24 岁），也称为成年早期。埃里克森指出，只有具有自我同一性的人才能勇于与异性建立稳定的爱情关系。

第七阶段，繁殖对停滞（25 岁至 65 岁），即成年中期。这一阶段的男女成人已建立了家庭，他们的兴趣开始扩展到下一代，生儿育女，关怀下一代的健康发展。

第八阶段，自我整合对失望（65 岁直至死亡），即老年期。人在这一阶段回首往事时，自我是整合的，怀着充实的感情准备告别人间。而回首以往的失败人生则体验到失望感。

知识链接

大学生的自我认同

自我认同的主要内容包括以下六个方面：我现在想要什么？我有怎样的身体特征？父母如何期望我？以往的成败经验是怎样的？现在有什么问题？希望将来如何？这些问题如果处理得好，大学生就能适应和化解危机，达到自我同一性，否则容易出现自我同一性危机。具体来说，可能出现的情况是：

（1）对时间的认同。有的大学生没有意识到时间的重要性，为了逃避成长的压力，不愿主动去面对自己的问题，不愿做出决定和付出努力，而是希望随着时间的流逝，面临的问题也随之而去；有的则希望时间停滞不前，认为目前的状况会永远维持下去。

（2）自我肯定与自我怀疑。自我包括了很多方面，但进入大学之前，学习成绩是最主要的评价指标，其他方面都为这个目标服务。但进入大学后，对自我的评价和认识开始多元化，如自己的天赋、智力、身体、心理、人际交往、社会活动等方面，都会逐渐进入大学生的自我认知范围，并且各方面的重要性也会因人而异。有的大学生过分看重别人对自己外表的看法，有的则对一切持漠不关心的态度。一个自我认同的人能够有效地统合自我与他人的信息，达到自我同一性，同时又能够努力去理解和充分尊重他人的独特性和自我认同方式。

（3）预期职业成就与无所事事。大学生的职业生涯规划和职业预期是学业的重要归宿，也是非常实际的问题。大学生通过职业生涯确定与肯定自己的能力，对大学生而言重要的是坚持学习并充分发挥自己的潜能，而不是确定自己的能力有多大。许多有潜能的大学生由于缺乏意志力和坚定的目标而无所建树。

（4）性别角色认同与两性混淆。大学生应当对社会规范的性别角色及责任有所认同，接受自己是男性或女性并有适当的性别表现。性别认同的程度可能和从幼儿期到童年期与同性及异性相处的紧密程度有关。在实际生活中，同样都是男性，每个人的男性气质也会有一定程度的差异。有的可能喜欢各种体育运动，身体强壮，外向、开朗，给人男性气概的感觉；有的则可能比较沉静、内向，情感细腻，身体单薄，但也并非就属于男性角色不适当的表现。同样，女性气质也有很大的变动范围。另外，还要能够与同性或异性相处都感到自在。

(5) 服从与领导的认同。大学生随着个性和思想的发展，会有更加明确的个人见解和要求，往往会与他人有所不同。在团体中如果作为领导，就要认清自己所处的位置、被赋予的责任和权利，整合团体的意见，代表团体的利益，做好协调和领导的工作。作为普通的团体一员，就要具有团队精神和合作精神，既归属于团体又能够不盲目服从。

(6) 价值观的形成。价值观是在生活中通过不断地思考、辨别、选择，通过实践不断调整、检验逐渐确立的。大学生价值观的确立是自我同一性的最高境界，也是自我同一性最为重要的任务。

（资料来源：贾晓明. 大学生心理健康. 北京：北京理工大学出版社，2006. 28）

(四) 启　示

1. 启发之一：童年经历与人格

弗洛伊德的阶段理论，让我们重视个体的童年经历对其人格发展的价值和作用。诚如弗洛伊德所言："儿童的早年环境、早期经历对其成年后的人格形成起着重要的作用，许多成人的变态心理、心理冲突都可追溯到早期创伤性经历和压抑的情结。"

知识链接　　**《心灵角落》与早年经历**

人物分析：弗兰克在电影《心灵角落》中是一个叛逆的角色。因为幼年被父亲抛弃，14 岁的他，不得不挑起照顾罹患癌症的母亲的重担——这份沉重不仅仅来自生活的压力，更多的还有内心的撕痛：他要眼睁睁地看着唯一的亲人强忍着巨大的痛苦一步一步走向死亡。他恨自己的父亲，恨世间的真感情，在他眼里，男女关系只是肉欲的实现，他蔑视和嘲笑真情的交流，将自己封锁在仇恨的深谷里。但与此同时，他内心深处从未停止过对亲情的渴望、对父爱的期待，而这一点连同对童年的痛苦记忆，统统被他狠狠地踢到意识的深渊，并扣上沉重的铜锁，永世不愿触碰。当女记者不依不饶地追问弗兰克的成长背景、个人的"可怕经历"时，弗兰克变得浑身不自在，他躲闪、回避，用"面对过去就不会有进步"、"世界上最没用的事就是回顾过去"等台词来搪塞。因为事实上，这正是他最虚弱、最不堪一击的地方。他以为自己能战胜和摆脱那份脆弱。直到临死的父亲希望最后见他一面时，他多年的渴望、痛苦、憎恶与挣扎的暗流才火山爆发般喷涌出来，终于，他的防线溃决了……

（资料来源：徐光兴. 中外电影名作心理案例集. 上海：上海教育出版社，2006. 136－137）

2. **启发之二：自我与人格**

奥尔波特和埃里克森的阶段理论，让我们得到以下启示：

第一，自我的发展贯穿人的一生。发展的重要阶段正是学生在校学习的整个时期，包括了从小学到中学，乃至大学的整个过程。

第二，发展的核心在于形成自我同一性或认同。在人生发展的过程中，个体通过与社会的互动，不断地分化与整合，增强自我意识、自我调控与协调发展，实现自身的个性化与社会化，从而获得自我的同一性与社会的同一性或认同，达到自我内部的和谐与外部的和谐。

第三，发展的关键期在于青年期（12～25 岁）。奥尔波特、埃里克森认为，自我同一性在婴儿期就开始出现并逐渐形成，而且贯穿人的整个一生；它在青年期的发展对个体的一生有着最为重要的意义。因为，步入青年期的个体只有把过去的经验和对未来的预期、个人的理想和社会的要求更自觉地加以整合，从而对自己的本质、能力、理想等方面形成一种前后一致的意识，才能在青年期结束的时候建立一种稳定的自我同一性，为更加完善地解决先前各阶段遗而未决的问题，有效地实现学业、生活预定目标做好心理上的准备。

知识链接 **《海上钢琴师》与自我认同危机**

剧情简介：1900 年的第一天，邮轮弗吉尼亚号上，工人丹尼在头等舱的钢琴旁发现了一个被遗弃的新生儿。丹尼不顾他人的嘲笑，独自抚养该弃婴，并取名为“1900”。海上出生的 1900，随着弗吉尼亚号往返靠泊于各个码头而逐渐长大。然而不久，丹尼在一次意外事件中丧生。奇迹出现了，某天深夜，船上的众人被优美的琴声所惊醒，循着琴声，居然是无师自通的 1900 在钢琴前忘我演奏。从此，1900 开始了在海上弹奏钢琴的旅程，吸引了越来越多慕名而至的旅客。期间，1900 邂逅了麦克斯和一名清秀动人的女孩，他们的出现，使 1900 的内心开始波动，他燃起了踏足陆地的冲动，然而……

人物分析：1900 的一生都没离开船，生于船，长于船，死于船。缺乏身份感是 1900 终身未踏足陆地的一个重要原因。影片多次提到，1900 在陆地上没有出生证明，没有生日，没有身份。就好像这个人从来没出生过一样。埃里克森的理论认为，青少年面临的最主要的发展任务是获得自我认同感——一种对于自己是谁，将要去向何方，在社会中处于何处的稳固和连贯的知觉。而自我认同感是在应对许多选择中形成的：我想要什么样的职业，大千世界中我属于什么位置等。埃里克森用认同危机来描述这些青春期个体思考现在的自己是谁、决定“我能（该）做怎样的自我”时会体验到的那种混乱，甚至焦虑的感受。如果青少年能顺利渡过这次危机，那么他们将走向成熟的人生道路。而片中的1900似乎一生都在思考这个问题，却又一直没能圆满地解决这个问题。他不知道自己该何去何从，自己能够或应该成为什么样的人，在偌大世界中是何位置，所以，他只能留在船上，不断重复颠簸的旅程。

（资料来源：徐光兴. 中外电影名作心理案例集. 上海：上海教育出版社，2006. 162－166）

二、谁来决定你的人格——并不孤立的成长

谁来决定你的人格？是遗传？是环境？还是其他因素？这是人格心理学界一直在争论的问题。也许过分强调任何一种因素都会导致过犹不及。或许，我们可以从宏观上把人看作是生物性与社会性并存的共同体来看待人格发展的影响因素。

（一）内源性因素

1. 生物基础

(1) 人格发展的遗传与进化论。

进化理论认为，人类与其他生物都遵循着生物进化的法则，物竞天择，适者生存。人格特征正如其他生理特征一样也是经世代发展进化而来的，人类的个体差异源于遗传素质和生理过程的不同。在人格的生理机制上，巴甫洛夫等曾论证了神经系统的类型特点是人格的生物学基础，人格特征与个体的大脑皮质细胞群配置特点以及细胞层结构的个体特点有关；而艾森克也曾推断，在网状结构乃至大脑皮层上有一种先天激活的最佳水平：在外倾型的人身上激活的最佳水平往往较低，而在内倾型的人身上激活的最佳水平往往较高。因此，这两种类型的人有着不同的行为举止。可见，脑与人格之间存在着密切关系确实是不争的事实。从物种发展的角度看，人格特征是进化的结果，它与生理特征一样遵循着自然选择的规律。

(2) 行为遗传学的观点。

行为遗传学研究的是人格特质和行为方式受遗传影响的程度，其目的是为了分析遗传力。所谓遗传力是用来测量在人格特质的全部个体差异中能够分别用遗传因素和环境因素差异来解释的程度。这方面的经典研究，是对孪生子遗传力的研究，大量的研究有着惊人相似的结果，那就是同卵孪生子比异卵孪生子在人格特征上有更高的遗传力；此外已有研究表明，通常在智力、气质这些与生物因素相关较高的特质上遗传因素的作用较为突出，而在价值观、信念、性格等与社会因素关系紧密的特质上，遗传影响甚小。可见，遗传与进化是人格形成和发展不可缺少的影响因素，它们对人格的影响程度随人格特质不同而异。

2. **人格智能**

(1) 加德纳与人格智能。

我们认为，在统合人格的形成过程中，自我是核心，它通过主动的评价、协调与认同实现自身的和谐发展。由于个体内外关系的复杂多样性，随时可能出现各种矛盾、对立和冲突，以至人格的分离。因此，获得和保持人格统合需要自我具有高度的理性和智慧。这里我们借用美国心理学家加德纳的人格智能概念来表示这种智慧。

多元智能理论由霍华德·加德纳于1983年首先提出，他认为智力应该是指在某种文化环境的价值标准之下，个体用以解决问题或生产、创造时所需的能力。他认为，人类的智力应该至少包括了七种类型，即语言智力、逻辑—数学智力、空间智力、音乐智力、技能智力、人际智力、自知智力等。其理论的提出，拓展了传统智力理论对智力的理解，提倡人有多种潜能，而这些潜能“可以被文化环境激活以解决实际问题和创造该文化所珍惜的产品”。其中，加德纳的“人格智能”主要是指一种信息加工的能力，包括两种形式：一是指向个体内部的内省智能，即个体对自己经验感受的省察和认知；另一种是指向外部的人际智能，即认知和评价他人的情感、欲求和行为目标。

加德纳的多元智力说从成分的角度对智力的结构进行了分析，强调平衡地建构智力，为智力结构的研究开创了一个新的方向，而且也为理解人类的本质提供了一个更为广阔的途径。但同时我们也发现，加德纳的多元智力理论仍旧是从特质的角度对智力进行分析，与以往的智力因素说并没有本质差异。

(2) 斯腾伯格与实践智能。

斯腾伯格试图从智慧行为的机能本质上更深入地把握智力的精髓，他强调：“成功智力才是对现实生活真正起到举足轻重影响的智力。”其中，所谓“成功智力”就是用以实现人生主要目标的智力，它能导致个体以目标为导向而采取相应的行动。具体而言，成功智力就是为了实现个人、群体和文化的目标而去适应、选择和塑造环境的能力。斯腾伯格将分析性智力、创造性智力、实践性智力列为成功智力的三个关键，并赋予它们不同的功能。分析性智力是一种分析和评价各种思想、解决问题和制定决策的能力，可用于解决问题并判定思想成果的质量；创造性智力是一种能超越已知给定的内容，产生新异有趣思想的能力，它有利于人们从一开始就形成好的问题和想法；实践性智力是一种可在日常生活中将思想及其分析的结果以一种行之有效的方法加以使用的能力，它有利于将思维的结果以一种行之有效的方法予以实施。斯腾伯格强调，智力问题的关键不在于数量，而在于平衡，在于什么时候、如何运用分析能力、创造能力和实践能力。他认为，如果分析、创造和实践智力这三个方面能互相协调与平衡，那么此时的成功智力才最为有效。因此，具有成功智力的人不仅具备这三方面的能力，而且还会思考在什么时候、以何种方式来有效地运用这些能力。

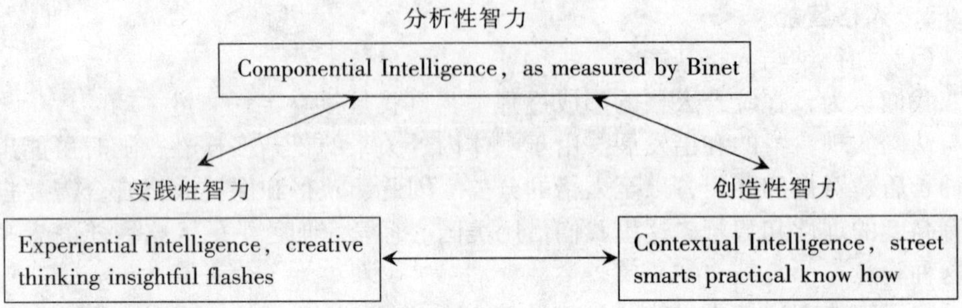

图 2－1　斯腾伯格三元智力理论

注：来源于 www. xlcxn. com

斯腾伯格的三元智力理论超越了传统狭隘的门户之见，从文化、经验及个体的内部等多个角度全面阐述了智力的内涵，极大地丰富和拓展了人们对智力的概念。这对我们如何看待人格智能有很大的指导意义：它触发我们以多视角综合看待人格智能的内在因素；分析、创造和实践智力作为成功智力的三要素，它们之间的动态平衡关系引发我们思考人格智能诸因素之间的动力性与协调性；斯腾伯格强调智力的可培养性，尤其是实践智力可以在人的一生中不断有所提高的观点，激发我们去分析培养人格智能的可能性和可持续性；斯腾伯格将非智力因素引入智力范畴，肯定人自身思维过程的元认知能力对智力的重要影响，启发我们应重视自我在人格智能中的价值和作用。

（3）自我统合人格理论中的“人格智能”。

郑雪等认为加德纳把人格智能局限于信息加工的能力是不全面的，也没有抓住人格智能的本质特征。在斯腾伯格的三元智力理论中，受到多角度整合等的启发，我们认为人格智能不仅是一种信息加工的能力，还是整合了认知、情感和行为意志等多种因素的综合能力。人格智能是通过认知自己、他人和社会环境，调整和控制自己的心理和行为来实现自己目标的能力。具体分析这种能力，人格智能大致应该包括以下三个方面的能力因素：

第一，自我统合能力，即通过对自我的知觉、反思、评价和体验，决策、控制和调节等操作实现自我和谐的能力。这种能力具体包括以下多种因素：自我知觉、反思和评价；自我接纳和自尊；情绪的认知与调节，提升幸福感；确立自我理想与人生目标等。

第二，人际社会适应能力。具体包括对人际社会的认知能力；人际沟通交往能力；人际互动（合作与竞争）的能力；认知和遵守组织规范和社会道德，获得诚信和社会适应性的能力。

第三，实践活动的能力，包括活动的积极主动性、目的性、计划性、方法与策略、灵活性与创造性，以及坚持性和应对挫折的能力等。

以上是把各种人格智能因素分开来阐述，实际上在现实生活中，人格智能的各种因素是相互联系起来共同发挥作用的。人格智能的整合作用特别表现在处理个体与社会的关系上，一方面，个体要客观地认清自己，确定自己的目标；另一方面也要清楚他人的情感、需要和利益，而且还要找到一种双赢乃至三赢（对自己、他人和社会均有利）的方法或途径，既能达成自己的个人目标，也不损害他人利益，维持和谐的人际关系。在“自我和谐”与“人际和谐”之间寻找到均衡点，不迷失自我，不亏待自我，根据现实情景考虑最佳后果来决定有所为、有所不为，这就是人格智能的最好体现。这也是东方思想家孔子和西方思想家亚里士多德所推崇的中庸之道。

3. 自我实现倾向

如何解释人的行为？或者说，人的行为的目的是什么？不同的理论，对这个问题的解释也各有特色。人本主义心理学家马斯洛就把人类的动机称为需要，提出了需要层次理论。就上述的问题，他提出了以下假设：第一，他认为个人是一个统一的、有组织的整体，主张以整体动力观来揭示动机的性质；第二，人类的需要是一种似本能的需要，需要的产生既有遗传的基础，也受后天环境教育等因素的共同作用；第三，人类动机的终极目标是基本需要。

根据这些假设，他认为人格的动力在于人类是由一系列具有生命意义的和满足内在的需要所驱动。他提出，人类的价值体系中有两类需要：一是沿生物进化的逐渐变弱的本能需要，称低级需要或生理需要；一是随生物的进化逐渐显示出来的潜能，称高级需要或心理需要。这两类需要分五个层次，以金字塔的结构形式排列。金字塔的最底部是生理需要，上面是安全需要、归属与爱的需要、尊重需要，最顶端是自我实现的需要。如图 2－2 所示。马斯洛认为，这五种需要使人处于不满足的状态；低一层次需要获得满足之后，才能升上高一层次需要；需要的发展是一种连续、重叠和波浪式的向前推进。在五种需要层次中，个别差异最为明显的就是自我实现需要。它的产生有赖于前述四种需要的满足，它是人类需要发展的高峰。所谓“自我实现”就是要求充分发挥个人的潜力和才能，对自身内在本性的更充分的把握和认可，是朝向个人自身的统一、完整和协调的一种倾向。简而言之，就是一个人自我进步的愿望，希望自己越来越成为期望的人物，完成与自己的能力相称的一切趋势。

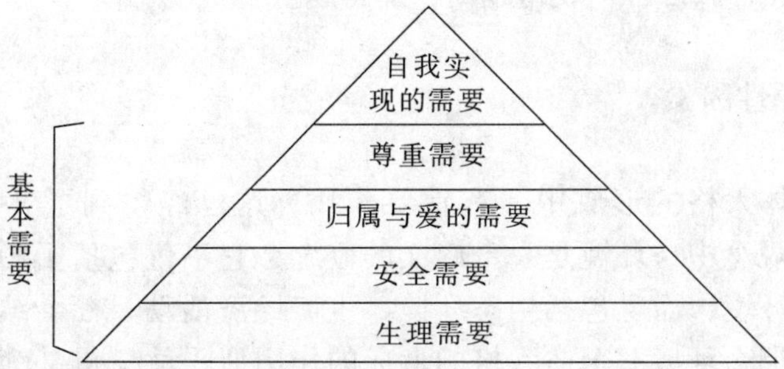

图 2－2　马斯洛需要层次模型（摘自 Maslow，1968）

前述中，我们也提到了自我实现者及其 15 个基本人格特征，这与自我实现的需要之间是何种关系？我们必须先区分马斯洛自我实现概念的两层含义：一是作为一种人格的自我实现，只有少数的人才能够做到，这种人可以被称为自我实现的人，有 15 种基本特征；二是作为一种基本需要或动力的自我实现，是人的潜能的实现，是人的高层次需要，是任何人都有可能体验到的，包括了认知、审美和创造需要。

由马斯洛的理论可见，自我实现的需要是任何人都有可能出现的一种基本需要，是个人实现潜能的过程，也是人的行为的基本动力因素。这意味着，任何人都有自我实现的倾向。从个人主观内部条件来看，该倾向不能实现的缘由与个体的自我概念有着密切的关系。这表现在：

第一，缩减了的自我概念。个体没有得到很好的发展与其自我概念的缩减有关。这意味着我们对自己是谁以及自己能成为什么样的人的看法比较保守，从而使得我们的潜力未能得到充分的体现。皮格马利翁效应，这一心理学的经典效应向我们揭示了心理暗示的积极作用，即从某种意义上来说，任何人都会成为他所设想的那个样子。而事实上，在我们对自己的理想目标的定位上，往往倾向于保守。

第二，自我概念的固着。这意味着个体习惯于固着在现有的自我概念中，认为“我一直就是这样”，往往会有一种宿命论的想法，认为一切似乎都是“命中注定”的。

第三，安全需要与自我实现需要的冲突。马斯洛认为，每个人不仅有自我实现的需要，也有安全的需要。当这两种需要相互牵制和发生冲突时，会阻碍个人的发展。这表现在个体的心目中既倾向于指向安全和得到保护，追溯过去，害怕尝试，害怕自由和分离；又希望独立，追求完善，渴望潜能得以发挥。

第四，成功恐惧。自我实现的阻力还源于对成功的惧怕。一方面，个体往往倾向于安于现状的选择。这与成功会带来许多未知的变化有关，我们天生对未知的东西有一种畏惧的心理，因此使得我们回避变化而选择我们所熟悉的现状。另一方面，这与成功后我们要面对的责任、压力等有关。因为如果我们取得了成功，别人对我们的期望会更高，而我们会怀疑自己是否有实现这种期望的能力，因此，我们往往告诫自己“爬得越高，摔得越重”。

（二）外源性因素

环境在个体人格的形成中具有重要作用，这已经得到了学术界的广泛认同。在传统的观念中，环境是一个广义的概念，它不仅包括了胎儿环境、家庭和学校等微观环境，而且包括生态环境、生产经济活动、社会结构、文化传统等宏观环境。那么环境对个体人格的形成的作用似乎就变得甚为宏大，似乎是无所不在，又令人难以把握。其实，就每一个独立的个体而言，这种传统意义上的环境作用是以对个体的生活、生存、发展产生直接作用的具体环境因素的方式发挥影响力的。近年来，“发展的小生境”理论以及“生态文化与行为的理论模式”是心理学者探讨环境这一外源性因素对人格塑造影响的颇有代表性的两种理论。

1. “发展的小生境”理论

心理学者 C. M. Super 和 S. Harkness 提出了“发展的小生境”这一概念，用以解释和分析微观环境对个体或不同文化群体的生活、生存的影响作用。在其理论中，“发展的小生境”是一个系统，涵盖了影响个体发展的三个子系统。它们是：第一，个体生活的自然环境和社会环境；第二，由文化决定的抚养和教育个体的主流方式；第三，父母的心理特征。这三大子系统共同作用于个体，它们包围着、促进着、滋养着、约束着个体的身心发展、成熟。具体表现在：

(1) 自然环境的影响。

人作为一个生命有机体，必然和自然环境发生这样或那样的联系，自然界是个体生存的先决条件。“发展的小生境”理论中的自然环境特指个体生活在其中的具体的、实在的自然生态环境。例如，地处热带非洲地区的土著家庭，生存环境极其恶劣。在这样的近乎原始的生存模式之下，人们过着群居生活。个体自幼被要求参加氏族家庭的日常活动，从而得以与家族的大多数成员互动交往。而欧美发达国家的城市婴儿则生活在现代化程度极高、注重个人隐私权的维护、生活层面的交流不畅、人际互动资源非常有限的微型家庭之中。这样两种反差巨大的生态环境决定了个体在成长中得到的与成年人交往、互动的机会和频率是截然不同的，各自培养和塑造的个体人格也因此各具特色。

(2) 社会环境的影响。

人的重要属性是其社会性。社会是个非常宏大的世界，它有着颇为复杂的结构和运行规律。生活在社会中的个体，必然会受到来自社会的影响。从微观角度而言，社会作用于人的具体影响程度、方式、内容是因人而异的。这种差异性体现为真正对个体直接发生作用的社会环境，如同自然环境一样，也是具体化为特定的对个体直接发生作用的社会环境，包括家庭、学校、社区等。如，大量研究表明，不良家庭环境容易造成家庭成员的心理行为异常：家庭结构改变，如父母死亡、父母离异、父母再婚等；家庭气氛紧张，如家庭成员之间情感冷漠、矛盾冲突频繁、父母关系紧张等。再如，学校是成长中的青少年学生学习、生活的主要场所，学生的大部分时间是在学校中度过的。因此，学校生活对学生的身心健康影响也很大。学校因素主要有学校教育条件、生活条件、教师的素质和教育教学水平、班风、师生关系、同伴关系等。个体正是在这样的具体、客观的社会环境中，与他人进行人际互动，从而塑造独特的态度和行为方式，所谓个性也正是由此逐渐生成和发展起来的。

（3）由文化决定的抚养和教育个体的主流方式的影响。

家庭是个体接受社会影响的第一场所，是认识社会准则和建立行为规范的第一课堂。个体的很多态度与行为都打上了家庭的印记。这其中，父母扮演了个体的第一任老师的角色，父母如何抚养个体，如何对其进行初期的教育，都将直接影响个体的认知、情感和行为。而父母的抚养、教育方式具有典型的文化传承规律。例如，中国南方妇女由于一年四季都适宜从事下田或上山劳动，通常会把婴儿捆在背上；而北方妇女由于农闲时节充裕，通常会把婴儿抱在怀中，或者置于身边。这种不同的携儿方式，不仅决定了母子身体接触的类型和频繁程度，而且还会影响母子相互作用的方式、个体感觉运动的发展，甚至独立性或依赖性的发展。

（4）父母心理特征的影响。

“发展的小生境”理论所指的“父母的心理特征”主要包括父母的教育水平、信念和价值观等心理因素，它们在亲子关系的形成和发展、育儿方式、价值观念的启蒙等亲子互动活动中发挥作用，从而影响个体的心理发展。在国外，有学者把父母的这些心理特点统称为“养育风格”。父母的养育风格带来的是特定的家庭情绪气氛，其养育的态度、信念、价值观、行为就在这种情绪气氛中表达出来，而个体就是在这种情绪气氛中成长。国内外大量研究表明，父母的这些养育风格影响了个体发展的诸多方面，包括学习动机、学业成绩、推理能力、情绪、心理健康、价值观等，这一切都影响着个体人格的形成与塑造。例如，在个体的早期发展中，父母对子女的态度，如充满爱，能给予信任、鼓励和支持则容易使个体在与人初次接触时产生信任感、安全感，而这种情感的产生有助于个体与人的顺利交往。相反，缺乏父母的疼爱、关怀、照顾、信任、鼓励与支持，不仅会在个体智力发育方面造成一些难以挽回的不良后果，还会使个体形成孤独、无助的性格特征，甚至导致难以与人相处等人际交往方面的障碍。

需要强调的是，“发展的小生境”是一个各构成部分彼此关联互动、共同作用的系统，同时又是一个开放系统，其中每一部分均与更加广泛的外部环境大系统相联系。例如，携儿方式往往与气候水土有关，而社会习俗化则与社会的物质生产和富裕水平有关，等等。

综上所述，“发展的小生境”作为一个系统，对个体人格的培养和塑造发挥着重要作用，归纳起来，主要表现在以下两个方面：第一，小生境为人格的培养和塑造提供了最直接的“心理资源”。人格的形成是在个体与所处的特定“发展的小生境”的互动中，在不断吸收小生境所提供的一切资源的前提下，逐渐从幼稚走向成熟。第二，小生境“催化”了人格的形成和发展。不同养育风格的父母，会培养出具有不同个性的个体。有研究表明：起始没有什么差别的同质个体，处在不同的环境中，由于各自对环境的评价不同，各自产生了程度不同的舒适感、压抑感，个体应对由此带来的压力的策略也不一样，从而导致了差异悬殊的个性特点。

此外，在与小生境的互动过程中，个体并非消极被动地接受来自小生境的影响，而是主观、能动地应对小生境的作用，两者的互动是一个同步演化的过程。一方面，小生境为个体人格的发展提供了刺激和催化作用；另一方面，个体这些方面的逐渐成熟也会作用于小生境。例如，在与成人的交往中，个体也在不断改变着成人对他们的信念、期待和互动方式，这意味着“发展的小生境”在个体发育过程中也发生着某些顺应性改变。

总之，在个体成长的生态系统中，系统内的三个子系统互相作用，共同构成了一个紧密结合的个性发展生态圈；在这个生态圈里的各个子系统共同作用于个体，而个体也同样作用于各个子系统，从而形成了个体适应环境、小生境也适应个体的互动模式，正是在两者相互适应的过程中，实现了个体人格与发展的小生境之间的同步演化。

2. 生态文化与行为的理论模式

伴随着心理学研究的生态化运动，在20世纪60年代出现了一门新的心理学分支学科，即跨文化心理学。其中较有影响力的是加拿大心理学家John Berry历经十几年的理论探索和实验研究。他从生态、文化的视角看其对人及其行为的影响，提出了“生态文化与行为的理论模式”（the model of ecology-culture-behavior）。

该理论的基本假设是：生态压力是文化与行为的原推动力和模塑因素；生态变量限制、强迫、滋养文化形式，而文化形式转而模塑人的行为。通俗而言，即“一定的生态环境导致一定的文化形态，而一定的生态和文化形态共同塑造人，使其产生一定的行为方式。这种行为方式进而使人更好地适应那种生态和文化，甚至影响和改变它们。这里，生态、文化和行为三者的关系没有决定性和必然性的含义，而只有制约性和偶然性的意义，也就是说，一定的生态和文化塑造一定的行为方式是很可能的，但不是必然的。”该理论模式如图2－3所示：

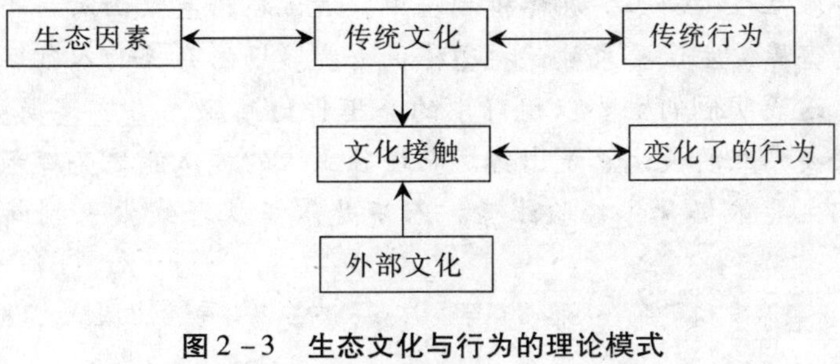

图2－3　生态文化与行为的理论模式

由图2－3可知，Berry的理论模式共分两大方面六个部分：第一个方面包括了生态因素、传统文化和传统行为三个部分；第二个方面包括了外部文化、文化接触和行为变化三个部分。在此模式中，生态因素包括气温、雨量、季节气候变化、地形、地貌、矿产、土壤以及动植物资源等生存环境因素；传统文化包括家庭和社会组织结构、生产资料所有制和产品分配形式、劳动分工、政治制度、育儿方式和社会化模式、宗教、语言和文学艺术、生活方式和各种意识形态等；传统行为包括一个民族的认知或智力特点、情感和意志等特征以及自我意识、价值观和各种态度等；外部文化指一个群体自身文化之外的一切文化；文化接触指群体自身的传统文化与外来文化的接触和交往；行为变化是指在文化接触和文化融入的过程中个体心理和行为发生的所有变化。

为了证实自己的理论构想，Berry 开展了一项国际性的大型跨文化心理学研究，即“人类生态与认知方式”的研究。在研究中，Berry 通过对生态环境和生存策略的评估来分析生态因素；文化因素方面主要考察养育方式和社会化以及与社会化密切相关的文化因素，如家庭结构、角色分化、社会阶层等；行为部分则主要考察认知方式和心理分化的问题。该研究于 1964 年开始，持续了十余年，研究了美洲、大洋洲、非洲、欧洲的 21 个不同文化群体的被试。研究的结果支持了 Berry 的理论模式，说明“场依存—场独立”的认知方式确有生态文化的根源。

知识链接　**“场依存—场独立”的认知方式**

“场依存—场独立”的认知方式由威特金提出，最初是为解释知觉过程中的个体差异而提出，主要是指人在知觉外物的空间位置时，以外在的视野还是以身体本身作为主要参照的对比倾向。这一对比倾向可以通过威特金等人设计的三个著名实验即棒框测验（RFT）、身体顺应测验（BAT）和转屋测验（RRT）来测定。这三个实验都要求被试判定视野中的有关项目是否与地面垂直。这样的判定可以依据视野的线索，也可以依据身体经验的线索如动觉和平衡觉。主要依据视野线索来作出判定的倾向被称为场依存性，主要依据身体经验线索来作出判定的倾向被称为场独立性。例如，在棒框测验中，被试在暗室里面对一个发光的框和框中可移动的亮棒，主试要求被试把亮棒调垂直。场依存性的人往往把亮棒调到与亮框垂直，这表明他们主要以视野中的亮框作为参照。当主试使亮框倾斜时，以亮框作为主要参照的被试总是出错。而场独立性的被试能把亮棒调到与地面垂直，因为他们主要依据身体经验线索，而不是依据视野线索来判断视棒的垂直程度。

（资料来源：郑雪. 人格心理学. 广州：广东高等教育出版社，2004. 270）

综上所述，John Berry、Super 和 Harkness 的大量研究结果给我们揭示了生态文化因素对人格的形成与塑造、对人的行为等方面有着重要的影响。这两个理论虽然其表述和观点各有侧重，但是他们之间存在着一种较为一致的看法，那就是他们都认为人的生态环境（Berry 理论中指“生存环境”、Super 和 Harkness 的理论中指“儿童生活的自然环境和社会环境”）及在家庭中个体所接受的来自父母的教养方式（Berry 理论中属于“文化因素”之一、Super 和 Harkness 的理论中指“由文化决定的抚养和教育儿童的主流方式”）对人格的形成和塑造有着重要的影响。

知识链接　**生态环境、父母教养方式与人格有密切的联系**

2006 年《汉族、壮族、蒙族、纳西族人格结构的比较研究》结果表明，由田野工作和民族志的分析，汉、壮、蒙、纳西族都有各自独特的生态环境，四族人民在适应环境的过程中，分别形成了相应的生产方式，在具体的生产生活实践中逐渐形成、发展、沉淀为相应的民族文化，并在各自的父母教养方式中体现为民族的差异。其中，父母教养方式对人格的形成和发展有着重要的作用，具体可表述为：不同民族的父母教养方式对某一人格结构的影响程度不同；不同的父母教养方式对某民族的人格结构的影响程度不同；同一种父母教养方式在不同民族中对同一人格结构的影响程度不同；同一种父母教养方式对某一民族的不同的人格结构的影响程度不同；父母教养方式对四个民族共同的人格结构有重要的贡献。因此，生态环境、父母教养方式与人格三者之间的关系即可描述为：一定的民族生态环境导致一定的父母教养方式，而一定的民族生态和父母教养方式共同作用于人，使其产生一定的心理与行为方式。

（资料来源：许思安．汉族、壮族、蒙族、纳西族人格结构的比较研究．华南师范大学博士学位论文，2006.）

三、人，认识我们自己——大学生人格发展现状

还记得我们曾在第一章中介绍的著名的“斯芬克斯之谜”吗？当年那个神秘的谜底直指“人”。那么，这意味着什么？斯芬克斯要告诫我们的是什么？奥林匹斯山上那句经典的箴言究竟是什么？宙斯希望借此提醒我们的又是什么？不知道我们的大学生们找到了答案没有？作为“人”，你了解自己吗？你了解自己所属的这个群体吗？也许要揭开这个经典箴言，首先得从了解我们自己开始。正如前文所论述的人格发展的普遍规律，这对于我们来说无疑是非常有帮助的。我们可以在了解和遵循这些规律的基础上，运用主观意志，引导自身人格朝着更理性、更健康的方向发展。那么，当代的大学生们，我们的人格发展有何特点？其发展趋势又如何？这也许是认识我们这个群体的其中一面镜子。

（一）大学生基本人格状况

1. 大学生人格发展概况

孙芬（2005）指出，当代大学生人格现状表现在以下几个方面：第一，主体性与依附性并存，主体性日益增强。这里的主体性人格是指“一种整体的、独特的，有利于弘扬人的主体性，开发人的创造潜能，实现人的内存价值的人格范型”。“从人格角度而言，主体性是人格素质、品质的总和，包括人的独立性、能动性、选择性、创造性和自主性品格。”第二，狭隘性与宽容性并存，宽容性日益增强。当代大学生的宽容品质，一方面表现在日常生活中的与人相处，不以自己的标准要求别人，容忍与自己不同的生活、行为方式，不苛求别人；另一方面表现为能够理解与社会主流价值观不同的，但有其存在价值的言论、思想、学派和行为等，并且能容忍它们的存在。第三，冲突性与和谐性并存，和谐性日益增强。和谐性表现为自我和谐（如身心协调、全面发展等），人与他人、社会、自然的和谐。

2. 大学生人格发展特点

（1）一般性特点。

1）较强的自我意识。所谓自我意识（有时候简称自我）是指作为主体的自我，通过与外界的他人、社会、自然发生关系，而达到对自己的特性、地位、价值以及发挥其潜力可能性的意识。它是人对自己的认识和态度，概括来说包括三方面内容：一是对自己生理状况的认识和态度；二是对自己心理状况的认识和态度；三是对自己与外界客观事物关系的认识和态度。自我意识是人格结构的核心部分，它在人格发展中发挥着组织者、推动者的作用，影响并塑造着人格结构的其他成分以及与这些成分的相互关系，并制约着个人的行为。具体来说，自我意识的功能表现在自我认识、自我选择、自我评价和自我控制等方面：自我认识的水平制约着自我认识的程度和自我调节的能力；自我评价的性质制约着人格发展的方向；自我调控能力制约着人格发展的水平。

大学生的自我意识逐渐增强，表现为自主性、独立性和支配性等需要的增强。相当多的大学生对权威和命运表示疑虑甚至提出挑战，对习俗和传统的遵从则表现出一定意义的困惑与反叛。大学生的自我意识增强具体表现为：第一，自我评价能力得到发展。大学生的自我评价从依附性向独立性过渡，由具体性向抽象性过渡，同时这种评价具有一定的深刻性和概括性，并趋于成熟和稳定。第二，自我体验能力得到发展。例如，大学生有比较强烈的“成人感”。所谓“成人感”是指大学生感到自己已经长大成人，渴望参与成人角色，要求独立、得到尊重的体验和态度，它是青年期在个性发展中独立性增长的突出表现，是青年期自我意识迅速发展的一个新的、重要的特征。第三，自我监控能力有所发展。随着心理上的独立性不断增强，大学生自我监控的动力由主要来自外部的力量，转变为以内部自我控制力量为主的自我监控。同时，自我监控的稳定性和持久性都有了较大的提高。

2）人际关系新型化。首先，随着对社会环境的适应能力的增强，大学生对外部世界有着浓厚的兴趣，有着广泛的活动范围和爱好，人际交往范围扩大，积极参与各种形式的社会实践。他们能容忍别人与自己在价值观与信念上存在的差别，能根据事物的实际情况看待事物，而不是根据自己的主观愿望来看待事物。因此，在人际关系的建立上表现出一定的积极性和主动性。其次，大学生对人际关系的认识仍处于不稳定的状态，需要进行引导。他们由过去只注重适应已有人际状况转向建立适宜的和谐人际关系，他们对师生关系和上下级关系的重视程度减弱。在建立人际关系时，他们强调平等、注重个性的观念逐渐增强。另外，在人际关系上逐渐靠向“利益共同体”，功利化与表面化的趋势上升；而团结协作意识却有所下降。他们易于片面理解竞争，个别大学生甚至把人与人的关系简单地归结为利益争斗或相互利用的关系，缺乏营造真诚、互助气氛的积极心态。再次，人际关系的发展还表现为多数大学生都热衷于通过电脑网络建立人际联系。即使是同学和朋友之间，通过 QQ、MSN、E-mail 等现代网络媒介进行沟通的时间和频率也越来越多。

3）行为取向多样化。大学生对异己的言行和不同的价值观念表现出相当的宽容和理解。但是他们仍有较多的自我中心倾向，表现为集体意识逐渐淡漠，自我效能感增强，有关个人利益与未来发展的个体性行为增多，而且行为选择的独立性与个体责任感日渐增强。但是由于他们自我约束能力还比较弱，因此部分学生没能有效地抵御住社会不良习气和错误思潮的影响，在行为方式上存在一些浮躁、急功近利的倾向，并且过分讲求实际和实用，使行为带有庸俗与物欲化的色彩。

4）情感表达较外露。大学生情感饱满，情绪上稳定性与波动性、外显性与内隐性并存，情感丰富多彩，积极的情绪、情感体验在学习、生活中占主导。但是大部分学生敢于表达自己的感受，能以一定的方式宣泄不满或不良情绪，他们谨慎、退缩的气质渐弱，而活泼、坦率、推崇自然的气质则逐渐增强。这种情感的外露性在相当一部分学生身上表现为与异性交往坦然，对情感挫折的承载力也有所增强。但是值得注意的是，部分大学生在情感表达方面过于注重主观感受和内心体验，换位思考的能力较弱，并且缺乏一定的严肃思考与理性选择，有时甚至带有唯情绪的倾向，因此经常不太容易被人理解和接受。

5）价值观念存在矛盾。在社会氛围和外来文化的辐射与影响下，大学生的价值取向已逐渐由理想向现实转变，在事业上有较强的进取心和责任感；由社会本位向个人本位转变；由单纯奉献向物质与精神共需转变；由注重集体向个体现实与社会整体转变；由重义轻利向规范与利益争取相结合转变等。这些转变在行为上具体可表现为：富有事业心，把事业看成生活的重要组成部分，具有一定创造性；具有竞争意识，少有保守思想，多具有开放性的思想观念；甘愿冒险，独立性强，富有幽默感，态度务实等。作为人格的重要构成要素，价值观的这种变化或冲突反映了大学生人格现状的复杂性。

（2）年级和性别的差异特点。

虽然人格是一种比较稳定的特质，但是随着年级的增长，大学生的人格特征是否会发生一些变化？林静（2007）等的研究对此作出了回答。她采用16PF对767名大学生的人格特征进行调查发现：

一年级学生情绪比较稳定，兴奋性高，坦白直率，易与人相处，做事积极好强，较有责任心和自信心，敢作敢为；二年级学生独立性、主动性、积极性增强，但忧虑和烦恼增加，趋向保守；三年级学生性格更加外向、热情、谦逊，情绪更严肃、冷静，做事更精明能干和处理果断，独立自强，但同时也表现出情绪忧虑、烦恼，做事敷衍、缺乏责任心和自信心，更加固执己见等特点。值得注意的是，随着年级的升高，大学生的独立性增强，更加精明能干，但创造性却不断下降。

通常，人们喜欢将年级与性别作为一种因素相提并论。那么，男女大学生在人格特征上是否也会表现出同年级类似的一些差异呢？林静（2007）发现，大学生人格特征的性别差异较为明显：男生情绪较稳定，主动性、自控性和独立性较强，精明能干；而女生则性格较外向、富有激情，谦虚顺从，天真直率，易与人相处，做事有恒心和责任心等。但是，与男生相比，女生的情绪更不稳定、多愁善感，也有更多抑郁、焦虑、敏感等负性情绪体验。

王馨竹（2006）运用16PF问卷比较了经济院校男、女大学生的人格特征，发现男、女大学生在乐群性、聪慧性、稳定性、兴奋性、有恒性、敢为性、敏感性、怀疑性、忧虑性、独立性、自律性和紧张性等因素上差异极其显著，表现为男生比女生更聪明、情绪更稳定、更负责、更多疑、更加忧虑抑郁，自律严谨性更强，紧张困扰也更多；而女生比男生更热情外向、轻松兴奋、冒险敢为、感情用事和独立自强。在恃强性、幻想性、世故性和实验性等方面，男、女生没有显著的差异。

他还发现，在适应与焦虑方面，经济院校大学生总体上生活适应性良好，在男、女学生之间不存在极其显著的差异。而在新环境中的成长能力方面，却显示他们对新环境的适应能力可能较弱。在专注职业而有成就者的人格因素上，他们的总体也低于一般水平，但男、女生之间存在极其显著差异，男生一般比女生更容易取得成就。

进一步的分析还表明，这些大学生总体上属于外向型性格，男、女生之间存在极其显著的差异，女生的外向水平更高。在怯懦与果断方面，在感情用事与安详机警方面，他们总体上均表现为一般水平，但前者男、女生之间无显著差异，后者差异显著，男生比女生更倾向于安详机警，表现为处事果断、刚毅、有进取精神，但有时过分现实，遇到困难有时会不经考虑就贸然行事。在创造力人格维度上，他们的创造力水平也与常模水平相当，但男、女生在此项人格因素上无显著差异。在心理健康的人格因素上，经济院校大学生总体上要高于平均值（常模），男、女生在此方面存在极其显著的差异，女生的心理健康水平要高于男生。

（3）气质和性格特点。

气质和性格都是人格倾向性的重要指标，是了解大学生人格特征的重要方面。

1）大学生的气质特点。据一项关于我国大学生气质类型的调查表明：第一，大学生中复合气质占65.93%，单一型气质占34.07%，总的趋势是多血质类型人数最多，共占56.32%，其次为黏液质，占24.18%，第三为胆汁质，占13.73%，抑郁质最少，占5.77%；第二，文理科大学生比较：理科学生中黏液质多，文科学生中胆汁质、多血质、抑郁质比较多；第三，男女生比较，男生中属于胆汁质、多血质者多于女生，女生中则属于黏液质者多于男生。其中，多血质的显著特点是情绪容易激动，波动性大；对外界事物反应灵敏；干事凭兴趣；善于交际等。胆汁质的显著特点是情绪兴奋性高、易冲动；性格直率、抑制力差；精力旺盛，但情绪急躁、办事简单。黏液质的显著特点是不易激动，外部表情不易变化，情绪稳定，注意力不易转移，善于忍耐。抑郁质的显著特点是情绪兴奋性低、稳定；对外界的刺激反应慢而不灵活；耐性高；办事刻板但稳妥，善于察言观色。

2）大学生的性格特点。大学生的性格结构由态度特征、意志特征、情绪特征、理智特征四部分构成，它们之间并不是孤立地存在，而是相互联系，彼此影响。

第一，性格的态度特征。在对社会、他人的态度方面，大学生主要表现出热爱祖国、关心集体、守纪律、乐观、富于同情心、助人为乐、正直诚实、有礼貌等良好的性格特征；也有人对祖国缺乏感情，具有个人第一、自由散漫、冷漠、虚伪、粗暴等不良的性格特征。在对学习、工作、劳动的态度方面，有些大学生表现为勤奋、认真、细致、首创和节俭等良好的性格特征；有些人则表现出懒惰、粗心、保守、浮华、浪费等不良的性格特征。在对自己的态度方面，多数大学生具有严于律己、谦虚、自信、自尊、大方等良好的特征；有些人具有自负、自傲、自卑、羞怯等不良的性格特征。

第二，性格的意志特征。多数大学生表现出自觉、独立、主动、自制、果断、坚强、沉着、勇敢、持之以恒等良好的性格特征；有些人则表现出一定的盲目、依赖、被动、经常冲动或优柔寡断、软弱、慌张、敷衍等不良的性格特征。

第三，性格的情绪特征。有的大学生情绪一触即发，有的不易激动；有的喜怒无常，有的情绪很少起伏；有的情绪体验持久、深厚，有的稍现即逝；有的非常欢乐愉快，有的终日愁眉不展；有的冷静沉着，有的任性。

第四，性格的理智特征。大学生在认知的态度和活动方式上，经常表现出的特征是性格的理智特征。在感知、记忆、想象、思维等活动中，多数大学生是主动而不是被动，大胆而不妄为，深思熟虑、细心谨慎而不是怕动脑筋、粗心轻率。

（二）大学生人格问题状况研究

当前我们正处于计划经济向市场经济转变的重要历史时期，生产方式和生活方式的重大变革，社会文化的飞速变化和重建等都对人的心理产生了强烈的冲击。越来越多的人面对这些异质文化和多变、无序的生活感到困惑、迷茫、无所适从。无疑，大学生在这场急剧的文化变迁中，受到的心理冲击是最大的。那么，这些冲击是否会对其人格发展产生负面影响呢？答案无疑是肯定的，许多学者的研究也证实越来越多的大学生在其人格发展过程中出现了越来越多的问题。

1. 人格特质呈现的一般问题

时红兵（2005）对当代大学生的道德人格进行了分析，认为当代大学生存在诸如拜金、享乐、无耻、冷漠、浮躁等道德人格危机。王建中（2002）采用SCL－90问卷对北京高校大学生作的心理健康状况调查显示，大学生中有中度以上心理卫生问题的占16.51%，SCL－90各因子得分均比全国常模高。那么这些心理问题在人格特质方面具体表现在哪些方面呢？于宏华（2005）运用人格障碍诊断问卷第四版（personality diagnostic questionnaire，PDQ＋4）对湖南2 598名本科学生和山东553名本科学生进行了测试。PDQ＋4中文版共有107个项目，包含12个分量表：偏执型、分裂型、分裂性、反社会型、边缘型、表演型、自恋型、强迫型、依赖型、回避型、抑郁型和被动攻击型。他发现，除强迫型分量表外，大学生其余的分量表分和总分均显著高于普通人群。大学生男性与女性之间总分及分量表分的比较结果显示：除表演型、强迫型、抑郁型和被动攻击型外，男性和女性之间各分量表分均有显著性差异。其中，偏执型、分裂型、自恋型、反社会型男性得分高于女性，而分裂性、边缘型、回避型和依赖型女生得分高于男性。但两者之间的总分没有显著性差异。

李淑娜、郭洪波（2006）利用大学人格问卷（university personality inventory，UPI）对青岛某大学4 050名新生进行心理普查，发现有415名学生属于A类（即存在心理卫生问题），其中男生284人（7.01%），女生131人（3.23%）。为了进一步考察这些问题学生的人格特征，他们采用卡特尔16种人格特质测量量表对A类学生进行测试，发现：A类学生中的男、女生乐群性、稳定性、恃强性、兴奋性、有恒性、敢为性、世故性、实验性都低于全国常模；敏感性、忧虑性、紧张性都高于全国常模；而在聪慧性、怀疑性、幻想性、自律性、独立性上则没有明显差别。这说明A类学生存在孤僻、严肃、退缩、情绪不稳定、幼稚、沉默寡言、自私、易受惊、保守、循规蹈矩、忧郁、焦虑等心理特点，而且A类学生更加细心、敏感、依赖、忧郁、焦虑、有挫折感、容易惊慌失措等。但A类学生在智力、纪律性、独立性等方面与常模并没有明显差别。进一步对男生与女生的测试结果进行分析表明，男生和女生在乐群性、稳定性、恃强性、敢为性、敏感性、怀疑性、独立性这些人格因素上表现出明显的性别差异。男生在乐群性、敢为性、敏感性方面得分显著低于女生，而在稳定性、恃强性、怀疑性、独立性方面得分则显著高于女生。即在A类学生中，男生要比女生更加保守、孤僻、退缩、拘谨、害羞、胆怯、多疑戒备、忧虑、抑郁、紧张；而女生与男生相比自制力差、纪律性差、敏感、自我矛盾、依赖性强、缺乏主见。

李淑娜（2006）等还对这些人格特征作了次级因素分析，发现：A类学生在适应与焦虑性、内向与外向性、感情用事与安详机警性、怯懦与果敢性等次级人格因素上都存在显著的性别差异。A类学生中男生比女生更容易焦虑，而女生比男生更内向、困扰不安、优柔寡断。他们在适应与焦虑性因素上得分都偏高，而在内外向因素上得分都偏低，表明A类学生易于激动、焦虑，对于自己的境遇常常感觉不满意，羞怯而审慎，与人相处拘谨不自在、常感觉挫折、气馁、缺乏毅力。

2. 人格发展中存在的矛盾

（1）自我意识的内在矛盾。

当代大学生自我意识的内在矛盾主要表现在自我意识过强、主观偏激、固执己见、自以为是、喜欢空想等。面对日益激烈的竞争环境，他们有一种危机感，希望自己能拥有扎实的才学，体现自我存在的价值，但是他们却不能很好地自我调控，不能持之以恒地保持学习热情。

（2）独立意识与独立能力的矛盾。

独立性是指个体摆脱监督和支配的一种自我意识倾向。新生入学后，自我意识的发展产生了一次飞跃。他们长大成人，常具有时代强者之感，因此竭力摆脱他人的监督、控制，强烈要求独立自主、自强自立，十分讨厌居高临下的家长式教育态度。但是由于青年初期独立性的不完善，加之刚脱离家庭踏上独立之路，面对许多实际问题他们却束手无策，缺乏独立解决的能力。因此心理上产生了主观要求独立和客观上不能完全独立的自我意识矛盾。这种心理矛盾使他们自叹自责，苦闷不安。

（3）个性化与社会化的矛盾。

个性化是指随着身心的发展和成熟，个体越来越显现出与他人相区别的独特的人格特征，而社会化则是指特定的社会通过各种措施使个人形成该社会所规定的，具有一定共同性的行为或人格特征。个性化和社会化是个体人格发展过程中的两个方面，相辅相成，互为补充，不可偏废。当代大学生不但在认识上，而且在行动上都割裂了这两者的关系，所以经常做出一些标新立异的行为，以为这是个性的张扬，而忽视了对社会规范的遵循。

（4）理想与现实的矛盾。

“学校是一方净土。”在某种程度上说，人们都认同学校的纯洁性和高尚性。一直置身于学校中的大学生从小就抱着努力学习、刻苦钻研、报效祖国的理想和追求，但面对我国目前社会转型期带来的诸如追求安逸、满足虚荣的需要等各种影响，他们经常感到情绪低落，没有恒心和缺乏顽强的意志力。在面对实现理想道路上的艰难险阻、失败、逆境、挫折时，他们经常找不到合理有效的应对策略，因而变得迷茫、消极，甚至颓废。

3. 人格发展问题的特点

张艳春（2005）通过问卷对1 800多名大学生进行了调查，发现当前大学生的人格发展表现出以下几个特点：

（1）主体意识不强，厌学情绪明显。

调查显示，大学生对学习产生了厌烦心理，表现为不刻苦，自觉性不强，时间意识淡漠等。例如，课后自习时间占课后活动时间1/2以上的大学生仅为50.4%，而学习时间占课后活动时间1/4以下的有16.4%；在学习与娱乐发生冲突时，选择先学习后娱乐的学生占58.4%，先娱乐后学习的占26%，另有6.7%的学生只娱乐不学习。

（2）道德认知能力高，但道德行为差。

当代大学生的道德人格具有明显的二重性，即以集体主义的价值标准评判别人，以利己主义的标准评判自己。例如，在“最厌恶的人品”中选择“自私”这一项的大学生占54.8%，但选择把“无私”作为最崇高的品德的学生仅有10.2%。当回答“你在遇到危险时，是否希望别人见义勇为来帮助你”的问题时，几乎全部的同学都表示肯定，可是当回答“如果别人遇到危险，你能否奋不顾身，助人为乐”的问题时，只有35%的同学表示肯定，有48%的同学表示救人的前提是不威胁自身利益，有17%的学生干脆选择了逃避。

（3）意志薄弱，自我调控能力不强。

主要表现为在面对多种选择时，往往缺乏独立性和果断性，即使确定了既定目标，也经常由于在目标实现过程中困难或诱惑较多而半途而废，自我控制能力较弱。例如，一些大学生迷恋网络游戏，处理不好学习、生活与娱乐的关系，结果患上了网络成瘾、孤独、抑郁等网络综合征。

（4）独立意识强，独立能力差。

大学生的人格问题还表现出自我中心意识强，团结协作能力弱；自我期望值比较高，对挫折的应对能力差；自由权利意识强，责任意识淡薄等特点。

（三）大学生特殊人群人格状况

1. 独生子女大学生的人格发展

张三萍采用卡特尔 16PF 和访谈法对 1 000 例独生子女大学生进行研究，揭示了独生子女大学生的基本人格状况。

（1）智力水平与创造力并存。

独生子女和非独生子女在个性因素聪慧性上的得分都处于 6 ~ 10 分，表明其智力水平都较高。但是进一步的分析表明，虽然在聪慧性得分上独生子女高于非独生子女，但是在创造力的平均得分上，非独生子女反而更高。在个案访谈中也发现，喜欢发明创造的独生子女仅有 26.3%，而非独生子女则有 43%；爱提问题的独生子女仅有 26.8%，而非独生子女则有 45.3%；具有敢想敢为性格特点的独生子女有 38.4%，非独生子女则有 54%。相比之下，独生子女的创造力低突出表现在实际操作能力低和缺乏创造性思维两个方面。

（2）独立意识强和独立能力差、依赖心理强集于一身。

独生子女在进入大学之后独立意识有所增强，不愿意家长和老师过多干涉自己，而愿意独立思考和决定自己的事情。但是由于在他们大学之前的成长过程中过多地依赖于父母和家庭，因此他们虽然渴望独立，可是依赖性却仍然表现明显：第一，心理上的依赖。例如，调查中有 90% 的独生子女大学生经常回家，如果几个星期不回家心理就会非常失落、难受。另外，许多人反映几乎天天要和父母通电话，70% 的独生子女学生报告说遇到各类困难如竞选班干部、调换房间等都要向父母救助。第二，生活上的依赖。调查中有 96% 的独生子女大学生表示报到时由父母送到学校，一切手续都由父母代办。在“关于是否做家务劳动”的询问中，有 78.7% 的学生称“从来不做”，有 6.4% 的学生说“经常做”，还有 14.9% 的学生回答“有时做”。第三，学习上的依赖。许多独生子女从小学到中学，父母对他们在学习上的辅导起主要作用，这使他们的自学能力培养不够，进而难以适应大学的学习方法。因此，张三萍指出，独立意识强、独立能力差、依赖性强成为独生子女大学生最突出的人格特点。

（3）自我悦纳程度高和悦纳他人程度低相交错。

自我悦纳的程度反映一个人的自信心，欣赏自己、悦纳自己是一种积极的人格特征，而悦纳他人则反映了个体对他人的一种态度。张三萍的研究发现，2/3 的独生子女大学生自我悦纳程度高，而非独生子女大学生的这一比例只有 1/3；相反，在良好地悦纳他人方面，非独生子女的比例则更高。

（4）亲和需要强烈和实际交往能力差相伴随。

16PF 的结果显示，独生子女的亲和需要明显强于非独生子女。但在人际交往中，他们又表现出不善交往、不善合作的人格缺点。访谈发现，80% 的独生子女大学生说自己想交朋友却不知如何结交；60%的独生子女大学生有“伤害了朋友却不知伤害的原因”的经历。

（5）行为好强和耐挫力低相交织。

由于在家庭中备受关注，独生子女大学生从小就养成了争强好胜的人格特点。他们崇拜强者，希望自己各方面都比别人强，因而他们好竞争、爱表现。但是他们经受不起挫折，耐挫力低，遇事容易退缩，缺乏战胜困难的能力。他们的耐挫折力低首先表现在他们的挫折感过于强烈，甚至生活中的细小事情、小小的不如意，也会使他们经历强烈的挫折感。其次，他们应付挫折的方法不正确。他们应付挫折的办法可归纳为以下几类：①攻击。它是指个体遇到挫折后，引起强烈的情绪反应并进而产生攻击行为。这种攻击行为可以直接指向挫折的对象，如打人、骂人等；也可能是间接的，将攻击对象转到其他替代物身上。许多独生子女大学生反映，当他们在外面碰到不如意、不高兴的事情后，就会向父母发脾气，有些人还会把攻击对象转向自己。②固着。它是指遇到挫折后，个体反复重复原有的行为，尽管它对解决问题毫无意义。例如，有的独生子女大学生被自己追求的对象拒绝后，依然不断写情书，这种情形就是固着。③逃避。它是指遇到挫折后，回避挫折情境。它的极端表现就是自杀。④冷漠。遭到挫折后，又无法逃避，就可能表现出对挫折情境的一种漠不关心和无动于衷的态度。

（6）道德认识和道德行为相背离。

独生子女大学生一般能从动机和效果两个方面认识道德问题，也能进行独立的道德思维，其道德认识和道德思维具有一定的正确性和准确性。但是具体考察他们的道德行为时发现，他们的道德行为和道德认识相背离的现象严重。在调查中发现，独生子女大学生当中，50%的人与同寝室、同班级的同学有过“斗嘴”或“小摩擦”；67.6%的人不主动参加班上或系里组织的集体活动。独生子女大学生不爱护公共财物，不遵守公共秩序，不讲公共卫生和公共道德的现象较普遍。37.5%的独生子女大学生有过破坏公物的行为；70.2%的男性独生子女大学生有过在教室、图书馆或电影院等公共场所吸烟、尖叫或起哄等行为；97%的独生子女大学生曾在课桌及教室墙壁上乱涂乱画。另外，他们的道德行为与道德认识相背离还表现为纪律性不强、自由散漫、我行我素，言行不受纪律约束，不遵守作息时间和课堂纪律，行为松散放荡等。在调查中发现，40%的独生子女大学生有夜不归校的经历；10.4%的独生子女大学生有过考试作弊行为。另外，46.3%的独生子女大学生有过逃课行为；81.2%的独生子女大学生一次或多次不按时交作业等。

2. 大学新生的人格状况

（1）大学新生的一般人格状况。

过去已有较多探讨大学新生人格状况的研究，得出了诸多重要发现。如王弘、朱成全（2002）采用大学人格问卷（UPI）对安徽机电学院199名新生进行测试，结果发现：大学新生人格健康状况总体较差，有1/3的新生可能有心理问题，1/4以上的学生应引起教育者关注。其中新生在性格方面的问题比较突出，如“缺乏耐性”的选择率高达53.3%，“对任何事情不反复确认就不放心”的选择率为52.3%，“情绪容易被破坏”的学生占46.7%。朱心怡等（2001）通过连续7年对医学新生的心理测试发现，大学生的心理或精神疾病高达20%，人格逐年有变化，神经质倾向逐年升高。而赵富才（2001）等对532名高校新生做的心理适应状况调查显示，他们的主要问题是人际交往的适应和生活的适应。

有分析指出，大学新生之所以表现出较多的人格问题，与其所处的特征情境是有关系的。一年级大学生，初次踏入一个新的环境，他们可能第一次远离家乡和父母，同时他们与中学好友分离后非常需要新的友谊来补充，因此整体上说他们被一种可怕的失落感包围着。另外，面对比过去更复杂的学习、生活方式和自身的种种矛盾，他们比任何时候都更需要老师、朋友的理解、支持和帮助。但是初到新的环境，他们还不愿相互敞开心扉。在这种自我封闭与渴望友谊的心理矛盾驱使下，在学习压力、生活适应困难等情境下，大学新生容易失去心理和谐，处于孤独、烦闷之中。

（2）大学新生人格特质描述。

于晓波（2007）采用艾森克成人个性问卷（EPQ）对577名师范院校本科新生的调查结果显示：大学新生的个性特征总体来说是趋于外向，情绪稳定，善于自我调控，具有同情心，能较好地适应环境。但对不同群体样本的进一步比较发现：第一，EPQ在性别上存在差异，男生E和P分量表得分与常模的差异有统计学意义，男生的N分量表分低于女生，这提示男生比女生情绪更稳定，女生的情感更细腻、更脆弱。女生在4个分量表上的得分与常模相比，差异有统计学意义，女生的P分量表分低于男生，且差异具有统计学意义，说明被试女生个性外向，随和乐观，更关心他人，易于与他人友好相处，更具有同情心。第二，EPQ在是否是独生子女维度上存在差异。独生子女的E、P、N分量表得分均高于非独生子女，而L分量表得分则低于非独生子女。这表明与非独生子女相比，独生子女更为外向、乐观、坦诚，但他们较固执、倔强，情绪有时不稳定，个别学生不能很好地与他人友好相处。心理学家指出，若P量表得分过高，则表明产生精神疾患的倾向更强。因此，独生子女比非独生子女形成人格障碍的危险性可能更高。第三，EPQ在学生来源地上存在差异。城镇学生的E、P分量表得分高于农村学生，而N、L分量表得分低于农村学生。这表明城镇学生更易于结交朋友，情绪稳定，较少掩饰性；而农村学生与他人相处时可能常常感到自卑，他们倾向于自我封闭，不愿与人交往。第四，EPQ在专业上存在差异。理科与艺术、文科与艺术学生的E分量表得分差异均有统计学意义，而理科与文科学生E分量表得分无差异。说明艺术类学生最外向，乐于与人交往，并且行为常易受情感支配。不过，在其他3个分量表上，三类专业学生却没有表现出显著差异。

刘衔华（2005）等采用卡特尔16PF问卷对某师范学院2004级3 089名新生进行了测试，得出以下结果：

1）大学新生人格的群体特征。男生除了聪慧性和有恒性两项因子外，其余14项因子均与全国大学男生常模有显著差异。其中，乐群性、敏感性、怀疑性、世故性、忧虑性、试验性、独立性、紧张性等8项因子得分显著低于全国大学男生的平均分值；而稳定性、恃强性、兴奋性、敢为性、幻想性、自律性等6项因子得分则显著高于全国大学男生平均分值；而在智力、恒心和责任心上和一般大学男生没有显著区别。而女生除了聪慧性1项因子外，其余15项因子均与全国大学女生常模有显著差异。其中敏感性、怀疑性、世故性、忧虑性、试验性、独立性、紧张性等7项因子得分明显低于全国大学女生平均分值；而乐群性、稳定性、恃强性、兴奋性、有恒性、敢为性、幻想性、自律性等8项因子得分明显高于全国大学女生平均分值。

2）大学新生人格的性别差异。在16项人格特质中，除了有恒性和自律性2项因子外，其余14项因子均有性别差异。其中，在乐群性、聪慧性、兴奋性、敏感性、幻想性、世故性、忧虑性、紧张性等8项因子得分上，男生明显低于女生。而在稳定性、恃强性、敢为性、怀疑性、试验性、独立性等6项因子上，则是男生得分显著高于女生。另外，在4项次元人格因子中，在内向与外向因子上，男生明显低于女生；在感情与机警、怯懦与果断2项因子上，男生明显高于女生；而在适应与焦虑因子上则无性别差异。而在4项应用因子中，只有创造能力1项因子存在显著的性别差异，男生明显高于女生。在心理健康程度、事业成就、从事专业成功的可能性三项因子上，男女生没有表现出显著差异。

3）大学新生人格的学科差异。在16项人格特质中，在乐群性、聪慧性、兴奋性、敏感性、幻想性、世故性、忧虑性、试验性等8项因子得分上，文科新生明显高于理科新生；而在稳定性、恃强性、独立性等3项因子上，文科新生的得分则明显低于理科新生；在有恒性、敢为性、怀疑性、自律性、紧张性等5项因子上，文理科新生得分没有显著差异。另外，在4项次元人格因子中，在内向与外向因子上，文科新生得分明显高于理科新生；在感情与机警、怯懦与果断2项因子上，文科新生得分显著低于理科新生；在适应与焦虑因子上，文理科新生得分没有显著差异。在心理健康、专业有成就、创造能力、成长能力等4项应用因子上，文理科新生得分没有表现出显著差异。

3. 单亲家庭大学生的人格状况

单亲家庭是一种不完整的特殊家庭，由于父母离异或一方死亡，孩子随另一方生活，这就形成单亲家庭。学者们普遍认为，在单亲家庭成长的儿童具有高精神质、孤僻、富于攻击性等人格特点，并且偏内向、情绪不稳定，易出现焦虑、紧张、易激怒等情绪反应。那么这些特点在单亲家庭的大学生身上是否有类似的体现呢？或者说与单亲家庭中的儿童相比，单亲大学生的人格状况又是怎样的呢？

刘媛（2007）运用SCL－90和艾森克人格问卷（EPQ）对大连市100名单亲大学生进行了研究（同时选取了同期在校的100名非单亲大学生作对照研究），结果发现：单亲大学生与非单亲大学生的心理健康有差异，单亲大学生明显存在更多的躯体化、强迫、焦虑、抑郁、敌对等心理问题；同时单亲大学生也更加内向。方淑琼对单亲家庭大学生人格的研究也发现，单亲家庭的大学生容易形成极端性格，如孤僻，不愿与他人交往等。林静（2007）则发现，单亲与非单亲家庭大学生16PF结果显示，单亲家庭大学生在稳定性、恃强、自律性三个方面得分显著高于非单亲家庭大学生，差异有统计学意义（如表2－2）。

表2－2　单亲与非单亲家庭大学生16PF结果比较（$M \pm S$）

人格因素	单亲大学生（$n=53$）	非单亲大学生（$n=714$）	t 值	p 值
乐群性	5.49 ± 1.67	5.38 ± 1.58	0.46	>0.05
聪慧性	5.74 ± 1.71	5.40 ± 1.87	1.36	>0.05
稳定性	6.18 ± 1.51	5.70 ± 1.68	2.18	<0.05
恃强性	5.96 ± 1.95	5.32 ± 1.65	2.29	<0.05
兴奋性	5.83 ± 1.76	5.78 ± 1.66	0.20	>0.05
有恒性	5.04 ± 1.24	5.23 ± 1.61	1.06	>0.05
敢为性	6.09 ± 1.71	5.78 ± 1.67	1.29	>0.05
敏感性	5.70 ± 1.45	5.52 ± 1.50	0.86	>0.05
怀疑性	4.74 ± 1.27	4.75 ± 1.52	0.06	>0.05
幻想性	6.19 ± 1.82	5.86 ± 1.67	1.27	>0.05
世故性	5.13 ± 1.37	5.10 ± 1.60	0.15	>0.05
忧虑性	5.68 ± 1.57	5.85 ± 1.68	0.74	>0.05
实验性	5.23 ± 1.91	5.05 ± 1.60	0.56	>0.05
独立性	4.77 ± 1.68	4.70 ± 1.41	0.29	>0.05
自律性	6.08 ± 1.36	5.66 ± 1.34	2.21	<0.05
紧张性	5.36 ± 1.47	5.61 ± 1.72	1.19	>0.05

除了在人格特质上表现出消极倾向外，单亲大学生在人格发展上倾向于如下表现：性格内向，沉默寡言，不善表达，有烦恼独自承受，遇到困难时不能积极寻求解决办法，任性、自私、无责任感、以自我为中心等。个别单亲家庭大学生的人格发展不良，很难与他人建立亲密关系，烦恼无从发泄，遇到问题缺乏信心，往往选择自暴自弃或自我发泄。

4. 贫困大学生的人格状况

一般认为，由于受到以家庭经济为主的各种因素的影响，贫困大学生与普通大学生相比，会表现出比较明显的人格差异，如趋于内向，富于内省，较为成熟，对外界有较高的情绪掩饰性和自我封闭等。但是人们感兴趣的问题是，贫困大学生究竟会表现出怎样的人格特质？与普通大学生相比，他们的人格特质究竟有哪些差异？

孔德生（2004）运用自编的《大学生自卑量表》、《大学生成就动机量表》、《卡特尔十六种人格因素测量量表》（16PF）、《焦虑自评量表》等对清华、北大等11所高校的1 650名全日制本科生进行研究，发现贫困大学生与非贫困大学生在自卑、焦虑、成就动机、兴奋性、敢为性、怀疑性、内向与外向、新环境中的成长力方面具有非常显著的差异；在恃强性、幻想性、世故性、自律性、心理健康水平等方面差异也显著；其他方面没有显著差异。于开文（2006）也采用16PF对辽宁某师范大学657名贫困大学生进行调查，表明：有恒性、忧虑性、独立性、怯懦与果断、专业有成就者、创造能力和新环境中的成长能力等，贫困大学生得分显著高于总体大学生；乐群性、兴奋性、敢为性、敏感性、怀疑性、幻想性、偏外向和心理健康因素，贫困大学生的得分显著低于总体大学生。

进一步的分析揭示了他们人格特征的具体表现：贫困大学生具有自卑、焦虑（表现为忧虑、紧张、失望、不安、恐惧、羞愧等）、敢为性低（表现为人际交往中不够自信，主动性较差，做事畏怯退缩，不够胆大等）、成就动机强、兴奋性低（表现为沉默寡言，严肃审慎，缺少轻松快乐的表情等）、怀疑性低（表现为依赖、随和，相信他人和社会，较少刚愎固执等）、内向（表现为不大喜欢与人交流，较封闭，不积极参加团体活动等）、新环境中成长力强（表现为有恒性、自律性等），以及恃强性较低（表现为谦逊、顺从、不争强好胜、比较忍让和克制等）、幻想性较低（表现为讲求现实，合乎成规，做事力求完美合理，不喜欢空想和幻想等）、世故性较低、自律性强（表现为严格要求自己、遵守校规校纪、服从指挥和管理，做事认真严谨、责任心强、能坚持不懈等）、心理健康水平较低（表现为忧虑、紧张、情绪不稳定等）等人格特征。分析还揭示，自卑和成就动机强这两个人格特征在贫困大学生的诸种人格特征中占据重要的地位，是贫困大学生的主要特征。胡瑞（2004）等也发现，贫困大学生的人格特征主要围绕着自卑和成就动机强展开。其中，自卑往往导致个体敢为性低、恃强性低、兴奋性低、内向、幻想性低、心理健康水平较低和易于焦虑；成就动机强往往导致自律性较强，新环境中成长力强和易焦虑。

李洗涛（2007）在性别维度上进一步对男、女贫困大学生的人格特征进行了分析。他也采用卡特尔16PF量表调查了汕头大学524名贫困生。结果发现，与全国成人男性常模相比，男性贫困生的稳定性、兴奋性、敢为性、幻想性和实验性明显更高；乐群性、世故性、怀疑性和独立性则明显更低；而女性贫困生则在稳定性、恃强性、兴奋性、敢为性、敏感性、实验性和自律性等因子上明显高于全国成人女性常模；在怀疑性、世故性、独立性和忧虑性上明显低于全国成人女性常模。为什么贫困生的人格特征与全国成人常模的人格特征在根源特质层面存在如此大的差异？李洗涛认为，深层的原因可能来自两者人格因素结构的差异。因此，他运用因子分析技术，对贫困大学生的人格特征进行了进一步探讨。结果发现这些人格特征可以归纳为五个因子，具体如下：

稳定性、自律性、有恒性和忧虑性在因子1上有较高的负荷，其中忧虑性和紧张性为负值，稳定性、自律性和有恒性为正值，其人格特征表现为情绪稳定，面对现实能以沉着的态度处理问题，做事认真负责，能够合理支配自己的感情行动。该因子可以命名为责任心。

兴奋性、敢为性和恃强性在因子2上有较高的负荷，全部为正值，其人格特征表现为活泼开朗、有信心、敢作敢为、好强、喜欢驾驭他人、敢于反抗权威。该因子可以命名为支配性。

乐群性和敏感性在因子3上有较高的负荷，全部为正值，其人格特征表现为热情、敏感、感情用事。该因子可以命名为敏感性。

怀疑性、世故性和独立性在因子4上有较高的负荷，怀疑性和独立性为正值，世故性为负值，其人格特征为怀疑、固执己见、自强自立，自信心强，相信自己有应付问题的能力。该因子可以命名为独立性。

实验性、聪慧性和幻想性在因子5上有较高的负荷，全部为正值，其人格特征表现为愿意了解先进的思想与行为，不轻易判断是非，聪明，富有才能，善于抽象思维，忽视生活的细节，以本身动机、当时的兴趣等主观因素为出发点。该因子可以命名为社会性。

5. 高职学生的人格状况

所谓高职，是职业技术教育的高等阶段，它与普通高等教育是高等教育系统中平行的两大系列。职业教育在推进我国全面建设小康社会和加快社会主义现代化建设中有着不可替代的作用。例如，2006年，全国独立设置的高职高专院校有1 147所，普通高等职业教育招生人数和在校生人数分别达到293万人和795万人，均超过普通本科院校数、招生数和在校生数。相对来说，关注高职学生人格状况的研究颇为鲜见。而就目前高职教育的发展状况来看，这种关注既是非常必要又是非常必然的。

近年来，邱礼会（2003）、尹国华（2006）等对高职学生的人格状况进行研究，发现高职学生的人格总体上是积极的、健康向上的，但也存在较严重的人格隐患，主要表现在以下几方面：

（1）高职学生与普通本科学生人格存在差异。

高职学生在16PF特质中稳定性、兴奋性、敢为性、怀疑性、世故性、忧虑性、实验性、自律性等8个因素上都明显高于本科大学生，而在聪慧性、恃强性、敏感性、幻想性因素上又明显低于普通本科大学生。再从8项非根源人格特质比较看，高职学生在内向与外向、感情用事与安详机智、心理健康和专业成就4项因素的得分上明显高于普通本科学生；而在适应与焦虑、怯弱与果断、创造能力方面则明显低于普通本科学生。由此可以基本推断：高职学生的人格特征较普通本科大学生，一方面性格更外向，情绪更稳定，处事老练、着眼于现实，但不拘泥于现实，敢想敢为；另一方面也较普通大学生思想迟钝、知识面窄、忧虑抑郁、患得患失、悲观、沮丧、多疑、世故，缺乏信心、勇气和主见，自卑感强等。

（2）高职男女生人格存在一定差异。

男生较女生情绪稳定性差，常常急躁不安，恭顺、保守、缺乏信心，而女生则表现出容易与人相处、对人友善，也善于体贴他人，但缺乏自立自强的精神。其他次元特质中，男生较女生更焦虑、内向、优柔寡断；另外，心理健康因素和专业成就方面也不及女生高。

（3）农村高职学生与城市高职学生存在差异。

来自城市的高职学生比来自农村的高职学生有更强的自信心，他们的生活更愉快，在为人处事上更果断，表现出更健康的心理水平。而农村高职学生则做事更有恒心、毅力和责任感。在恃强性、兴奋性、怯弱与果断、心理健康四个因素上，城市学生得分显著更高，而在有恒性和忧虑性方面，农村高职学生的得分显著更高。

（4）高职独生子女与非独生子女学生人格存在一定差异。

独生子女表现出性格上的孤僻冷傲，做事马虎，缺乏恒心和毅力，生活备感安全，其他次元因素中除在新环境里的成长能力较非独生子女差之外，其余均高于非独生子女。而非独生子女则较独生子女更谦虚、顺从、随和、现实、善于体贴他人等。

（5）入学途径不同的高职学生之间人格存在差异。

高职院校的生源主要是普高生和三校生。普高生（从普通高中考入高职院校的学生）与三校生（从普通中等职业技术学校、普通中专、职业高中考入高职院校的学生）的人格特征比较发现，三校生与普高生在16种人格因素中仅聪慧性、怀疑性、幻想性、忧虑性4个因素存在显著性差异，即在怀疑性和幻想性方面，三校生低于普高生，表现出着眼现实、容易与人相处，而三校生在聪慧性和忧虑性方面又明显高于普高生；对8项次元人格因素检测发现，三校生在怯懦与果断方面比普高生更显得没有信心和勇气，做任何事情总是患得患失，顾虑重重；在新环境成长能力方面，三校生又明显高于普高生，表现出比普高生适应新环境的能力强一些。

另外，值得注意的是，高职生的人格状况中有部分不良的人格倾向阻碍着他们的健康发展，这些不良人格倾向主要体现在以下方面：

情绪波动型人格倾向——其情绪容易受外界刺激和自身心理、生理等因素影响而起伏波动，并且变化幅度较大，而自我调节情绪的能力又相对较弱。

超脱现实型人格倾向——迷恋网络游戏而远离现实的学习和生活，沉浸于理想自我中而难以回归现实自我，思想与行为脱离现实基础，志向高远却意志消沉。

功利现实型人格倾向——功利色彩浓厚，行为方式更多地受自我中心思想支配，一切“唯我是用”，缺乏对学习、发展本真意义的正确认识，流于世俗而不断远离人与人之间的真心、真诚和对人生的远见卓识。

虚荣攀比型人格倾向——不顾自己“家底”，不切实际“追风”，片面追赶时髦新潮，追求“成人化”的生活方式，缺乏健康向上的审美观和独特的生命“宇宙精神”，在“包装”外化过程中不断丧失“真我”。

（四）大学生统合人格状况

过去的研究更多的是关注消极人格，对积极人格缺乏比较深入的了解。因此，对大学生积极人格状况的了解和把握，为大学生人格的自我管理提供新的视野，进而提升其心理健康水平具有非常重要的实践意义。同时，对人格理论的发展也具有突出的理论意义。

郑雪等（2006）运用《健康统合人格量表》（大学版）随机抽取广州市某大学250名学生进行了研究。该量表包括自我和谐、社会和谐、实践活动能力3个分量表。其中自我和谐分量表包括总体自我知觉、自我接纳、情绪调节能力、生活目标、良好的情绪和幸福感5个要素；社会和谐分量表包括人际关系和谐、人际策略、社会知觉能力、社会适应（环境适应）、社会支持和合作能力6个要素；实践活动能力分量表包括学习方法性与计划性、良好的学习习惯、意志、进取心、注意力、应挫能力、创造力（流畅性、变通性、独特性、精细性）、自我效能等要素。研究表明：

从总量表和分量表两个维度进行分析，结果发现：大学生健康统合人格总量表平均得分为2.01，远低于平均分3（量表为5分评定），说明大学生的健康统合人格水平偏低。自我和谐分量表、社会和谐分量表和实践活动能力分量表的得分都偏低，特别是自我和谐，平均得分只有1.51，只有平均分的一半。在此基础上对性别的分析表明，大学生健康统合人格总量表水平在男女生得分上存在显著差异，男生显著高于女生。同时，在自我和谐分量表和实践活动能力分量表的得分上，男生也显著高于女生。但在社会和谐分量表上，男女生之间没有显著差异。这说明男生的人格状况可能比女生统合得更好。同时，男生能更好地进行自我调节，也具有更高的解决问题的能力。如表2-3所示：

表2-3　大学生健康统合人格基本状况描述

项目	总分		男		女		t
	M	SD	M	SD	M	SD	
自我和谐分量表	1.51	0.40	1.61	0.44	1.47	0.38	2.313*
社会和谐分量表	2.53	0.29	2.51	0.38	2.53	0.26	-0.348
实践活动能力分量表	1.94	0.32	2.09	0.36	1.87	0.28	4.295***
健康统合人格总量表	2.01	0.29	2.10	0.34	1.97	0.25	2.965*

进一步的分析发现，喜爱体育运动的学生能够保持更好的自我和谐、社会和谐，有更强的实践活动能力，同时具有更好的健康统合人格状态；文科、理工科、艺术等不同专业学生在大学生健康统合人格总量表及三个分量表得分上都没有显著差异；大学四个年级之间在总量表及各个分量表得分上都没有显著差异；不同家庭居住地的学生在大学生健康统合人格总量表和各个分量表上的得分差异均显著，与农村学生相比，城市学生有更好的健康统合人格状态，自我和谐和社会和谐水平更高，而农村学生的其他几方面水平又高于城镇学生，不过，在实践活动能力分量表上，城市居住地学生和农村居住地学生之间没有显著差异；与身体健康状况一般的学生相比，健康状况良好的学生总体自我人格统合更好，有更高的自我和谐水平和社会和谐水平，同时实践活动的能力也更强；父母亲文化程度不同的学生在健康统合人格量表及各个分量表上的得分都没有显著差异；父母职业不同的学生，在健康统合人格量表及各个分量表上的得分均不存在显著差异；家庭收入不同（分为很低、较低、中等、较高四等级）的学生在健康统合人格总量表、自我和谐分量表和社会和谐分量表上不存在显著差异，但家庭收入很低的学生在实践活动能力上远高于其他学生，但其他学生之间彼此没有显著差异；自评学习成绩不同（分为很差、较差、差不多、较优秀、很优秀五等级）的学生在社会和谐分量表上不存在显著差异，自评较优秀和很优秀的学生比差不多、较差和很差的学生有更好的自我和谐状态，自评差不多的学生比很优秀的学生实践活动能力更强，自评较优秀、很优秀的学生比其他三个等级的学生的整体人格统合得更好。

1. 小　结

本章首先就人格发展的阶段理论进行了介绍。其中，弗洛伊德的理论强调了个体的童年经历对其人格发展的价值和作用。而奥尔波特及埃里克森的理论则让我们重视自我在人格发展中的地位。12～25 岁处于青年期的个体的自我同一性或认同状况是影响其人格的核心因素。其次，本章就影响人格发展的内源性因素和外源性因素进行了分析。其中，自我实现倾向以及生态文化因素尤其值得我们关注。最后，罗列了近年来国内大学生心理的相关研究成果，展示了当代大学生人格发展的特点与趋势。

2. 关键词

人格发展　人格阶段论　自我同一性　内源性因素　外源性因素

3. 思考题

（1）人格发展的阶段理论给你带来哪些启发？

（2）如何理解生态文化因素对人格形成与发展的影响？试举例说明。

（3）结合当代大学生的人格发展特点，试析大学生人格发展的一般趋势。

第三章 人格发展动力

本章提要

前述章节已经提到，心理学家尤其是人格心理学家普遍认为，人格是个体在与周围各种环境的接触过程中表现出来的一种相对独特而持久的心理倾向。如果我们进一步去思考，那么一些问题马上跃然纸上：个体的这些倾向是怎样发展起来的？为什么不同的个体会表现出这些相对独特的倾向？为什么这些相对持久的倾向在其成长的过程中仍会表现出一些差异？这其中究竟受到哪些力量的推动？其中，哪种力量的推动作用更重要？这些力量之间有联系吗？这一系列的问题牵涉到人格发展的另一个主要问题，即人格发展的动力问题。

在这一章里，我们将考察几个主要人格心理学流派之间对人格发展动力的不同看法，以及流派内部在这一问题上的若干争议。为了使文章更具简明性和条理性，本章选取的是在心理学史上产生过重要影响的几个主要流派，同时对该流派观点的梳理也是以其几个重要代表人物的观点为线索。

一、心理动力学模式——力量的源泉

所有心理动力学（psychodynamics）的人格理论中都有一种非常普遍的观点，即强大的内驱力塑造人格并引发行为。第一章中提及的弗洛伊德、阿德勒、荣格、埃里克森、罗杰斯等都是持这一观点的代表人物。其中，尤以弗洛伊德的精神分析学说最早、最完整，而人本主义理论则是继精神分析和行为主义学派之后，与之齐名的三大心理学思想之一。在此，我们重点介绍精神分析学说和人本主义观点这两种动力观。

（一）精神分析的动力观

1. 弗洛伊德的心理性欲推动理论

（1）人格的动力结构。

1）无意识、前意识、意识。弗洛伊德特别强调人格结构的动力性质。他认为，人格是多种力量相互作用的动力系统，是一种动态的结构。他的人格结构理论有一个发展过程，早期提出的是意识、无意识二部结构。但因为它的意识层又包含前意识内容，所以实际上他把人格分为无意识、前意识、意识三个层次，其中无意识是其核心。

弗洛伊德主张意识（这里指人格）是由无意识、前意识、意识三个不同水平的部分组成。意识是由人能随意想到、清楚觉察到的主观经验所组成，它包括个人现在意识到的和现在虽然没有意识到但可以想起来的内容，它处于人格的最表层部分。它的特点是具有逻辑性、现实性和时空规定性。无意识是人格结构的最深层部分，弗洛伊德把它定义为不曾在意识中出现的心理活动和曾是意识的但已受压抑的心理活动。这个部分的主要成分包括个人原始而盲目的冲动、各种本能以及出生后和本能有关的欲望。这些冲动、本能、欲望等与社会风俗、习惯、道德、法律不相容而被压抑或被排挤到意识阈之下（所谓意识阈是指能否意识到的分界线）。但是，它们并没有被消灭，仍然在不自觉地积极地活动着，追求满足。

弗洛伊德认为，在意识和无意识之间还有一种前意识。前意识由“现在虽然没有意识到但可以想起来的”那部分经验组成。在弗洛伊德看来，意识和前意识二者虽有区别，但没有不可逾越的鸿沟，前意识的东西可以经过回忆进入意识中来，而意识中的东西没有被注意时，也可以转入前意识中。换句话说，这部分内容是可以召回来的部分，也就是可以回忆起来的经验，而无意识则是不可召回的。

那么，为什么要在意识和无意识之间存在前意识呢？弗洛伊德认为，前意识的主要作用是检查作用，即不许那些使人产生焦虑的创伤性经验、不良情感，以及为社会道德所不容的原始欲望和本能冲动进入意识领域，而把它们压制在无意识之中，使意识和无意识完全隔离。

弗洛伊德指出，尽管意识、前意识和无意识三者在人格结构中各司其职，但是无意识是其中最大、最有力的部分，它的重要性远远超过意识和前意识。他借用了费希纳的冰山类比，认为人格就像漂浮于海中的冰山，可以分为三层。意识是人格的表层，占人格很小的部分，相当于我们所能看见的冰山的一小部分；前意识是人格的中间层，相当于紧挨着水面的那部分冰山；无意识是人格的最深层部分，相当于冰山的最下层，它占了冰山的大部分，它支撑着整个冰山，而我们却无法看到。虽然在通常情况下，我们并没意识到无意识的存在，但是它对我们的一切行为都产生重要影响。它影响我们的思维、感知和行为的方式，影响我们对职业、婚姻对象的选择，影响我们的健康状况、爱好、兴趣和习惯等。

既然无意识的内容是人们不能觉知和意识到的，那么我们怎么能够知道它是否真的存在呢？为了解答这一疑问，弗洛伊德列出了六点理由来证明无意识存在的真实性：①人在催眠状态下，往往能回想起早已经遗忘的儿童期经验；②做梦是无意识存在的一个有力证据；③日常生活中的各种错误如失言、笔误、遗忘与丢失等表面上是偶然的，但弗洛伊德认为它们恰恰暴露了一个人的真实欲望和动机；④灵感、直觉等创造性活动中的心理现象说明在意识之外还存在着一个未知的领域，即无意识领域；⑤精神分析发现许多心身疾病以无意识的内心冲突为基础；⑥依据无意识假设而建立起来的精神分析技术对治疗精神病患者的有效性，间接说明了无意识的真实性。

2）本我、自我、超我。晚期，弗洛伊德修正了他先前提出的“二部人格结构”，在无意识概念的基础上又提出了“三部人格结构”说，即本我（Id）、自我（Ego）和超我（Superego）。

本我是由先天的生物本能和欲望组成的，如饥、渴、性等，其中以性本能为主，因此可以将它看作是原始驱动力的储存处。本我非理性地动作着，纯粹依照快乐原则追求本能能量的释放和紧张的解除，它跟随冲动运动并追求即时的满足感，它不考虑外界现实的情况，不考虑时间、地点，不考虑用什么方式、方法进行活动，而是趋向于立刻寻求满足，以发泄原始冲动。弗洛伊德把它形容为“巨大的深渊，一口充满沸腾刺激的大锅”，它“不知道价值判断，是不好的、邪恶的和不道德的”。

弗洛伊德认为，本我包含在无意识之中，它是人格中最难接近、但又是最有力的部分。说它难以接近是因为它潜藏在无意识之中；说它最有力，因为它是人所有精神活动所需能量的贮存库。本我为人的整个精神和人格的活动提供能量，这种能量叫做力比多（libido），它来源于人的生存本能。它决定了人的生存愿望，即一种潜在的满足性欲的愿望，人追求快乐的一切形式都是这种愿望的表达方式。可以这么说，本我是人格深层的基础和人类活动的内驱力，也是精神分析学派的理论基石。

本我产生能量，但是这些能量如何使用才不会导致混乱呢？于是，从本我中分化出了自我，它代表一个人关于生理和社会现实的观点，是他关于行为的原因和结果的理性认识。自我是人格中理智的、符合现实的、有意识的结构部分。如果说本我代表的是情欲，那么自我代表的则是理性，它的目的是帮助本我并力图使本我得到满足。自我按照现实原则活动，即它总是根据现实情况来满足本我的欲求。现实条件许可时，就即时满足本我的要求；现实条件不许可时，就暂时延缓甚至否定本我欲求的满足，以求得与现实的协调，避免与现实发生冲突而带来痛苦的后果。弗洛伊德把自我根据现实情况来调整本我无节制的欲求的过程称为继发过程。继发过程是相对于原始过程而言的。一个人出生时就具有原始过程，而继发过程是后天形成的，它是在人意识到自己与现实的区别，理智发展到一定程度之后才产生的。

不过，仅有自我还不能完全控制本我的冲动，它还需要超我的帮助。超我是从自我中分化出来的。自我分成两部分：一种是执行的自我，即自我本身；另一种是监督的自我，即超我。超我有两个方面：一是自我理想；另一个是良心。自我理想是指一个人努力想让自己成为什么样的人，它反映着一个人在幼年时受到父母赞扬或奖赏的那些行为。自我理想是一个人的目标和抱负的源泉，当达到这种标准时，个体会为自己感到自豪。良心则反映一个人的道德标准。当行为违背这种标准的时候，良心就会受到内疚感的惩罚。

超我的形成使问题变得更加复杂。因为自我在满足本我欲求时，不仅要考虑现实条件的可能性，而且要受到超我的制约。与自我不同，超我是社会道德的化身，是个体将父母的道德标准和社会规范（如什么是“好”，什么是“坏”）内化的结果，它按照“道德原则”行事，它总是与享乐主义的本我直接对立和冲突，力图限制本我的私欲，使它得不到满足。

知识链接　**《西游记》中孙悟空的人格特点**

从人格的整体来看，孙悟空集“兽性、人性、神性”于一身。首先，他是一只猴子，具有猴子的活泼好动、永不安心的特点；其次他不是一只普通的猴子，他还具有人所具有的爱憎分明、喜怒哀乐；此外，他不是一个简单的人，他还是一个能力非凡、降妖除魔的神仙。孙悟空身上的兽性，是他的自然本性，在这一部分，他所追求的是不受拘束、任情随欲，谁束缚他，他便反抗谁，这相当于本我部分。孙悟空身上的人性则相当于自我部分，他受本我的驱使，但又受到现实的约束。在成长的过程中，孙悟空常常流露对自己在花果山上当猴王的日子的向往，这说明孙悟空现实生活中的言行许多还不是随心所欲，多半是本我向现实妥协的结果。孙悟空的神性除了表明他超凡的能力之外，还预示着其能力的发挥不再是率性而为，而是有一定的道德原则，否则就是“妖”而不是“神”了，这就是超我的体现。可见，孙悟空身上所具有的“兽性、人性、神性”和弗洛伊德的“本我、自我和超我”是暗合的。

（资料来源：徐光兴. 世界文学名著心理案例集. 上海：上海教育出版社，2006. 294）

(2) 人格发展中的冲突、焦虑和防御机制。

在人格的三个系统中，本我、自我、超我三者相互联系，相互作用，以动态的形式相互结合着，从而达到人格内部各种力量之间、人与环境之间的平衡，实现人格的整合和统一。但是，三者的行动原则是各不相同的，所以冲突是无法避免的。随着矛盾冲突的加剧，三个系统的平衡关系会遭到破坏，个体就会产生心理焦虑；如果冲突过于激烈，而自我又无法应付，就会导致神经症和人格异常。

知识链接　**《阳光灿烂的日子》中马小军的心理分析**

这是发生在20世纪70年代初的北京，大人们忙着闹“文化革命”，学校不上课，孩子们没人管。故事聚焦在一个军属的孩子身上，描述了一群军人子弟在自己的天地里享受阳光灿烂的日子。影片中的马小军，凸显了青春期成长与发展中的种种冲突。其中，最典型的是勇敢和怯懦的矛盾。让我们一起来分享以下细节：

马小军打架时，一砖头把另一个孩子砸得头破血流，当对方捎话说要来一场大规模的“战斗”，而且一定要他参加时，他自己却有些后悔和心虚了。他明明频繁地寻找米兰，而当米兰问他：“你找过我？”他却做出一副绝对无辜的样子：“没有。”他明明为米兰和刘忆苦初次见面的谈话陷入苦恼，嘴上却始终不肯承认：“谁生气了？”“谁吃醋了？”自己在生日宴会上和刘忆苦打了一架，却又推翻了这个说法，说那天晚上他们玩得很开心，什么都没有发生。趁着大雨，他好不容易对米兰说：“我喜欢你。”而当米兰再问时，他却又马上改口：“我自行车掉沟里了。”……

（资料来源：徐光兴．中外电影名作心理案例集．上海：上海教育出版社，2006．39－40）

既然个体无法回避人格发展中的这种不平衡关系，那么他是如何处理这种变化，从而保证自我人格的健康发展呢？对此，弗洛伊德进行了深入的分析和解释。

1）焦虑论。弗洛伊德认为人有三种焦虑。第一种是现实性焦虑，它是人觉察到周围环境中存在的现实危险所产生的内心紧张、不安和恐惧；第二种是神经性焦虑，它是指个体由于惧怕自己的本能冲动会导致他受惩罚所产生的情绪体验，它是在现实性焦虑的基础上产生的；第三种是道德性焦虑，指个体的行为违反了超我的价值观时，引起内疚感的情绪体验。

不管是哪种焦虑，都是人内心的一种紧张状态。人具有一种解除紧张状态的先天倾向，因此，焦虑本身会起到一种动力的作用；同时对人的行为具有控制和引导作用。这是焦虑的积极作用。但是，如果焦虑水平太高，持续时间太长，那么人是无法忍受的，严重的会导致“人格崩溃”。为了减轻或消除人格内部的冲突，降低或避免焦虑，以保持人格的完整和统一，自我发展了许多保护性的机制，弗洛伊德称之为自我防御机制。

知识链接 **《瘦身》中 Cherrie 的心理分析**

电影《瘦身》片段：Cherrie 幼时有一次参加学校圣诞晚会的演出训练，演出前老师给每一个孩子称体重。Cherrie 超过了体重标准。老师很尖酸地说："这么胖，你不用参加圣诞晚会的演出了，等你减到 80 斤再来吧！" Cherrie 毕业之后求职，也因肥胖问题而屡遭拒绝，甚至被人取笑。——对自己体重的焦虑是导致 Cherrie 犯罪的本源。具体分析如下：

"现实性焦虑" 的体现：Cherrie 觉察到肥胖一直是她学习、工作、生活的障碍。

"神经性焦虑" 的体现：Cherrie 童年的烙印——80 斤，由此对男人产生极大的憎恶，认为正是由于他们的审美观才导致了瘦身的风行。——对那些歧视肥胖、喜欢瘦的人的仇视已经扩散到对任何人的不信任。

"道德性焦虑" 的体现：Cherrie 意识到自己对那些歧视肥胖的人的憎恨是不符合社会道德规范的。

2）自我防御机制。所谓防御机制，实际上是自我在调节本我冲动与否定它们的超我要求之间的日常冲突中用来保护自身的心理策略。它一般具有三个特点：第一，防御机制的作用是避免和减轻消极的情绪状态，它不仅可以作用于焦虑，也可作用于心理冲突和内在挫折；第二，大多数防御机制是通过对现实的歪曲起作用的，它可对各种事实视而不见、听而不闻；第三，大多数防御机制在起作用时，人们通常意识不到。自我防御有很多种，这里讨论几种主要的防御机制。

第一，压抑（repression）。压抑是把引起焦虑的思想、观念以及个人无法接受的欲望和冲动压入潜意识中使之遗忘。通过它，那些会带来焦虑的观念和欲望被禁闭在本我之中，人意识不到它，焦虑自然会大大减轻。这是最基本、最重要的防御机制。压抑有两种情况，一种是对本我的先天本能冲动和原始欲望的压制，这种情况下在人还没有意识到某些内容之前，这些内容就已经被驱赶到潜意识领域中了；另一种是对个体后天生活中的痛苦经验和不良欲望的压抑，这种情况下是强迫某些有威胁的内容退出意识领域。弗洛伊德进而提出压抑的两个重要特征：①压抑是一种主动遗忘，个体有选择性地把某些能导致个体痛苦或紧张的思想从意识中删除，表现为一种积极主动的心理过程；②被压抑的思想、观念并没有消失，而是储存在潜意识中，如果由于某种原因，伴随被压抑内容的消极情绪体验消失，这些思想、观念则还可以重返意识领域。

第二，否认（denial）。否认或称否认现实，是指个体在现实生活中，拒绝承认有关其个人痛苦事实的存在。它是最早形成的防御机制之一。通过这种机制，人不相信、不承认对自己不利的、带来痛苦的现实情况。这样可以逃避现实，不必面对生活中那些无法解决的困难与无法达成的愿望，从而减轻内心的焦虑。例如，一些人在亲人去世的噩耗传来时，大叫道："不！不！这不是真的！我不相信！"显然，否认使人逃离现实，是一种解决问题的消极办法。值得一提的是，否认不同于压抑，否认中重新解释占有很大成分，而压抑是从意识中抹去某些经验，但在否认中压抑也起着一定作用。

第三，投射（projection）。投射就是把自己内心存在的不为社会所接受的欲望、思想、态度和行为推诿到他人身上或归咎于别的原因。它是一种拿别人做"替罪羊"的方法。利用这种方法的人，不承认自己身上有某种不良品质和思想感情，而把这些不良品质、思想和感情投射给别人，看成是别人具有的东西。这样，自己就不会感到不安和焦虑了。

除此之外，主要的防御机制还有很多，我们将之简列如下（见表3－1）。

表3－1　主要自我防御机制

转换	将敌意等强烈的情感从最初唤起情绪的目标转移到较少危险的另一目标。
幻想	用想象的方式满足受挫的欲望（白日梦是一种最常见的形式）。
认同	通过把自我与他人或制度等同来增加自我价值感，常常是虚幻的表达。
分离	将情感与伤害性的环境分开，或把相互矛盾的态度分离为有逻辑关系的不同成分，同时持相互冲突的态度，但它们从未被同时想起，或从未认为它们之间有什么关系。
合理化	试图证明一个人的行为是合理的、公正的，以证明自我和他人的价值观。
反向作用	通过认同相反的态度和行为类型，把它们作为屏障，来防止危险欲望的表达。
退行	退回到以前的发展水平，包括更幼稚的反应以及较低水平的愿望。
升华	将受挫的性欲望以社会文化认可的非性活动来满足。

（资料来源：陈少华．新编人格心理学．广州：暨南大学出版社，2004．58）

由于自我防御机制成功地保护了个人免受焦虑的袭击，它们倾向于长时间保持不变。这样，它们对个人人格的稳定性和一致性起了很大的作用，在一定程度上成为人格健康发展的有力保证和推动力。

知识链接　**知识链接：自我解嘲的幽默——升华的一种表现**

"那个人的样子好怪啊。"

"我也看到了，他好像一条狗哎。"

这是电影《大话西游》的最后两句台词，类似的自我贬损早在两千多年前就有个孔子版，《史记·孔子世家》载：

孔子适郑，与弟子相失，孔子独立郭东门。郑人或谓子贡曰："东门有人，其颡似尧，其项类皋陶，其肩类子产，然自要以下不及禹三寸。累累若丧家之狗。"子贡以实告孔子。孔子欣然笑曰："形状，末也。而谓似丧家之狗，然哉！然哉！"

孔子一生郁郁不得志，自比丧家之犬也算是一种自我解嘲吧！自轻自贱的调侃中表达了内心的无奈，也体现了洞察人生后的释然。既然无力反抗，不如微笑着面对。

（资料来源：徐光兴．中外电影名作心理案例集．上海：上海教育出版社，2006．73）

(3) 人格发展的动力源泉。

虽然弗洛伊德在其人格结构中提到了本我由先天的本能、原始的欲望组成，它会产生能量，但是人们会问究竟它产生怎样的能量，促使人格不断发展呢？弗洛伊德进行了回答。

弗洛伊德主要从本能出发进行阐述。他认为，本能是人的生命和生活中的基本要求、原始冲动和内存驱力。它有四个特征：第一，本能的来源是身体状况需要，主要是指身体欠缺什么；第二，本能的目的是消除身体的欠缺并重建内在平衡；第三，本能的对象是指减少或消除身体欠缺的经验和事物，有的对象是固定的（如异性），有的对象则是不断变化的；第四，本能的原动力决定于身体欠缺的程度。接着，弗洛伊德对本能的种类进行了分析，但在其早期和晚期的理论中，持有不同的见解。

在早期，弗洛伊德认为人有两种基本的本能，一种是自我本能，另一种是性本能。自我本能包括吃、喝、排泄等个体生存必不可少的本能，以及害怕危险、保护自我不受伤害的自我本能。性本能也称为力比多，它的主要作用是繁殖后代、延续种族。

第一次世界大战给人类带来了巨大的灾难，也促使弗洛伊德开始思考是否人性中存在某种侵略本能或自我毁灭本能。在此基础上，他修正了早期的本能论，提出了生本能和死本能的概念。他认为，自我本能和性本能虽然各有其不同的直接目的，但最后都同样指向生命的生长和增进，所以可以合成一种生的本能，它代表爱和创造的力量。弗洛伊德把生本能提供的能量称为埃罗斯（eros）。与生本能相对的概念是死的本能，它是有机体返回自己先前无机状态的趋向。死本能是一种破坏力，当它指向个人内部，则表现为自责、自杀或受虐狂等行为；当它指向个人外部，就会产生憎恨、攻击、侵犯和施虐狂等行为。弗洛伊德说：一切生命的目标是死亡。生命过程本身是一种紧张，只有死亡，才能最终解除这种紧张。因此，死本能是人自出生就具有的。他把死本能具有的能量称为桑纳托斯（thanatos）。

2. 荣格心理能量说

荣格，瑞士著名心理学家、精神分析学家。他曾是弗洛伊德最得意的弟子，也是弗洛伊德指定的精神分析运动的法定继承人。但是在 1914 年，两人的亲密关系破裂了。他们的主要分歧首先根源于力比多的实质问题。弗洛伊德认为力比多就是性本能，人类的大多数行为都是由它推动的，它是人格发展的主要驱动力。荣格不同意这种看法，他认为力比多能量是一种具有创造性的、普遍的生命力量，它可以贯穿于个体心理的终生发展，可以广泛运用于人类行为的各个领域，表现于生长和生殖活动，也表现于其他活动。后来，他干脆用“心理能量”（psychic energy）取代了力比多的概念。

（1）心理能量理论。

1）心理能量是人格发展的动力。荣格指出，人的生命能量主要包括身体能量和心理（精神）能量两个方面。身体能量蕴涵于人的肉体，而心理能量则主要蕴涵于人的人格（心灵）之中，两者存在着相互依存和转化的关系。他进一步指出，心理能量是人格所需要的能量。它可以是意识的也可以是无意识的，在意识中它表现为运动或力量，在无意识中则表现为一种状态，它们共同推动人格的发展。心理能量与物理学的能量雷同，遵循守恒定律，可以从一种心理内容转换为另一种心理内容。荣格还指出，心理能量可以通过“心理值”来计量。心理值可以在一个人从事某项活动时所花费的时间和金钱上表现出来。测定的方法包括：观察他对不同活动对象的选择；为达到目标而克服障碍所费的时间；对梦或幻想进行分析；心理电装置测量，如脉搏、呼吸和皮肤电等。当一种观点或者情感被赋予强值时，那就意味着，这种观点或情感在影响人的行为中将产生相当的力量；反之则可能只有较弱的行为动机。

2）心灵的相对封闭性。荣格把人格的总体称为“心灵”。为了解答人格如何获得心理能量的问题，他提出了心灵是一个相对封闭的系统或自给自足的能量系统的观点。他认为，心灵的能量虽然来自外界或人的身体，但心灵一旦获得能量，便将它据为己有，由心灵来决定其使用。我们的感官不断地从外界接受能量，每个心理系统也会从身体接受能量，它们使心灵处于不断变化的状态。荣格还认为，心灵只有接收能量的输入口，这就是心灵的封闭性。但是，心灵在接收能量时并非完全开放的，否则其结果将是无穷的混乱；当然它更不是完全封闭的，否则其结果会是停滞和僵化，像一潭死水，人也就失去了生命活力了。因此，心灵的封闭性是一种相对的封闭。

3）能量输导系统。荣格认为，心灵虽然只有接收能量的输入口，但能量并不会无限地积累，而是和物理能量一样，可以发生能量转换和形态变化。当一种新的活动模拟本能活动时，本能的能量就会被纳入到这种新的活动中。荣格等把这种现象称为能量输导。首先，心理能量必须经过能量输导系统进行转换，发生能量转换，纳入到新的活动中，才能像物理能量那样做功；其次，心理能量是通过模仿或制作的方式进行能量转换的。他发现，原始部落以各种仪式和舞蹈来转换心理能量，而现代人则通过“有意志的行为”，用科学和技术把梦想变为现实，从而实现心理能量的转换。因此，在这一能量输导系统中，心理能量也遵循守恒定律，同时心理能与生理能之间可以发生相互转换。

4）等量原理与熵增加原理。心理能量进入人格结构后是如何运行的呢？荣格用“等量原理”和“熵增加原理”的概念来描述它的分布和移动情况。等量原理是指用于某种心理活动的能量减少或消失，意味着另一种心理活动的能量增加和产生。这样，能量永远不会从心灵中消逝，它只是转移到别的活动上了。熵增加原理是指心理能量的分布和流动是有方向的，这种方向性是为了保持心灵所有结构之间的平衡。前面已经提到，由于不断接受外界的能量，所以心灵总是处于不断变化的不平衡状态，容易使人产生诸如紧张、压迫、冲突等感觉。熵的增加正是为了保护心灵，使其产生相对平衡的状态。

既然心理能量的分布和流动是有方向的，那么这种方向是怎样的呢？为此，荣格使用了前行和退行进行描述。前行是有意识地适应外部世界的方向，即努力与环境的要求保持一致，利用日常生活经验来满足环境的需要。在前行过程中，每种心理机能都会汲取各种生活经验和心理能量，使个体与环境条件的要求努力保持一致，从而达到一种心理平衡。有时，为了达到这一状态，不同心理机能之间要进行必要的联合。退行则是潜意识地满足内在的要求，即激活被排斥的潜意识内容以产生新的机能以适应现实，它通过剥夺对立机能的能量，使对立机能的值逐渐丧失，最后用新的机能取代对立机能。这时新的机能需要对外部环境进行新的适应，导致力比多的前行重新开始。这样，不断地通过前行和退行，个体的内心世界能够得到不断的调整，保持健康发展。

另外，在此基础上，荣格还按照心理能量指向的不同，提出了其著名的性格类型说。他按照心理能量的方向确定了人们对待世界的两种主要态度或指向，一种为内倾性，另一种为外倾性。内倾型的人其心理能量指向内部，他们趋向于安静、爱幻想、好沉思、喜内省，易产生内心体验，并且经常抵制外部的影响。这种人经常远离外部世界，对事物的本质和活动的结果感兴趣，而在同别人的接触中缺乏自信，而且比较倾向于孤僻和害羞。外倾型的人则相反，其心理能量指向外部，他们爱动，喜欢社交，对外部世界的各种具体事物感兴趣，并能积极反应。

（2）人格结构。

荣格为人格发展提供了一种动力学说，即心理能量推动人格的发展。为了让人们更好地理解他的这一学说，他深刻地描述了其独特的人格结构理论。这一理论指出，一方面它是心理能量发挥作用的良好平台，另一方面它又是人格发展的重要影响因素。荣格认为，心灵既是一个复杂多变的有机整体，又是层次分明、相互作用的人格结构。它由意识、个体潜意识、集体潜意识三个相互作用的系统或层次构成。

1）意识。意识是人的心灵中唯一能够被个体直接感知到的部分，它由各种感知觉、记忆、思维和情感组成。荣格认为，意识是伴随着生命的诞生而出现的，它的中心是“自我”，因此，人的意识的发展过程就是人的“个性化”过程，它在人的心理发展中起着相当重要的作用。这种作用主要体现在意识所担任的角色上。荣格认为，意识的作用类似于看门人的角色，它对进入心灵的各种材料进行筛选和淘汰，使个体的人格结构保持同一性和连续性；同时，它也在不断地充实、完善和塑造新的自我。

2）个体潜意识。荣格认为，与意识相比，潜意识对人格及其发展的影响更大。它包括个体潜意识和集体潜意识。个体潜意识是由一切在个人经历中曾被意识到但又被压抑或遗忘，或者在一开始还没有形成意识印象的那些下意识的东西组成。个体潜意识并不是潜意识中很深的层次，它的材料很容易被唤回到觉醒的意识中，被意识所利用，因此它与自我之间存在大量的相互作用。不难发现，个体潜意识实际上类似于弗洛伊德的前意识概念。

个体潜意识的一个重要特点就是通过“情结”（即潜意识中的情感观念丛）表现出来。情结是一个能量系统，它决定着个体人格的许多方面。当我们说某人有某种情结时，如自卑情结、优越情结、性的情结、父亲和母亲情结、钱的情结等，是指他的心灵被某种“心理问题”强烈地占据了，使他无法思考其他任何事情，而他本人却没有意识到。荣格早年认为，情结起源于个体的童年经验，后来他发现情结最深层的根源是集体潜意识。

3）集体潜意识。集体潜意识是指在漫长的历史演化过程中世代积累的人类祖先的经验，是人类必须对某些事件作出特定反应的先天遗传倾向。它位于心灵深处，在每一世代只增加极少的变异，是个体始终意识不到的心理内容（如对蛇和黑暗的恐惧）。它是荣格理论中最神秘、最重要也最具争议的一个概念，也是人格中最深刻、最有力量的组成部分。

集体潜意识的主要内容是原型（archetype 或 prototype），或称原始意象。原型可以定义为一种由遗传获得的、对外界一定的刺激产生反应的倾向性。它是一种本原的模型，其他各种存在都根据这种原型而成形。原型不能在意识中直接表现，但会在梦、幻想、幻觉和神经症中以原始意象或象征的形式表现出来。荣格把毕生大部分时间和精力都用于研究原型，他曾确定和描述过几十种不同的原型，但他发现有五种原型比其他各种原型出现的机会要多得多，它们充满了关于人的情绪意义，而且可以追溯到不同起源的古老的历史神话中去。

知识链接　**《狮子王》——人类集体潜意识的故事原型分析**

宗教史诗中的宾汉与摩西的故事、旧约中王子约瑟与摩西的故事都是《狮子王》这部电影的神话故事原型。王子约瑟在王族中成长，后来被放逐，几年后回来，家人都不认识他了。在《狮子王》中，类似的是，小辛巴也是在狮子王国中出生，一出生就被赋予狮子王国王子的地位，后来被自己的亲叔叔刀疤陷害而被迫离开自己的国家，独自一个人在外流浪，长大后的狮子王辛巴重新回到自己的王国，母亲沙拉碧带着遗憾的神情问："真的是你么?"它重演了旧约的故事。

（资料来源：徐光兴. 中外电影名作心理案例集. 上海：上海教育出版社，2006. 39－40）

荣格将这五种主要的原型视为彼此分开的人格系统，它们在人格结构中各自起着不同的作用。

第一，人格面具（persona）。persona在希腊语中是面具的意思，荣格用它来描述一个人的公开的自我。因此，人格面具指的是人在公共场合中表现出来的人格方面，其目的在于表现一种对自己有利的良好形象以便得到社会的认可。因此，从某种意义上说，人格面具只是用来欺骗别人的工具，因为它呈现在别人面前的只是个人人格中很小的部分。如果一个人过分关注其人格面具则会牺牲人格结构中的其他组成部分，导致对真实自我的过分压抑，从而对心理健康造成影响。

第二，阿妮玛（anima）和阿妮姆斯（animus）。阿妮玛是男性心灵中的女性成分或意象。它使男性具有女性特征，同时提供男女之间交往的模式（包括母子交往、夫妻交往等）。阿妮姆斯则是指女性心灵中的男性成分或意象。它使女性具有一定的男性特征，获得与男性交往的模式。因此，阿妮玛和阿妮姆斯又被称为男女两性意象，它们产生于千百万年的漫长岁月中男女相互交往所得到的态度和体验。

第三，阴影（shadow）。阴影是人格中最黑暗、最深层的部分，它具有多种不道德的、令人生厌的欲望和活动，是一种邪恶的倾向。一方面，它与个体潜意识有联系，包括一个人违背道德的所有体验；另一方面它又与集体潜意识相连，包括心灵内部最受压抑的或不发达的部分。虽然阴影寻求向外部投射，但荣格认为，它的本性却是生命力、自发性和倾向性的源泉。

第四，自性（self）。自性是集体潜意识的核心，是人格发展力争达到的最高目标。它包含着无意识的各个方面，它给人格的整个结构提供了统一性和稳定性。自性的作用是协调人格的各组成部分，使之达到整合、统一，即自我实现。因此，荣格认为，当自性表现为一个完全的整体时，它便被看作自我实现的一种驱动力，不过这种情况一般要到中年时才能发生。有必要提及的是，荣格的人格理论中有两个"自我"，一个是意识的自我（ego），另一个是潜意识的自我（self），为避免混淆，所以这里把self称为"自性"，意指自我的本性。

3. 阿德勒的追求优越理论

阿德勒反对弗洛伊德把性本能视为人类行为的根本动力。相反，他以社会文化为取向，把社会的价值观念、人的社会性等视为行为的动力。他用"自卑感及其补偿"、"追求优越"等概念来表述人类行为的动力特征，认为人格是在战胜自卑和追求优越过程中形成、发展的。

阿德勒认为，一般的自卑感是行为的原始决定力量，这种自卑感来自包括身体的、精神的或社会的障碍，不论这些障碍是真实的还是想象的。每个人天生就具有一种自卑感和虚弱感，因为他一出生就完全依赖他人。另外，即使是成人，也会通过社会比较产生自卑感。因此，自卑感具有普遍性，这种普遍性的自卑感就有可能成为推动我们所有人心灵活动的动力，即人格动力。因为感到自卑，所以会千方百计地寻求补偿，进而获得力量战胜这种感觉。值得一提的是，尽管自卑感能驱动人的成长，有它好的一面，但是，若被自卑所压倒，则产生自卑情绪，导致神经症人格，抑郁、悲观、消沉。例如，具有自卑情结的人陷入自卑感中无能为力，以至于他们几乎无法超越。因此，自卑感究竟是个体积极成长的促进因素，还是阻碍作用，完全取决于人们对它的态度。

阿德勒进一步扩大了自卑的外延，它不仅指人生理上的缺陷，也包括了人面对社会和生活产生的种种不完满和不理想感导致的自卑感。他进而把这种自卑和人类的进步联系在一起，认为人受不满足感的刺激而寻求超越之道，便使人向更高的层次进步了。因而，人追求的目标都是对自卑感的补偿和超越，是自我的实现。这样，他又提出了“追求优越”的观点。

阿德勒强调人格基本的一致性和统一性。他认为追求优越是与自卑感补偿相对应的概念，是一种策动的内驱力，也是对自卑感的一种补偿。追求优越具体指一个人要克服自卑，赶上别人，甚至超越别人的努力倾向。人的一切行动都是受追求优越的向上意志所支配。进一步说，追求优越既是一个努力的过程，也是一个前进发展的方向与目标，同时也是人格发展的重要动力。因此，羡慕别人、胜过别人或超过别人、征服别人等都是这种追求优越的人格体现。根据这种观点，性并不是一种占优势的内驱力，而是达到“优越”的手段之一。阿德勒认为，追求优越是为了求得自身完美所作的一种努力，而并非一种要超过他人的欲望，它既存在于正常人身上，表现为以对社会有益作为自己的奋斗目标，也存在于神经症患者身上，表现为只顾努力达到自己的目的。阿德勒还认为，追求优越是先天的，也是发展的。出生时它只是人的一种潜能，每个人都以自己的方式力求实现这种潜能。该过程大概从 5 岁开始，首先确立一种优越的目标，以此来指导人的心理发展。

既然每个人都受自卑感补偿和追求优越的力量驱动，那么为什么个体之间会出现明显的人格差异？阿德勒认为这是因为每个人的“生活风格”（life style）是不同的。所谓生活风格，是指个体追求优越目标的方式，这是一种标示个体存在的独特方式，是作为一个整体的自我在社会生活中寻求表现的独特方式。生活风格的形成和发展有赖于个体的生活经历和环境。例如对于儿童来说，克服自卑和追求优越影响着生活风格的形成，模仿也是生活风格形成的主要途径之一。儿童往往把自己所处环境中最强有力、最有影响和感染力的人作为自己的模仿对象，如父母、老师和好友等。生活风格的发展还主要取决于儿童与社会的交互作用。阿德勒认为，一个人的生活风格也就是一个人自己的人格，是人格的统一性、个体性，是一个人面对问题时的方法和希望对人生做出贡献的愿望等。阿德勒还认为，人类不是环境或遗传影响的简单消极的接受者，相反，人可以有目的地生活，每个人都有机会选择生活方式。因此，每个人在形成自己的生活风格时并不是消极被动的，而是能够根据自己的经验积极地建构它。这就是创造性自我。这一概念表明，创造性自我是人格发展过程中一种有意识的主动力量。

（二）人本主义动力观

20 世纪五六十年代，人本主义作为精神分析和行为主义之外心理学“第三势力”的身份在美国兴起。它以人的本性、潜能、价值、经验等作为研究主题，从根本上讲，人的本性是具有追求生命意义的冲动和创造美好生活的潜力的，而这正是促使人格成长的主要力量。

1. 马斯洛的需要层次论

马斯洛是作为人本主义心理学代言人出现的。他认为，人类的行为比较复杂，不仅仅是行为主义主张的一个孤立的刺激与单一反应之间的直接联结；同时，人类行为的心理驱力也不是性本能，而是人的需要，是受构成完整人格的全部感情、态度和愿望决定的。因此，用行为主义的观点来理解人格是一种简单化的、误导的取向，有“动物心理学”的嫌疑，而精神分析的观点又有“伤残心理学”的阴影。

在人格发展动力的问题上，马斯洛找到一个非常好的突破口——人类的动机与需要。他认为，正是因为人类有一种主动实现自我潜能的先天倾向，所以人格能不断发展，进而趋向自我实现。在此基础上，他提出了其著名的需要层次理论。具体说来，他的理论主要包括以下几个主要方面：

(1) 需要层次论。

这种理论的构成根据三个基本假设：第一，人要生存，他的需要能够影响他的行为。只有未满足的需要才能够影响行为，满足了的需要不能充当激励工具。第二，人的需要按重要性和层次性排成一定的次序，从基本的（如食物和住房）到复杂的（如自我实现）。第三，当人的某一级的需要得到最低限度的满足后，才会追求高一级的需要，如此逐级上升，成为推动继续努力的内在动力。正如第二章中所述，马斯洛认为人类价值体系中有两类需要：一是沿生物进化过程逐渐变弱的本能需要，称低级需要、生理需要或基本需要，包括生理需要、安全需要、爱与归属的需要、尊重的需要等；二是随生物的进化逐渐显示出来的潜能，称高级需要、心理需要或成长需要，包括求知需要、审美需要、自我实现的需要等。

1）生理需要。这是人的需要中最基本、最强烈、最明显、最原始的一种需要，主要包括衣食住行，还有各种感官快乐，如品尝、嗅闻、抚摸等。它是最强烈的、不可避免的最底层需要，也是推动人们行动的强大动力。这类需求的级别最低，人们在转向较高层次的需求之前，总是尽力满足这类需求。例如，如果一个人存在多种需要，例如极度饥饿、没有安全感、缺乏爱情等，那么总是饥饿的需要占最大的优势，除了食物外，他对其他东西毫无兴趣。这说明当一个人被生理需要控制时，其他一切需要都被推到幕后。马斯洛曾这样描述："如果所有需要都没有得到满足，并且机体因此而受生理需要的主宰，那么，其他需要可能会全然消失，或者退居幕后。"不过，并不是这一层次的需要完全满足后才能去追求更高层次的需要，而是这一层次的需要必须持续不断地给予必要的满足。生理需要对人的行为只限于它没得到满足时才会有强有力的影响。

2）安全需要。一旦生理需要得到了充分的满足，就会出现安全需要。安全需要表现为人们对秩序、稳定、工作与生活保障等的需要，具体表现在：物质上，如操作安全、劳动保护和保健待遇等；经济上，如不失业、无意外事故、养老有保障等；心理上，希望解除严酷监督的威胁、希望免受不公正待遇、工作有能力和信心等。和生理需求一样，在安全需求没有得到满足之前，人们唯一关心的就是这种需求。

3）归属和爱的需要。当生理和安全的需要得到满足后，对爱和归属的需要就出现了。这是一种社会需要，它是指个人渴望得到家庭、团体、朋友、同事的关怀爱护和理解，是对友情、信任、温暖、爱情等的需要。对马斯洛来说，爱是人间一种健康的、亲热的关系，包括互相信赖。人人都希望获得别人的爱，给予别人爱；并希望为团体与社会所接纳，成为其中的一员，得到相互支持与关照。

4）尊重需要。在归属和爱的需要获得满足后，人们会追求更上一层次的尊重需要。尊重的需要包括受人尊重与自我尊重两方面：前者是希望得到别人的重视，获得威望、接受、关心、地位、承认、名誉和赏识等；后者希望个人有价值，希望个人的能力、成就得到社会的承认，相关内容包括自尊心、自信心，对独立、知识、成就、能力的需要等。满足自我尊重的需要导致自信、价值与能力体验、力量及适应性增强等多方面的感觉，而阻挠这些需要将产生自卑感、虚弱感和无能感。基于这种需要，愿意把工作做得更好，希望受到别人重视，借以自我炫耀，指望有成长的机会等都会成为一种推动力。这种需要一旦成为推动力，就会令人具有持久的干劲。无独有偶，阿德勒也非常重视这一点。他认为，一个有足够自尊的人总是更有信心，更有能力，也更有效率。但当他缺乏自尊时，他就感到自卑、无望，从而可能导致绝望和神经症行为。

5）自我实现需要。自我实现需要是人类最高层次的需要，位于需要层次之巅，指满足个体把各种潜能都发挥出来的一种需要，如不断地追求事业成功、使技术精益求精等。自我实现意味着充分地、活跃地、忘我地、集中全力全神贯注地体验生活。健康的人满足了前面那些基本需要后，就会被自我实现的愿望推动着。自我实现就是要求充分发挥个人的潜力和才能，对自身内在本性的更充分把握和认可，是朝向个人自身中的统一、完整和协调的一种倾向。有自我实现需要的人，竭尽所能使自己趋于完美。马斯洛指出，自我实现的特殊形式因人而异，自我实现需要并非必须在重大发明和艺术创造的形式下才能实现，学生、工人、保姆等只要尽自己的能力，也可以实现潜能。值得指出的是，在五种需要层次中，自我实现这一层次中的个别差异也是最为明显的。

马斯洛认为，一般而言，基本需要一般呈现从低级需要向高级需要逐级上升的顺序，如低级需要没有得到满足，就不会产生较高一级的需要。但他同时指出，这只是一种一般的模式，实际上它并不完全像台阶形排列那样刻板，例外是很多的，例如有理想、有崇高社会标准的人为了追求真理、实现理想，可以牺牲自己的一切。另外，他的需要层次论在其不同时间出版的不同著作中有不同的说法。有时他将需要分为五层次，有时又将它分为七层次，还有时将它分为八层次。这里我们取其最常用的五层次的说法。

（2）自我实现理论。

在马斯洛的理论体系中，自我实现（self - actualization）被看作是人的本质存在。它是指个体在成长中身心的潜力获得充分发展的历程和结果，也就是个体本身与生俱来但潜藏未露的良好品质，得以在现实生活环境中充分展现出来。换句话说，就个体人格的形成和发展而言，自我实现可以看作是个体发展的历程，也可以看作是促使个体发展的推动力。个体之所以存在，之所以有生命意义，就是为了自我实现。因此，自我实现又被马斯洛视为人格发展的最高境界，也可以说是人生追求的最高境界。自我实现意味着充分地、深入地、活跃地、全身心地体验生活，全力以赴地献身于某一件事或某一项活动而忘怀一切。

自我实现不是一次性的，也不是一种终结状态，而是一个连续不断的、渐进的活动过程，也是在任何时刻、任何程序上实现一个人的潜能的过程。它没有时间和质量限制。在社会活动过程中，一个人可能会表现出趋向防御、安全、畏缩的行为，也可能会产生趋向发展的选择。做出发展的选择而不是防御、畏缩的选择，就是朝向自我实现的运动。

马斯洛指出，自我实现的发生之所以比较罕见，原因之一是它要求非常真实地认识自己，而大多数人害怕这种认识。他认为，人们常常像害怕失败那样害怕成功，这种害怕，与对自我认识的害怕一样，会妨碍自我实现。因此，尽管所有的人都有自我实现即发挥其全部潜能的内驱力，但是只有少数人能达到自我实现。

（3）高峰体验。

高峰体验（peek experience）是马斯洛在其自我实现理论中创用的一个名词。它是指在人生追求自我实现的历程中，基本需要得到满足后，在追求自我实现时所体验到的一种臻于顶峰又超越时空与自我的心灵满足感与完美感。马斯洛曾这样描述它："这种体验是瞬间产生的、压倒一切的敬畏情绪，也可能是转眼即逝的极度强烈的幸福感，甚至是欣喜若狂、如醉如痴、欢乐至极的感觉。""这些美好的瞬间体验来自爱情，和异性的结合，来自女性的自然分娩和孩子的慈爱，来自与大自然的交融……"马斯洛指出，处于高峰体验的人具有最高程度的认同，最接近其真实的自我，达到了自己独一无二的人格或特质的顶点，潜能发挥到最大限度。

马斯洛认为，之所以如此强调高峰体验，是因为自我实现者的人格特征之一就是经常产生"高峰体验"，它也是个体通向自我实现的重要途径。在个体自我实现的动态发展过程中，迈向自我实现的每一步都有"高峰体验"的出现。不难发现，个体在自我实现的过程中经常感受到"高峰体验"也是个体人格发展的重要推动力。

知识链接　**想自我实现者**

对希望自我实现者的建议：

▲ 把自己的感情出口放宽，莫使心胸像个瓶颈。

▲ 在任何情境中，都尝试从积极乐观的角度看问题，从长远的利害作决定。

▲ 对生活环境中的一切，多欣赏，少抱怨；有不如意的地方，设法改善；坐而空谈，不如起而实行。

▲ 设定积极而有可行性的生活目标，然后全力以赴求其实现；但却不能期望未来的结果一定不会失败。

▲ 对是非的争辩，只要自己认清真理正义之所在，纵使违反众议，也应挺身而出，站在正义的一边，坚持到底。

▲ 莫使自己的生活僵化，为自己在思想与行动上留一点弹性空间，偶尔放松一下身心，将有助于自己潜力的发挥。

▲ 与人坦率相处，让别人看见你的长处和缺点，也让别人分享你的快乐与痛苦。

（资料来源：张春兴．现代心理学．上海：上海人民出版社，1994．466）

2. 罗杰斯自我理论

罗杰斯与马斯洛同为人本主义心理学的主要代言人，事实上，在马斯洛之前他就阐发了关于心理学的人本主义观点。他与马斯洛一样，也主张自我实现是人的本性。在分析人格发展的动力方面，他指出，我们每一个人都有朝着健康、积极的方向发展、成长、变化的潜能，因此，有机体向成长和自我实现运动是人格成长的主要驱动力。这一观点建立了一个人格改变的新模式，罗杰斯也因此而可能被称为人类潜能运动（human potential movement）的最有影响和代表性的人格理论家。

（1）自我实现倾向（actualizing tendency）。

罗杰斯认为，人格的发展源于个体先天的“自我实现”（self - enhancement）动机，它表现为一个人最大限度地实现各种潜能的趋向。这一概念有点类似于弗洛伊德的“力比多”和阿德勒的“追求优越”。每个人的行为都是由其独一无二的自我实现倾向引导着。

罗杰斯认为，人类同其他生命有机体一样，与生俱来都具有生存、成长和促进自身发展的需要。在最基本层面上，这些天生的倾向通过满足基本需要（氧气、水、食物），控制生理成熟等方式，不断地成长、重建。他还认为自我实现是人格结构中唯一的动机，其他一切动机都可归属于这种自我实现倾向。他这种无所不包的动机论被有些人称作“一元动机论”（monistic dynamism）。正是这种自我实现倾向使人的自主性和自足感增多，增强了个人成长的动机。

为了让人更清晰地理解自我实现，罗杰斯认为可以从两个方面考虑其倾向：一方面它是由人与其他生物共有的倾向构成，它引导机体产生维持生存和发展的行为（包括非人类的其他生物的行为）；另一方面，它包括指向增加自主、自足，指向个人成长的独特倾向。这方面的自我实现倾向是与人的人格发展关系最密切的，它起到维持和增强自我的作用。

（2）无条件积极关注。

罗杰斯指出，在个体自我实现的过程中，是否得到积极的关注会对人格发展产生重要影响。他认为，所有的人都有一种希望获得积极看待的需要，这种需要包含了要求获得他人或自己关注、赞赏、接受、尊敬、同情、温暖与爱等。他还认为，对于健康人格的发展来说，这种关注在自我开始发展的时候即婴幼儿时期就已经非常重要了。他进一步指出，积极关注可以分为有条件的积极关注和无条件的积极关注，两者对人格发展的作用存在显著的不同。例如，即使毫无保留地给儿童积极关注，他们的人格也不一定就能健康发展。

所谓有条件的积极关注，是指父母或他人只是在有价值的条件得以满足时才对儿童给予的积极关注。在这种有条件的积极关注条件下，儿童很快便会发现，为了得到爱，他们必须在生活中按他人的价值观来行动和思考，学会了把有价值的和无价值的行动与情感加以区别。这种有条件的积极关注的结果就是，儿童学会了抛弃他们自己的真实感情和愿望，避免遭到非难和反对的思想和行为，学会防御，而只是接受父母赞许的那一部分自我。他们拒绝自己的缺点和错误，不能把自我的一切方面都加以现实化，最终，儿童变得越来越不了解自己，而且在将来也越来越不可能成为一个完善的人。这样，人格就变得混乱或发展不健全。

所谓的无条件积极关注，是一种没有价值条件的积极关注体验，即自我行为不必考虑在客观上是否与他人确定的方式相一致。例如，对于儿童来说，即使自己的行为不够理想，他觉得自己仍然受到父母或他人的真正的尊重、理解和关怀。在无条件的积极关注中，个体知道无论自己做什么，都会被接受、被爱、被引以为荣。这样，自尊的需要与机体经验便不会有冲突，心理适应也就比较好。因此，对家庭教育来说，尽管父母并不赞成孩子的某些行为，但是他们应该和孩子交流，应该一直都爱孩子，接受孩子，在这种条件下，孩子就会觉得不需要去隐藏那部分不受父母喜欢的自我，可以自由地体验全部的自我，自由地将错误和缺点纳入到自我概念中去，自由地体验全部的生活。当一个人感到他得到他人的积极关注时，无条件积极关注就被接收了；当另一个人的全部自我经验都被平等地衡量时，无条件积极关注就被传达了。这样，其人格也就自然健康地发展和趋于完善了。

知识链接　**《放牛班的春天》与人本主义**

《放牛班的春天》讲述的故事并不新鲜：好老师改变坏学生。尽管没有摆脱“师生电影”的必要元素：师生间的误解、作为反派的上级、顽固的害群之马……但是，导演借用音乐串起了一个心灵“救赎”的故事。寄宿学校中，这群整天只知道破坏、恶作剧的问题儿童，在音乐老师马修眼里，并非无药可救。他摒弃了体罚、禁闭，努力地发现他们的闪光点。合唱团，成了这些自暴自弃的孩子们的心灵避难所。

音乐老师马修用他那平凡的爱给我们创造了不平凡的感动，是仁爱、友善、宽容和真诚的极致让我们体味人本主义的元素。

种瓜得瓜，种豆得豆，播撒的是爱与信任，收获的就是“放牛班的春天”……

（资料来源：徐光兴．中外电影名作心理案例集．上海：上海教育出版社，2006．123－125）

3. 罗洛·梅的存在分析人格理论

罗洛·梅也是美国人本主义心理学的主要领导者之一，他的人格理论具有非常明显的存在主义色彩，形成了人本主义心理学内部一种独特的研究倾向。他的人格理论注重心理健康与存在的关系，试图揭示人在运用其自由和责任来实现自己的存在时的基本人格特点，强调自我的主动性，突出了自由、创造性、勇气、权力、爱、意志和力量等在人格发展中的作用。

罗洛·梅认为，人格的健康发展主要受几个因素的影响和推动：

第一，“宗教道德感”是保证个体存在，促使人格不断变化完善的动力因素。他坚信“宗教道德感”是人的最深刻的道德感，是对人生意义的最基本信念，是存在的一个基本成分。同时，这是一个不完善的、存在着的人朝向完善的渴望，是人格健康的必要成分。

第二，创造性勇气是健康人格发展的重要保障。罗洛·梅认为健康人格发展就是人的自我实现过程，它是有意识的、自由选择的过程。每个有勇气的人都能有尊严地实现其潜能，因为勇气使人获得了成长所需要的基本价值。这些勇气在人格发展中有三种不同的表现形式：真正的身体勇气、社会勇气、心理和精神勇气。

他指出，我们生活在一个旧的时代即将过去、新的时代尚未来临的时期，现代人的家庭婚姻方式、性关系、教育、宗教、技术及现代生活方方面面都发生了剧烈变化。在这样一个动荡的时代，人格要健康发展，个体要进行自由的选择并负责任地生活，都需要勇气，尤其是创新性勇气。他坚信，一个有创造性勇气的人越是能有意识地指导生命，并根据其独特的心理发展水平做出负责任的选择，那么其人格的发展就越有建设性。

第三，力量是形成人格善恶的基础。他指出，力量是“引发和阻止变化的能力”，是一切生物的基础，因为力量包含着自尊和意义的斗争，是人进行生命的选择、确定人格善恶的基础。他还划分了五种不同的力量：存在的力量，在人的一生中这一力量驱使人不断地实现自己的需要；自我肯定的力量，表现为在生活中寻求自尊、希望得到社会的认可，获得意义；自我主张的力量，是人格不愿意屈服于外界压力的象征；攻击的力量，这一力量若长期被否认和压抑，则会使人意识减弱，造成神经症、精神病或暴力；暴力，它实际上是个体无力量的表现，而无力量则是由社会的不公、生活无意义和人际疏远引起的。

二、行为、认知模式——我有我选择

有这样一句名言：世界上没有两片相同的叶子。你可知道它的由来？这要追溯到 17 世纪末。当时，在普鲁士王宫里，哲学家莱布尼茨在向王室成员和众多贵族宣传他的宇宙观时提出：“天地间没有两个彼此完全相同的东西。”听者哗然，不少人摇头不信。于是，好事者就请宫女到王宫花园中去找两片完全相同的叶子，想以此推翻这位哲学家的论断。结果，令他们大失所望，谁也没有找到这样的叶子。因为粗粗看来，树上的叶子好像完全一样，可是仔细比较，却是大小不等、厚薄不一、色调不一、形态各异。造成差异的原因，是它们本身所包含的本质的东西不同。与叶子相类似的，人与人之间在气质、个性和性格上也许会存在着某些共同点，但是两个完全相同的人在世界上应该不会存在。换而言之，人与人之间是有差别的。那么，怎样看待这种人格差异呢？行为主义与认知主义可谓另辟蹊径。

华生开创的行为主义学派认为，人格发展的动力主要来自学习，是后天环境塑造的结果，其中奖励和惩罚起了关键作用。人与人之间的差异，也许就是学习的结果存在差异所导致的。比如，同一时间内，大家都在听同一个老师讲课，但是不同的人选择注意的内容可能会有很大的差异。又如，在学习中，我们常听到这样的一句话“学习有法，学无定法，贵在得法”，这是从学习方法的层面揭示了人的差异。而认知主义以人们持有的概念和信念的术语以及人们加工信息和解释事件的方式来界定人格，指出个体的人格差异是由人们加工信息方式的不同而导致的。例如，在人格发展问题上，人格认知单元注重从认知的内容和过程两方面来理解人格：在内容方面，有的人注重人际方面，而有的人则注重非人际方面；有的人关注情感世界，而有的人则全然忽略情感世界。这样，由于在认知机能的内容上有巨大的差异，人们常常很难互相理解。而在过程方面，有的人以细致的分析方式加工信息，有的人则注重宽泛的概括性。同样，由于人们加工同样信息的方式不同，也会出现很难相互理解的情况。这样，相同的信息经由不同的加工方式，或者不同的信息经过相同的加工方式之后，人格之间就自然出现了各种各样的差异了。也许，从行为主义与认知主义的观点来看，人格发展中的差异正是个体选择的结果。

（一）行为主义者眼中的人格

行为主义者认为，所谓的“人格”是各种习得行为模式的集合。其创始人华生也认为，人格就是指在反应方面现有的、潜在的全部资产（assets）和现有的、潜在的债务（liabilities）。他所指的资产就是个人对于当前或将来外界环境适应的能力，包括两部分内容：第一，已经被组成的各种习惯的总体，社会化了的已被调整过的各种本能，社会化了的和已被锻炼过的各种情绪，以及这些东西的各种组合和相互关系；第二，可塑性（形成新习惯和改变旧习惯的能量）和保持性（已建立的各种习惯恢复其作用的速度）的高度系数。而债务则是指在当前环境中不发生作用和阻止其对已改变的环境进行顺应的潜在因素。如果用更简单的话概括，华生认为，人格就是一切动作的总和，是各种习惯系统的最后产物。因此，在人的生活历程中，人们都在对特定的刺激给予不同的条件反射式的反应。有的人可能从小被激发起积极地对待周围的事情，热情与人交往的兴趣；有的人退缩，不喜与人交往；有的人粗心好斗等。总之，每个人都有其独特的生活经历，这使我们形成了各自对刺激的特定反应方式，因此也造就了不同的人格特征。

华生等认为，人格是可以改变的，因为它是受环境的影响而形成的，所以改变人格的途径就是改变人所处的环境。在新的环境下，人们不得不形成新的习惯系统，改变旧的习惯系统，而人格也就得到改造了。他曾经说过一句经典的话，也是被心理学家和教育学家频繁引用的一句话：“给我一打健康和天资完善的婴儿，并在我自己设置的特定环境中教育他们，那我可以保证：任意挑选一个婴儿，不管他的才能、嗜好、趋向、能力、天资和他们祖先的种族如何，都可以把他训练成我所选定的任何一种专家：医生、律师、艺术家、商界首领乃至乞丐和盗贼。”

那么，个体究竟是怎样获得各种不同行为模式的呢？不同的行为主义心理学家都对其进行了探讨，提出了一些颇有影响力的观点。

1. 早期行为主义对学习机制的探讨

（1）桑代克的工具性条件反射。

桑代克是美国动物心理学的创始人之一，严格地说他并非行为主义心理学家，而事实上他一生都不愿意别人把他和他的研究成果与任何一个心理学流派拉上关系。但由于他的研究成果对行为主义心理学流派具有的重要意义，以致没有人能够把他与行为主义的研究完全割裂。他设计了有名的迷笼实验，将饥饿的猫放进去，笼中有一个机关，如果猫踏着这个机关，门就能打开，它就可以吃到放在笼外的鱼。开始时猫在笼中乱跑，偶尔能碰到机关，经过多次重复后，猫学会了一被放进笼中就去踏机关。在实验中，动物为了达到某种目的而做出特定行为，行为是达到目的的工具或手段，因此，用这种方式建立的条件反射叫“工具性条件作用”（instrumental conditioning）。

桑代克认为，学习的实质是经过试误在刺激（S）与反应（R）之间形成联结，即形成S—R之间的联结。而学习过程或建立联结的过程是一种尝试错误的过程。在尝试中，个体会犯许多错误，通过环境给予的反馈，个体放弃错误的尝试而保留正确的尝试，从而建立正确的联结。桑代克还提出了三条主要的学习律：①准备律（law of readiness），是指在有机体采取行动时，促使其行动就是一项增强，而阻碍其行动则是一种烦恼。当有机体并不准备行动时，迫使其行动则成为一种烦恼。所以，实验中的猫应是一种饿猫，否则它不会有走出迷笼的动机。②效果律（law of effect），是指刺激与反应之间联结加强或减弱受到反应结果的影响。如果联结建立时伴随以满意的结果，联结的力量就会增强；相反，若联结建立时伴随着烦恼的情况，联结的力量就会削弱。③练习律（law of exercise），是指联结的强度决定于使用联结的频次。换言之，一个学会了的“刺激—反应”之间的联结，练习和使用越多，就越来越得到加强，反之则会变弱。它包括应用律和失用律。应用律是指不断运用刺激与反应之间的联结，会强化两者之间的联结；失用律则是指刺激与反应之间的联结因练习次数中断或不使用而削弱。

（2）巴甫洛夫的经典条件反射。

严格地说，巴甫洛夫也并不是行为主义心理学家，他本人也一直坚持认为自己是生理学家而不是心理学家，拒绝把他的研究和心理学联系在一起，但由于他的条件反射的概念和技术确实非常大地影响了心理学尤其是行为主义的发展，对心理学的发展功不可没，所以没有心理学工作者能够忽视他的名字。

巴甫洛夫的经典条件反射揭示了一个原本不能引起特定行为反应的无关刺激是如何通过学习变成能够引起反应的信号刺激的。他的实验是这样进行的：把实验用的狗嘴里的唾液腺开口，用一根导管接到外面，导管连接到一个既可以测量以立方厘米计的总量，也可以记录分泌滴数的装置。实验进行时，先给狗进食，测量其唾液分泌，然后先给狗听铃声（狗没有唾液分泌），然后紧接着喂食物，狗分泌唾液。如此反复若干次之后，只给狗听铃声，不呈现食物，狗也会分泌唾液，即铃声已经成为进食的信号，狗已经形成了铃声与进食的条件反射。通过条件反射的建立，铃声这种无关刺激现在也能引起特定的行为反应，铃声具有了信号意义。这就是他的经典条件反射的主要内容。可见，狗通过经典条件反射机制能够学会对一些具有信号意义的刺激做出应答性行为，以适应环境。

在巴甫洛夫的实验中，食物称为无条件刺激（USC），由食物引起唾液分泌称为无条件反射（UCR）；铃声原来是一种中性刺激，不具有任何意义，但是经过与食物在时间上的多次结合，铃声就变成了条件刺激（CS），铃声与唾液分泌之间就建立起了一种新的联系，称为条件反射（CR）。显然，在条件反射形成的过程中，无条件反射是其基础，它引起特定的反应是前提条件。必须一提的是，如食物、性、水、电击及其他不用学习就能引起条件反应的刺激都是无条件刺激；除听觉刺激之外，一切来自体内外的刺激（包括时间因素、刺激物之间的关系等）只要跟无条件刺激在时间上结合（即绝对化），就可以成为条件刺激，形成条件反射。更为有趣的是，新的条件反射不仅能够直接在无条件反射的基础上形成，而且一种条件反射巩固后，再用另一个新刺激与条件反射相结合，还可以形成二级条件反射、三级条件反射，甚至多级条件反射。例如，上述实验中，狗已经对铃声建立了条件反射，如果再把铃声和灯光一起配对呈现，经过几次试验后单独出现闪光，也会引起狗的唾液分泌。

巴甫洛夫的经典条件反射原理还揭示了一些重要的学习规律，其中重要的是学习的消退（extinction）律以及学习的泛化（generalization）与分化（discrimination）律。学习的消退律是指如果条件刺激出现多次而没有无条件刺激的强化，则已经建立的条件反射将逐渐减弱、消失。有趣的是，条件反射的消退带有暂时的性质，在某一种情况下，条件反射消失后没多久就自行恢复了；而在另一种情况下，为了要达到恢复的目的，就必须再次使用条件反射与无条件反射反复结合或别的方法，不同的条件反射又会有不同的消退速度。学习的泛化律是指条件反射一旦确立，其他类似最初条件刺激的刺激也可以引起条件反射。分化是和泛化相反的过程，它是条件反射的精确化。具体操作时，需要在条件反射建立过程或建立后进行，分别向有机体呈现条件刺激和与之类似的无关刺激，对条件刺激给予强化，对无关刺激则不予强化。这样，有机体以后就会只对条件刺激作出条件反应了。

（3）华生的经典性条件反射学习理论。

华生是行为主义学派的开创者，他将巴甫洛夫的经典性条件反射运用于学习领域研究，形成了经典性条件反射学习理论。

1920年，华生曾经根据经典性条件反射的原理做过一个著名的恐惧形成的实验，证明环境刺激是如何通过经典条件反射机制使个体的行为模式发生改变。实验被试是一名叫艾特波的出生只有11个月的婴儿。首先，让艾波特接触一个中性刺激小白兔，艾波特毫无害怕表现，似乎想用手去触摸它。兔子出现后，紧接着就出现用铁锤敲击一段钢轨发出的使婴儿害怕的巨响（无条件刺激）；几次之后，小艾波特一见到单独出现的小白兔也会引起害怕与防御的反应；再经过一段时间的结合后，被试的反应更加强烈，随后泛化到相似的刺激，看见其他毛茸茸的东西（如老鼠、制成标本的动物，甚至是有胡子的人）也会害怕。

根据这个婴儿通过经典性条件反射获得经验的实验，华生提出了经典性条件反射学习的基本观点：第一，学习就是形成刺激与反应之间的联系或联结；第二，联结的实现过程是条件刺激与无条件刺激在时空上的结合产生了替代作用，使条件刺激与原来只能由无条件刺激才能引起的反应建立了联系，这个过程也是经典性条件反射形成的过程。另外，他认为学习确实有一定的规律，但是他反对桑代克的效果律，主张用频因律和近因律解释学习。所谓频因律是指在其他条件相同的情况下，某种行为练习得越多，形成习惯就越迅速，练习的次数在习惯形成中起着重要作用；近因律则是指当反应频繁发生时，最新近的反应比较早的反应更容易得到加强，也就是说有效的反应总是最后一个反应。

知识链接　**中性刺激之间的联结**

与经典性条件反射有联系的另外一种学习是在两个中性刺激之间建立S—S联结。经典性条件反射实验与中性刺激间联结实验的主要区别是：研究者是对条件反应的发展感兴趣，还是对学习的产生感兴趣。早期研究者主要关心条件反应的发展，而现代研究者更关心学习过程。

一种较常见的人类S—S实验是学习两件事之间的因果关系。在一个实验里，被试坐在电脑前，屏幕上给出指示语，要求被试将自己想象成一个治疗过敏的专家，他将看到一些吃过某种药之后有过敏反应的记录。被试的任务是学习哪种药物导致了哪种反应。当被试阅读了指示语后，实验就开始。屏幕上每次呈现一个假想的病人的记录。首先呈现病人1所吃的药物（S1），然后是这个病人的过敏反应（S2）。病人2、3、4……重复同样过程。在这个实验里，每一个S1—S2试验都意味一个假想的病人吃了一种药（S1）就有了一种过敏反应（S2）。在被试看了一系列病例之后，要求他们判断各种药物服用多少量会导致过敏反应，被试要在实验者提供的数字量表上打分（0～100），给出的数字称作因果判断，它是评估学习是否发生的指标。研究发现，人获得因果关系和习得条件反应的条件基本相同。

动物也可以形成这种中性刺激之间的联结，为了评价动物能否建立中性刺激的S—S联结，心理学家采用“感觉预处理”的办法，将老鼠分为实验组和控制组。实验组学习用S1（如光）预测S2（如声音）。在研究的第一阶段，这些老鼠经历了几次S1之后出现S2。控制组的老鼠没有经历过这种训练。在第二阶段，两组老鼠都接受S2和无条件刺激（脚电击）配对，使两组老鼠学习由S2预测无条件刺激。结果表明，实验组的老鼠由于经历了S1之后出现S2的学习，所以当S1出现时，老鼠就出现了回避反应，而控制组没有经过第一阶段的学习，因此在S1出现时没有出现回避反应，一直到S2出现后才出现回避反应。这表明，动物和人一样，也可以建立中性刺激之间的联结。

（资料来源：张积家. 普通心理学. 广州：广东高等教育出版社，2004. 109）

2. 斯金纳的操作性条件反射

（1）操作性条件反射及其产生。

斯金纳是操作性条件反射的创始人，新行为主义的主要代表之一。他继续了桑代克的研究，用自己发明的一种学习装置“斯金纳箱”进行一系列实验。通过研究，他认为存在两种类型的学习：一类是由刺激情境引发的反应（S—R），称为应答性反应，这种学习与经典性条件反射类似；另一类是操作性条件作用（operant conditioning），这类学习不是由刺激情境引起，而是有机体的自发行为。他认为，在日常生活中，人的绝大多数行为都是操作性行为。在此基础上，他认为，人格仅仅是通过操作性条件反射的强化而形成的惯常的、独特的行为方式以及这些方式的组合。

斯金纳认为，行为之所以发生，是因为强化（reinforcement，即行为的结果）的作用，形成操作性条件反射的关键就在于强化。他认为，“凡是使反应概念增加，或维持某种反应水平的任何刺激”都可以称为强化物，而利用强化物诱使某一操作反应的概率增加的过程就叫做强化。强化物每在相应的操作反应之后出现一次，这一操作反应就得到了一次强化。斯金纳区别了两种类型的强化：①正强化。当环境中的某种刺激增加而行为反应出现的概率也增加时，这种刺激就是正强化，如白鼠按压杠杆得到食物，食物就是正强化物。②负强化。当环境中的某种刺激减少而行为反应出现的概率增加时，这种刺激就是负强化。负强化物通常是一种厌恶刺激，是有机体力图回避的，它同样能增加动物的压杆反应。在实际生活中，正强化和负强化都是经常被应用的方法。如教师给予微笑、赞扬、奖品，提供学生喜欢的活动等都可以对希望学生学会的某种行为或本领进行正强化，而收回批评、停止打骂、取消学生不感兴趣的活动等都是对上述行为进行负强化。

同时，斯金纳还按强化物的来源将其分为一级强化物和二级强化物。一级强化物是指那些不需要学习也起强化作用的刺激，如食物、水等满足基本生理需要的物品；二级强化物则是指那些开始时不起作用，但后来由于经常与一级强化物或其他强化物联系在一起而具有了强化作用的刺激，对人类而言如权力、财富、名声、地位、分数、表扬等。

（2）操作性条件反射的规律。

与经典性条件反射一样，操作性条件反射也有类似的规律，如消退、泛化、分化、自然恢复等。

斯金纳发现，当小鼠通过食丸强化学会按横杆后，拆除小食盘，使小鼠按横杆后不再有食丸出现，小鼠按横杆的行迹则逐渐消退成学习之前的偶然行为。这种现象就是行为的消退，即如果操作性条件反射被一种随后出现的强化物所强化，那么将该强化物拆除，此操作性反应就会随之消退，直到恢复到最初未被强化时的水平。可见，与条件作用的形成一样，消退的关键也在于强化。但是，反应的消退表现为一个过程，即一个已经习得的行为并不即刻随强化的停止而终止，而是继续反应一段时间，最终趋于消失。

3. 社会学习理论

（1）多拉德与米勒的学习理论。

多拉德与米勒认为，人格就是行为，它由行为习惯构成。习惯是指各种习得的行为模式，它既是组成人格的结构，又是人格的动力。他们认为，习惯受学习中的内驱力、线索、反应和奖赏四种成分控制。

1）内驱力。内驱力是指促使人去行动的、具有足够强度的任何一种刺激，它构成了人格的能量单位。它们可以是与生俱来的，如疼痛、性、排泄等，叫做原生内驱力，又称一级内驱力，关系到个体的生存；也可以是后天习得的，如成就、荣誉、金钱等，叫做二级内驱力。它们可以是内部的，如饥饿、恐惧等；也可以是外部的，如炎热、吵闹等。多拉德和米勒认为一级内驱力是建构人格的基石，是所有习得的内驱力的基础和条件。二级内驱力一般则是由社会文化决定的，但它们也和一级内驱力一样具有同等程度的动力作用。很显然，内驱力是一个动机概念，是人格的能量源泉。作为内驱力的刺激强度越大，内驱力越强烈，动机也越强烈。

2）线索。线索是指来自环境的信号，它是一种指导有机体选择行为的方向的刺激，它决定有机体在内驱力的驱动下于何时、何地作出何种行为反应。从这一意义上说，内驱力推动行为，而线索则引导行为。任何一个刺激，只要有机体能把它与其他刺激辨别开来，它就有可能成为线索，例如下课的铃声、道路上的红绿灯、各种广告牌等。

3）反应。反应是指信号所引发的行动，它由内驱力和线索共同诱发，旨在降低或消除内驱力。比如，一个饥饿（内驱力）的人，看见一个餐馆（线索），就会发动前去就餐（反应）的行为，这个行为的目的是为了消除饥饿（吃饱）或降低饥饿的程度（充饥）。在斯金纳的理论中，反应都是外显的，而在多拉德和米勒的理论中，反应既可能是外显的动作或行为，也可能是内部的心理活动，如思维、计划和推理等。他们将这些内部的心理活动称为线索性反应，因为这些心理活动通常决定随后的反应是什么。

4）强化。它是指做出行动后所得到的正强化。奖赏和内驱力降低具有相同意义，即强化也就是内驱力的降低，因而任何能够导致内驱力降低的刺激都是一种强化物。强化物可以是原生的，即与满足生理和生存需要有关的刺激，也可能是二级的，由那些经常和原生的强化刺激配对出现的中性刺激转化而成，如母亲。如果一个线索导致一个反应，这个反应又导致奖赏作用，那么这一线索和这一反应之间的联系就会增加。随着该过程重复进行，有机体便形成了习惯。

（2）班杜拉的观察学习理论。

1）观察学习及其特点。班杜拉以儿童的社会行为为研究对象，进行了一系列重要的实验研究，指出观察学习是人的学习的最重要形式。所谓观察学习，是指人们仅仅通过观察别人（榜样）的行为就能学会某种行为，又称替代学习、模仿学习。也就是说，学习者不必直接作出反应，也无须亲身体验强化，只要通过观察他人在一定环境中的行为，并观察他人接受一定的强化便可以完成学习。

班杜拉还进一步分析了观察学习的特点：第一，观察学习不一定具有外显的行为反应，即人们可以通过观察他人的示范行为，在自己尚未表现行为时就已经学到了如何去做；第二，观察学习并不依赖于直接强化，即没有强化，观察学习照样可以发生；第三，观察学习具有认知性，即观察者要利用内部的行为表象来指导自己的行为；第四，观察学习不同于模仿，因为模仿仅指学习者对他人行为的简单复制，而观察学习指的是从他人的行为及其后果中获得信息，即可能包含模仿，也可能不包含模仿。

2）观察学习的过程。班杜拉认为，观察学习的过程并不简单，它受4个系统控制（如图3－1）：

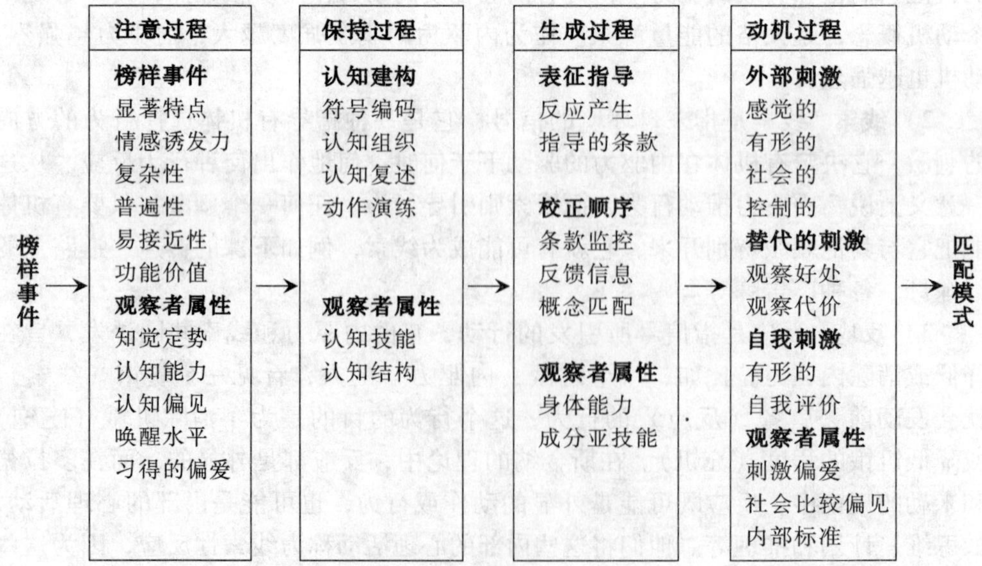

图3－1　4个控制观察学习的子过程（Bandura，1986）

第一，注意过程。

这一过程控制着对示范行为的探索与感知。它决定了观察者从示范者那里选择、吸取何种信息。好的观察者观察到行为的实质的、核心的成分，而差的观察者可能只观察到行为的皮毛。在各种决定因素中，最重要的是有关联的示范影响，它会限定一个人的学习。例如，斗殴团伙成员学习攻击行为与仪态文静的群体成员学习这类行为明显不同。另外，不同示范者的行为价值也很重要，成功、有威望、有魅力的示范者往往容易被人注意和模仿，而那些地位低下或被他人忽视的人则不大可能引起人们的注意。

第二，保持过程。

这一过程的作用是将短暂的经验转化为符号概念，这些观念将成为反应产生的内部模型。具体来说，这一过程包括三方面内容：①符号转换，指学习者将所观察到的行为转换成简明符号，以捕捉其重要特征和结构；②认知组织，指观察者在记忆中以表象表征系统和语言表征系统对示范行为的重要线索进行编码；③复述，指个体在想象中执行行为。由于有些示范行为因为社会禁令不能用外部表现的形式，人们就将这种行为看在眼里，用复述的方法记在心里。

第三，产生过程。

这是将符号转变为行为的过程，也有人把它称为动作再现过程，它借助于以前编码的表象和言语表征进行。一般而言，学习者是通过按照榜样的行为方式组织自己的反应而达到行为再现的。可以把行为实施分解为对反应的认知组织、反应的发起、对反应的监控，以及信息反馈矫正反应。

第四，动机过程。

观察者习得了示范的行为之后，并不一定把所习得的行为付诸实施，它需要动机的支配。当被习得的行为没有价值或带有很高的被惩罚危险时，个体不易表现习得的这一行为；而当环境提供了积极诱因时，先前已获得的这些示范行为就会迅速地转化为行为。因此，新行为的表现由动机控制。

3）强化与替代强化。班杜拉认为，强化在观察学习过程中具有重要作用。不过，他认为，强化不是提高行为出现概率的直接原因，在学习中没有强化也能获取有关的信息，形成新的行为模式，它在学习中的重要作用在于它能够激发和维持行为的动机以控制和调节人的行为。

但他认为，除了传统所强调的外部强化外，社会学习还包括自我强化和替代强化。自我强化就是根据自己设立的一些行为标准，以自我奖惩的方式对自己的行为进行调节。这是人类特有的现象。替代强化（vicarious reinforcement）是指人们通过对他人行为受到奖惩的观察而相应地调整自己行为的过程。班杜拉还进一步指出替代强化的作用受到下列因素的影响：①榜样与观察者之间的相似性，观察者在地位上和特点上与榜样越相像，替代强化的作用就越显著；②情境的不确定性，当情境不熟悉或含糊，使观察者不能确定哪些行为是合适的时候，所观察到的结果最具有信息价值，因为此时观察者最易运用他人的经验作为自己行动的指导；③行为表现的复杂性，当被示范的活动相对简单时，人们更容易通过观察习得行为；④观察结果的频次和数量，替代强化在观察学习中具有非常重要的地位。

知识链接 **观察学习的实验研究**

1965年，班杜拉做了一个儿童攻击性行为的观察学习实验。该实验以66名托儿所的小朋友为被试，男女各半。榜样行为用一段录像呈现，班杜拉对这影片的描述是：

影片一开始，示范者趋向一具成人大小的塑料玩具（娃娃），命令它走开。在注视对方片刻后，示范者表现出四种不常见的攻击反应，每种反应都伴随着清楚的言语。首先，该示范者把玩具推倒，坐在它身上，一面打它的鼻子，一面说："碰，对准鼻子，碰、碰。"接着抬起玩具，并用一支球棍打它的头，每个反应还伴随着以下的话语："给我躺下。"在球棍攻击后，继之以脚踢玩具，每踢一次就喊："碰。"此套身体和语言攻击行为重复出现两次。

看完这段示范者对玩具的攻击之后，被试分成了三组。第一组被试看见的是：示范者攻击玩具后没有任何事情发生，这是控制组。第二组被试看见了这样的情节：第二个成人出现，带着许多糖果和饮料，并宣称示范者是个"强壮的冠军"，而且他的优异攻击表现受到奖励。接着便倒给榜样一大杯七喜汽水，再给予补充精力的营养品，如巧克力棒、爆米花和糖果等。当示范者大快朵颐之际，崇拜者象征性地重复前者的攻击反应，并作出相当肯定的社会强化。第三组被试看到这样的情形：强化给予者出现，威吓地摇着手指并说："嘿，你这恶棍，立刻停止，我不允许你再这样做。"当示范者后退时跌了一跤，另一名成人坐在他身上，用卷起的杂志打他屁股，并提醒他所作的攻击行为是错误的。当示范者畏缩逃跑时，对方警告他："你这大坏蛋，下次再让我看到你这样，我会好好打你一顿，你最好别再这样做！"

每个被试看完自己的影片后都被带入一间放有许多玩具的游戏室，先让他们自己在里面玩耍，过一段时间后实验者进入游戏室，对他们所做出的第一次攻击行为给予果汁和贴纸作奖赏，然后离开游戏室让他们再自己玩耍一段时间。主试通过单向玻璃观察和记录孩子的各种攻击性和非攻击性的行为。对所有被试观察学习之后的行为表现的测评也分为两个阶段：一是孩子刚被带入房间后还没有给予任何攻击奖赏的自发的攻击性表现；二是实验者奖赏了他们的攻击性行为之后的攻击性表现。结果发现，每组儿童的攻击性模仿行为在受到奖赏之后，都比受奖赏之前有所增加，尤其是受惩罚组的女孩，在自己未受到奖赏之前，几乎不表现出多少攻击性的行为，而一旦受到奖赏，她们表现出的攻击性行为则与其他组的女孩一般无二。

（资料来源：郑雪．人格心理学．广州：暨南大学出版社，2001．251）

（二）从认知主义的视角看人格

认知（cognition）是指人的思维过程，包括知觉、记忆和语言，多用于指有机体加工与自我和周围世界有关的信息的方式。20 世纪 50 年代中期，认知心理学开始兴起。与此同时，一些心理学家开始探索如何整合人格和认知，试图从信息加工的角度来理解人格。

人格的认知理论没有非常明确地指出人格发展的动力源泉，但是他们“个体的人格差异产生于人们处理信息的方式”的观点却非常鲜明地指出了认知方式对人格的重要影响。

1. 威特金的认知方式理论

认知方式（cognitive style）又称认知风格，是个体对外部世界的某种认识活动的特征或方式。威特金提出的一个重要认知方式是“场依存—场独立性”，它是指人在认知活动中主要依靠外在参照还是内在自我参照的两种对立的认知倾向（Witkin，1979）。

威特金通过大量研究指出，场依存—场独立性的认知方式有几个特征：第一，它们是过程变量，而不是内容变量。场依存性表示一个人在认知过程中倾向于以外在参照作为信息加工的依据，而场独立性则表示一个人倾向于利用内在参照作为信息加工的依据，可见，场依存—场独立性是指向认知过程，而不是指向认知的内容。第二，普遍性，即场依存—场独立性体现在广泛的认知操作中。第三，稳定性，即人们在场依存—场独立性维度的位置是稳定的，不因时间而发生大的变化。威特金等人对 1 587 名学生进行了 10 年的追踪研究，结果表明绝大多数被试的认知方式无明显变化（Witkin et al.，1977）。第四，中性，即场依存—场独立性不像能力那样有好坏高低之分。

为了说明认知方式上的差异并指导进一步的研究，威特金提出了心理分化的理论（Witkin，1962）。该理论的基本假设是分化，这是有机体系统发展的一个主要形态特征。他最早的分化理论的模式由两个层次的概念组成。后来，威特金提出了新的心理分化论模式（Witkin，1979）（见图 3－2）：

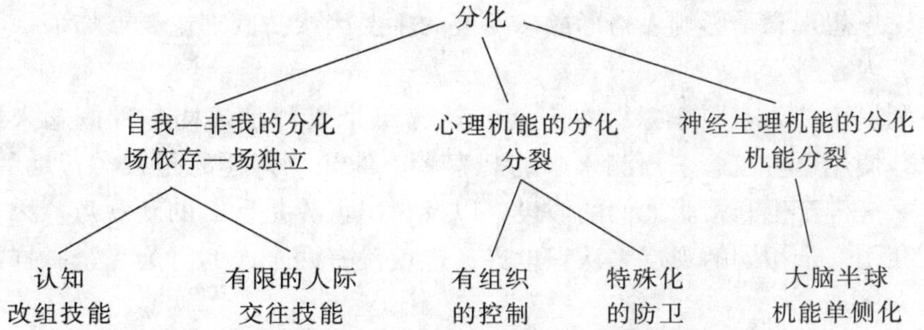

图 3－2　威特金晚期的分化理论模式

新的分化模式由三个层次的概念组成，最高层次的概念同样是分化。在分化概念之下是三个主要的分化指标或表现，在第二层次的概念下，又分若干个一级的概念。威特金主要论述了第二层的三个分化指标：

第一，自我—非我的分化。即作为个人意识、情感和需要核心的自我与外界环境及他人分离开来，我是我，你是你，自我有了一定的自主性，其行为活动较少受环境和他人的支配，较多由自我来指引。如果心理未分化或分化程度低则表示自我与非我的界限不明确，自我与外部环境及他人有更多的连接，更易于受环境和他人左右。在认知方面，自我与非我分化程度的高低体现为场依存—场独立性的认知方式。自我与非我分化程度高的人在信息加工时较多以内在自我为参照，较少以外在环境为参照，属于场独立性的认知方式；相反，自我与非我分化程度低的人更多以外在参照为信息加工的依据。

第二，心理机能的分化，它的程度可以通过对冲动有组织的控制和特殊化的防卫这两个方面表现出来。在生命的早期，儿童的认知、情感和意志等心理机能是未分化的，因此，其行为易冲动，缺乏控制，认知常常受到情绪的影响。但随着儿童的成长，其有组织的控制系统得到了发展，大大减少了观念、情感和动机之间的相互混杂和干扰。个体对威胁性经验的防卫机制可以分为两种类型，一种是泛化的或非特殊化的（如否认和压抑），另一种是特殊化的（如理智化和投射）。随着年龄的增长，个体会越来越多地采用特殊化的防卫机制，这反映了其心理机能的分离程度较高。

第三，神经生理机能的分化。关于大脑两半球机能的不对称性和特殊化的研究材料揭示了神经生理分化和心理分化之间存在着某种因果联系。根据分化的假说，可以预测心理机能的特殊化是与脑机能的特殊化相联系的。同时还可以预测，与场依存性者相比，场独立性者的脑半球会表现出较大的机能特殊化。这样的预测得到了大量实验证据的支持。

2. 凯利的人格建构理论

凯利是著名的美国心理学家。他的个人建构理论（又译为个人构念理论）强调个人分析或解释事件的方式，认为行为的差异大多源于人们建构世界的方式不同。他强调认知在人格形成与发展中的作用，认为人对客观存在的认识及个人的经验、思想观念是影响人格形成、发展的主要因素。其理论要点如下：

（1）人是科学家。

凯利提出“人是科学家”的观点，认为每个人都是建构各种概念来组织有关现象并使用这些概念来预测未来的观察者。他最感兴趣的是人类行动的方式：像科学家一样产生和检验他们的假设，以及得出世界是什么的新观点。因为没有两个人会用完全相同的观点去认识世界，也就没有两个人的行为完全一样或有着相同的人格。

凯利将我们用来解释和预测事物的认知结构称为人格结构。没有两个人会有相同的人格结构，也没有两个人会以相同的态度来组合他们的结构。那么，怎样用人格结构去了解人格的差异呢？凯利认为行为的差异主要源自人们建构世界的方式不相同。例如，假设我与你都与某人交往，我用友好—不友好、活泼—呆板、外向—害羞等构念去了解他，而你也许用高雅—粗俗、敏感—麻木、聪明—愚笨等构念去了解他。在以后我们谈论起此人时，我认为他是一个友好、活泼和外向的人，而你可能觉得他是一个粗俗、麻木和愚笨的家伙。同样的情境我们却有不同的解释，我们的反应自然也就大不相同。因此，在与其他人交往时，我们依然运用这些构念，这样就很可能形成不同的交往方式。因而，我们在建构世界时，那些相对固定的方式成为我们行为上相对固定的反应模式。

（2）构念。

构念是凯利人格理论的核心，是个体知觉、分析或解释事件的方式。也可以说，构念是个体在其生活中通过对环境中的人、事、物的认识、期望、评价、思维所形成的观念。一个构念就是一种思想、一种观点和看法，人们用它来解释个人自己的经验，也用它来预测现实。假如由构念产生的预测与经验判断相符，那么这个构念就是有用的；假如由构念所作的预测与经验不符，这个构念就要修改或抛弃。由于每个人的生活经验不同，个人构念自然也因人而异，因此个人构念事实上就代表了人的人格特征。

（3）人格建构的基本假设和推论。

凯利的人格理论根植于一个基本假设："个体的信息加工过程被他对事件的预期所引导。"这一假设不但是凯利的理论基础，而且是人格和行为背后的基本力量。凯利否认过去的冲突或外部的刺激是我们行为的根本原因，"期望才是人格结构中的推动和牵引的心理力量，是未来而不是过去在引导着人们。"在此基础上，他精心推导出11个推论。

知识链接 **构念的基本假设与原理**

凯利的个体建构理论根植于这样一个基本假设："个体的信息加工过程被他对事件的预期所引导。"这一假设是凯利的理论行为背后的基本力量，也是建构理论与人格其他理论的根本差异。在此基础上凯利精心推导出11个原理：

▲ 解释原理："人通过解释事物的规律来预测事物。"例如，一个友好的人总是经常友好的，白天总是跟随着黑夜，冬天总是变得寒冷等。

▲ 个性原理："每一个人对事物的解释方式互不相同。"按照凯利的观点，"情人眼里出西施"不仅体现在爱的关系中，而且体现在一切事物中。

▲ 组织原理："每个人在预测事件时都会形成一种包括构念顺序关系的构念系统。"凯利认为，人的各种构念被组织成了一个有层次的系统，其中有些构念比另一些构念更加广泛。例如，一个"内倾—外倾"的构念就比一个"喜欢—厌恶"的构念更广泛。

▲ 两极原理：“一个人的构念系统是由无数个‘双极构念’（dichotomous construct）组成的。”例如，美是相对于丑才显示其意义的，一个人相对来说是漂亮的，因为他拥有某种相同的特质（相似性）；另外一个人则是丑陋的，因为他缺乏那种特质（相反性）。

▲ 选择原理：“为了扩展或限制一个人的解释系统，个体总是在那些最可能会对未来事件作出预见的构念中作出二择一的选择。”

▲ 限定性原理：“一个构念对事情的预测范围是有限的。”很显然，像“冷—热”的构念就不能用于需要以“好—坏”这样的构念去判断的情境。一个构念最佳适用范围内的各种事物规定了构念的“适用焦点”。

▲ 经验原理：“一个人的构念系统随着他对事物规律的解释而不断变化。”每一个构念系统相当于一套科学理论，而每一个构念则相当于一个科学假设。

▲ 调节原理：“个体的构念系统受其中各构念的渗透性限定。这种可变性建立在这些构念适应范围的基础之上。”

▲ 不连续性原理：“个体可以不断使用一系列在逻辑上互相排斥的构念系统。”凯利认为，一个人的构念系统总是处于一种不断流动的状态，同时不断地重新组织他的构念系统，以便作出更加稳定可靠的预测。例如，在工作中与在酒吧间对待公司老板的态度可以完全不同。

▲ 共同性原理：“一个人对经验的解释方式同另一个人相似到什么程度，他的心理过程也同另一个人相似到什么程度。”凯利强调，不是共同的经验，而是共同的解释经验的方式使他们之间变得相像。

▲ 社会原理：“一个人在何种程度上理解和解释别人的构念系统与解释程序，他就能在何种程度上扮演与别人相关的社会角色。”

（资料来源：Kelly，1955）

3. 米歇尔的社会认知论

(1) 米歇尔的认知—情感单元。

米歇尔对人们怎样以适应的方式在不同情境中改变自己的行为非常感兴趣，即乐于探讨人们是怎样改变自己的机能来满足某个特定情境需要的。他的理论主要强调三个方面：第一，情境的具体性；第二，强调人类认知机能的鉴别力，即识别与不同情境有关的奖励和需要，并据此调整自己的行为；第三，强调人格机能适应的自我调节方面。在此基础上，米歇尔进一步指出，人们遇到的事件会与一个复杂的认知—情感单元发生交互作用，并最终决定其行为。因此，认知—情感单元对个体行为的影响是非常重要的。

所谓认知—情感单元指的是所有的心理表象，它由人格中的特殊元素组成，我们简要将其罗列于下表（见表3-2）。米歇尔认为，每个人都有一套独特的心理表象，这导致了不同的行为模式的产生，甚至当我们处于相同的情境中时，我们的行为也很可能不同。

表3-2　米歇尔认知—情感人格理论的个人变量

变量	定义	举例
编码方式	将自我、他人、事件和情境（外部的与内部的）加以归类（建构）。	每当汤姆接触一个人，他总是首先试图界定这个人的富有程度。
预期和信念	对在某种特定的情境中将要发生什么进行预测，对某种特定的行为会有什么后果进行预测，对某人的个人效能进行预测。	对于个人能够带来某种后果的能力的信念。约翰试图邀请他的朋友们去看电影，但他对说服他们和他一同去不抱什么希望。
情感	人们的感受和情感，包括一些生理上的反应。	杰克非常容易脸红。
价值和目标	期望或厌恶的结果和情感状态；你的目标和生活规划。	乔伊斯想成为大学班级里的班长，因为他认为当班长很有价值。
能力和自我调整计划	个人可能表现出的潜在的行为和脚本，组织活动、影响结果以及个人行为、内部状态的计划和策略。	彼得可以讲英语、法语、俄语和日语，他一直希望能够在联合国工作。

（资料来源：转引自陈少华. 新编人格心理学. 广州：暨南大学出版社，2004. 183）

(2) 原型与图式。

原型和图式都是主要的人格认知结构，它们都会对人格产生差异性的影响。

所谓原型就是某类事物在个人心目中的典型形象。原型不但被用于对物体归属范畴的判定（如物体同个人心中的原型越相似，就越有可能被归为同一类），而且也被用于对人的区别。一个人的原型并非描述某一特定的人，而是一个有许多固定特征的混合体，是代表某一类人的缩影。那么，我们怎样用原型来理解人格呢？米歇尔认为，每个人会以自己感兴趣的类属构成独特的原型，并且用不同的类属关系去区分信息，同时这些感知方式的差异又导致个体行为上的差异，因而我们对同一个人会有不同的看法，并以不同的方式和这些人交往。由于原型是一个相对稳定的认知结构，这些行为上的个体差异也是相对稳定的。

图式是帮助我们感知、组织、加工和利用信息的一种假想的认知结构，是认识世界和我们自己的一些类别和方式。图式会影响新信息的知觉、组织和记忆，用信息加工的观点看，即会影响信息的编码、储存和提取。图式是相对稳定的，因此我们也以相对稳定的感知和利用信息的方式作出反应。对个体而言，它们都是不同的。我们都用相对稳定的态度加工信息，这就导致我们行为中相对稳定的个体差异。

三、社会文化模式——各自各精彩

相对于前述论点，还有一些著名心理学家对人格的发展持不同观点。他们不再过分地强调人格发展中本能或泛性论的作用，而是强调文化和社会因素对人格的影响和作用。他们较多地将个人生活史而不是先天的力量看作是个体人格发展的重要推动力量。

（一）霍妮的神经症需要决定人格观

霍妮主张从文化中去探求个体人格成长的动力。她从神经症着手提出她的人格理论。她说，“神经症的实质是神经症的人格结构，其焦点是神经症倾向。”她进一步指出，导致神经症患者内心冲突的社会文化基础是现存的文化矛盾：第一种矛盾是竞争、成功与友爱谦卑的矛盾；第二种矛盾是人们不断被激起的享受需要与人们在满足这些需要时实际受到的挫折之间的矛盾；第三种矛盾是个人自由与实际受到的各种限制之间的矛盾。在这种社会文化背景下，人们容易感到焦虑，从而滋生神经症。为了减轻基本焦虑，个体就会形成一些防御性策略。这些策略是一些潜意识的驱动力量，霍妮称之为神经症需要，如友爱与赞许、生活伴侣、狭窄空间、权力、剥削、社会认可、自我赞许、成就、自主、完美主义等。

霍妮继承了弗洛伊德的人格动力学观点，认为需要决定人格，神经症的需要决定神经症的人格。她归纳了三种神经症的人格类型：

趋向他人（依从型）：这种人对友爱和赞许、生活伙伴或狭窄空间有神经症需要。他们坚信：如果自己依从了，别人就不会伤害自己。其主要特征是：甘居从属地位，常感到自我渺小、可怜，总认为别人比自己强，倾向于以别人的看法来评价自己。

反对他人（敌对型）：这类人对权力、社会认可、剥削、自我赞许和成就怀有神经症需要。他们坚信：如果我有力量，就没有人能伤害我。其主要特征是：将生活视为一种搏斗，适者生存，必须控制别人以掌握主动权；一心想超群出众、事事成功以至功名显赫；千方百计利用他人给自己带来好处；好斗但输不起；努力工作但不真爱工作；压抑情感；彬彬有礼的外表隐藏着老谋深算的狠毒。

逃避他人（退缩型）：这类人对自主、完美怀有神经症需要。他们坚信：只要我退避三舍，就没有什么能伤害我。其主要特征是：为逃避紧张关系而离群独居，与他人保持距离，不与他人发生感情上的联系；孤立自己，与世无争；凡事力求完美，以避免他人的帮助或指责。

霍妮认为，虽然神经症需要决定了这几种神经症人格，但是这些典型的特征只会出现在神经症患者身上，对于正常人来说，上述三种行为倾向可以灵活变通和改变。霍妮还主张人格是一个完整动态的自我，因此，不同个体对不同神经症人格特征倾向的不同运用就自然产生了形形色色的人格差异。

（二）弗洛姆的社会性格论

弗洛姆认为人格是由气质与性格共同组成的，是人的先天和后天的全部心理特征，也是使人成为独一无二之个体的特征。但是，他主要是对性格进行深入分析。他认为，性格就是把人的能量引向同化和社会化过程的相对稳定的方式。同化是就人与物的关系而言的，人要获取物体，即是同化；而社会化是就人与人的关系而言的，人要使自己与他人发生联系，即社会化。同时，这里所说的“能量”也不是力比多，而是基于人的处境而产生的一些基本需要，如关联的需要（表现为爱与自恋）、超越的需要（表现为创造与毁灭）、寻根的需要（表现为母爱与乱伦）、同一感的需要（表现为独立性与顺从性）、定向和献身的需要（表现为理性与非理性）等。

与弗洛伊德的人格理论一样，弗洛姆也主张把性格看作一种内驱力系统，性格结构的首要特征是它的动力性。然而，不同的是，他认为性格的动力不是来源于力比多，而是人的境遇，人性中的冲突。为了进一步论述其性格论，他深入分析了性格类型。他认为，性格是由一系列性格特征组成的。一些性格特征具有共同的倾向性，称为性格取向。一个人的性格结构中可能有几种性格取向，通常根据占主导地位的性格取向来划分性格类型。

根据同化过程中的取向是否具有生产性（productiveness），弗洛姆将人的性格分为非生产性取向和生产性取向。非生产性取向有四种：接受取向、剥削取向、囤积取向、市场取向。接受取向的人特别乐于被动地接受所需要的东西，不管是物质的还是精神的；剥削取向的人则通过强力或狡诈来得到他需要的东西；囤积取向的人通过囤积和节俭来获得安全感；市场取向的人则善于随劳动力市场的变化而变化。生产性取向的人关心的是人的潜能的实现，其性格特征体现在思维、工作和情感过程中，能比较理性、客观地看待世界和自己。

相应的，人在社会化过程中也会形成不同的性格取向，包括受虐狂、施虐狂、破坏性和机械地适应等，与同化过程中的四种非生产性取向一一对应。受虐狂通过屈从于他人或某种强大的外在势力（上帝、组织、国家、权威等），并成为这个势力的一部分来逃避孤立无助的处境，同时也可以从中得到（接受）所需要的东西。施虐狂者通过使他人屈服和痛苦来显示自我的强大，同时也从被统治的他人那里获取（剥削）所需要的东西。破坏性是由于害怕自己营造的世界

（囤积）被侵犯而主动地非理性地去消灭、摧毁对象。机械地自动适应就是放弃个性、根据市场效应自动地与他人保持一致。

在上述性格理论的基础上，弗洛姆提出社会性格的理论。他认为，社会性格是指一个社会中绝大多数成员所具有的基本性格结构，它是经济、政治、文化等诸因素相互作用的结果，其中经济因素在这种相互作用过程中占有优势，家庭起着一种将社会所需要的性格结构的基本特点转移到孩子身上的重要作用。社会性格具有如下一些基本特性：第一，它是群体心理，有时指一定的民族或阶级的心理；第二，社会性格是一个群体在共同的处境下，在共同的生活方式和基本的实践活动的基础上形成的；第三，它是激发一个群体的行为的共同内驱力。

（三）沙利文的人际关系人格理论

与弗洛伊德着重从个体内部研究人格的主张不同，沙利文主张把人格放在人际关系中去研究。他认为人格是一个人在与人相处的社会情景中经常表现出来的生活方式，它是人际关系相对持久的模式。

沙利文认为，人格发展的动力是需要和焦虑。需要产生于人与环境特别是人际情境的能量失衡，它驱使有机体通过能量转换以恢复平衡。沙利文认为，人生来就有追求满足（主要是生理上的）和追求安全（主要是心理上的）的需要。但儿童在追求满足的过程中很可能遭到父母的限制或谴责，这会使儿童担心自己的安全受到威胁，担心失去父母的爱，这种体验就是焦虑。焦虑和需要不同，它主要是在人际关系中发生的，最初可能来自焦虑的母亲，如母亲焦虑的面孔、不安的声音、慌乱的动作等都可能使儿童感受到生活的焦虑。

为了进一步解释需要和焦虑如何推动人格的发展，沙利文又介绍了人格的行为方式和人格发展中的自我评价系统。他认为，人格有自己独特的行为方式，包括动能与自我动能。动能（dynamism）是个人行为或人格的最小单位，是相对持久的能量转换模式。这种模式重复出现，成为有机体的生存特性。具体到人际关系领域，动能就是一个人在人际情境中经常表现出来的能量转换模式，也就是人与人相互作用的行为模式。自我动能则是在认可和反对、奖赏和惩罚的基础上形成的人际行为模式。

沙利文认为，在这两个行为方式的基础上，为了保证人格的发展能够顺利进行，人格还会发展出独有的自我评价系统，也称为自我系统。他认为，个体为了消除焦虑，会形成一种具有防御功能的自我觉知系统或一套衡量自己行为的标准，这就是自我系统。它其实是一种包括好我和坏我的心理组织，也可以说是在人际关系中，通过评价他人对“我”的反应而形成的，是“我”在与“重要的他人”交往时，从“他”对“我”的反应中所形成的映象。通过这一系统，个体能自动地忽视和回避容易引起焦虑的经验，吸收和保存那些受赞许的经验，从而保证人格的顺利发展。

（四）卡丁纳的文化与人格相互作用理论

卡丁纳既不同意弗洛伊德的人格生物本能论，也不主张完全的文化决定论。他认为，文化与人格是相互作用的，人格既是文化的产物，又是文化的创造者。

那么，什么是文化呢？卡丁纳将它描述为有组织的社会生活中所形成的习惯化了的规范，个人获取物质生活资料的技术，人们对待出生、成长、发展、衰老、死亡的习惯化的态度等。当这些规范、技术、态度具有持续性和传播性时，就是文化。为了使文化这一概念具体化和可操作化，卡丁纳主张使用制度（institution）这一术语。制度是一个社会的成员所共有的思想或行为固有模式，它得到人们的普遍接受，违背或偏离它就会导致个人或团体内部的失调。更简单地说，制度就是人们彼此相互作用以及与环境相互作用的固有模式。

可是，制度如何影响人格呢？为此，卡丁纳引入了基本人格结构概念。所谓基本人格结构，是指生活在某一特定社会中的每一个人都共同具有的有效的适应工具，同一文化中的人所具有的共同人格特征。接着，卡丁纳又指出不同的制度造就了不同的人格结构。他将制度区分为初级制度和次级制度，并指出只有初级制度才决定基本人格结构。初级制度包括家庭组织、群体结构、基本规范、哺乳和断奶方式、对孩子的关怀或忽视、大便训练、性的禁忌、谋生技能等，它们古老而稳定，很少受气候或经济变化的影响。初级制度的执行者主要是父母，父母按照制度的要求对儿童进行训练，训练的策略就是奖赏或惩罚，因此，对儿童来说这些制度可能非常严厉，但是他们必须以某种方式加以适应，在此基础上便形成其基本人格结构。因此，人格是文化的产物。

另一方面，人又是文化的创造者。卡丁纳认为，基本人格结构通过投射作用产生神话、宗教、民间传说、仪式、禁忌系统、思维方式等次级制度。因此，基本人格结构能够创造和影响次级制度或适应性文化。

显然，卡丁纳的文化与人格相互作用理论强调了文化因素特别是社会的初级制度对人格形成的决定作用，对弗洛伊德的本能论进行了突破性的修正。其理论主要是从群体层面进行论述的，有助于人们理解群体人格特征的形成过程。

1. 小　结

对于人格的发展源泉，或者说人格发展的推动力，存在各种理论解释。精神分析、行为主义、人本主义、认知主义、社会文化等在心理学历史上比较有影响的心理学流派都进行过讨论，提出了不同的主张。精神分析学派认为，存在一种推动人格发展的原始动力，这种动力究竟是性本能（力比多）、普通的生命力、追求优越的倾向还是社会文化的驱动？学派内部对此也颇有争议。行为主义则主张人格发展的动力主要来自学习，是后天环境塑造的结果。在这一观点的指引下，行为主义心理学家对学习机制进行了深入的探讨，提出了经典性条件反射、操作性条件反射、观察学习等颇具影响力的观点。在批评精神分析的“伤残性”和行为主义的“幼稚性”的基础上，人本主义以人的本性、潜能、价值、经验等作为研究主题，指出促使人格成长的主要力量来自人类追求生命意义的冲动和创造美好生活的潜力。诸如需要、自我实现、积极关注、宗教道德感等概念也由于他们的努力逐渐为世人熟知。认知理论则主张“个体的人格差异产生于人们处理信息的方式”。

2. 关键词

人格发展动力　心理动力学模式　行为认知模式　社会文化模式

3. 思考题

（1）精神分析学派关于人格发展动力存在哪些观点？

（2）经典条件反射、操作性条件反射、观察学习理论关于学习机制的看法有何差异？

（3）如何理解人本主义理论关于人格发展的动力观？

（4）综合评论心理动力学模式、行为认知模式、社会文化模式。

（5）认知理论对认知加工机制的论述有哪些主要观点？

第四章　大学生人格的自我管理

本章提要

大学生是一个颇受关注的特殊群体，处于生理发展基本成熟、心理发展逐渐成熟的重要时期。我们既有学习的自主性、能动性和更强的目的性和自我约束性，又有高校给予我们的较充裕的时间保证。因此，我们应该是自由和快乐的。然而近年来，只要任意打开无论是报纸、期刊还是网络，人们就会发现大学生群体的问题突显。诸如逃课、厌学、酗酒、打架、人际关系淡漠、考试舞弊、自伤、自杀等现象屡见不鲜，几年前的马加爵事件尤其让人触目惊心。媒体上经常见到的是类似于“是什么使他（她）变成这样?”的标题。无奈、沉痛之余，人们也禁不住纳闷：为什么这些作为佼佼者的大学生会表现出越来越多的异常行为？面对这些问题，我们该怎么办？我们不想听之任之，我们又该如何应对？这些问题也缠绕着心理学家尤其是人格心理学家，他们不断地研究和探索，力图从人格角度找到一条集救治、预防、发展于一体的有效途径，进而引导大学生人格的健康发展。在综合诸多心理学家观点的基础上，我们认为，引导大学生进行良好的自我人格管理应该是一条行之有效的方法。

一、自我意识管理——在悦纳自我中成长

在第一章中，我们以斯芬克斯之谜引发对人格的探讨，那么究竟那句箴言是什么呢？宙斯希望提醒人类的是什么呢？在此，我们即将揭开这块神秘的面纱，那就是——人，认识你自己！什么是认识自己？在心理学中，我们往往以自我或自我意识等专业名词代替。那么，为何自我意识应如此值得我们关注？它对我们的成长会有何作用？我们该如何管理它？

（一）自我意识的内涵

1. 自我意识的概念

什么是“自我意识”？简单而言，就是我们如何看待我们自己。如，我们会观察和评论自己的长相，认识和评估自己的能力，关注和在意自己在群体中的位置等。这些都属于自我意识的范畴。一般而言，自我意识是指主体对自身的意识，是意识的一种形式。具体来说，它包含了人在实践活动中对自己、自己与自然、自己与他人、自己与社会等关系的意识活动。

2. 自我意识的结构

自我是一个高度复杂的心理结构，它表征了个体与文化的相互影响。由于自我不能达到一个理想的统一，因此其结构中存在“多重自我”。归纳起来，自我研究者们对自我的结构简单概括如下（见表4－1）：

表4－1　自我的层次和结构

自我的水平	方向	描述	样例	自我关注的基础	解释
个人的	私有的	特质、价值和能力	“我是一个敏感的人”	个人的抱负和标准	反映了人们对私有的自我信念，包括特质、价值、能力等
关系的	亲密的	我们有直接接触的他人	“我是小李的好朋友”	互相关照、亲密、他人给予的荣誉和确认	反映了人们如何从亲情关系中看待自己
社会的	人际的	社会角色和地位	“我是受欢迎的教授”	公众认可、他人的表扬	反映了人们在包括自己的社会角色和地位的一般的人际背景中如何看待自己
集体的	公有的	我们所属的社会类别	“我是中国人”	民族自豪感、个人的群体自豪感	反映出人们在不同社会群体中，如宗教和国籍中的自我认同感

（资料来源：陈少华．新编人格心理学．广州：暨南大学出版社，2004．286）

3. 自我意识的功能

自我意识对心理健康起着积极或消极的影响，这决定于自我意识的性质，即主动进取性或被动消极性。自我对人格结构的这种统一功能体现在三个方面：第一，决定个人期望；第二，维持人格内在的一致性；第三，充当个人构念或图式的作用，决定个人对其经验的解释。显然，自我功能的充分发挥，有助于个体形成健康、统合的人格结构，维持个体的自我和谐，以及个体与他人、社会和自然的和谐。反之，如果一个人的自我概念混乱，那么其认知和行为就会与外部世界产生冲突，成为不健康的人。

知识链接

自我和谐量表

指导语：下面是一些个人对自己的看法的陈述。请您看清楚每句话的意思，然后选出符合您的看法的选项。每个人对自己的看法都有其独特性。因此，答案是没有对错的。

完全不符合　不符合　无所谓　符合　完全符合

1. 我周围的人往往觉得我对自己的看法有些矛盾。
2. 有时我会对自己在某方面的表现不满意。
3. 每当遇到困难，我总是先分析造成困难的原因。
4. 我很难恰当地表达我对别人的情感反应。
5. 对很多事情我都有自己的观点，但我并不要求别人也与我一样。
6. 我一旦形成对事情的看法，就不会再改变。
7. 我经常对自己的行为不满意。
8. 尽管有时得做一些不愿做的事，但我基本上是按自己的愿望办事的。
9. 一件事情好就是好，不好就是不好，没有什么可以含糊的。
10. 如果我在某件事上不顺利，就往往会怀疑自己的能力。
11. 我至少有几个知心的朋友。
12. 我觉得我所做的很多事情都是不该做的。
13. 不论别人怎么说，我的观点决不改变。
14. 别人常常会误解我对他们的好恶。
15. 很多情况下我不得不对自己的能力表示怀疑。
16. 我朋友中有些是与我截然不同的人，这并不影响我们的关系。
17. 与别人交往过多容易暴露自己的隐私。
18. 我很了解自己对周围人的情感。
19. 我觉得自己目前的处境与我的要求相距太远。
20. 我很少去想自己所做的事是否应该。
21. 我所遇到的很多问题都无法自己解决。
22. 我很清楚自己是什么样的人。
23. 我能很自如地表达我想表达的意思。
24. 如果有了足够的证据，我也可以改变自己的观点。
25. 我很少考虑自己是一个什么样的人。
26. 把心里话告诉别人不仅得不到帮助，还可能招致麻烦。

27. 在遇到问题时，我总觉得别人都离我很远。
28. 我觉得很难发挥出自己应有的水平。
29. 我很担心自己的所作所为会引起别人的误解。
30. 如果我发现自己在某些方面表现不佳，总希望尽快弥补。
31. 每个人都在忙自己的事，很难与他们沟通。
32. 我认为能力再强的人也可能会遇上难题。
33. 我经常感到自己是孤立无援的。
34. 一旦遇到麻烦，无论怎样做都无济于事。
35. 我总能清楚地了解自己的感受。

计分方法：

自我和谐量表共有三个分量表："自我与经验的不和谐"，包括1、4、7、10、12、14、15、17、19、21、23、27、28、29、31、33题；"自我的灵活性"，包括2、3、5、8、11、16、18、22、24、30、32、35题；"自我的刻板性"，包括6、9、13、20、25、26、34题。

（资料来源：贾晓明．大学生心理健康．北京：北京理工大学出版社，2005．36－38）

4. 自我意识的特征

（1）自我意识的矛盾性。

自我意识的矛盾性，集中地体现在"主观的我"和"客观的我"、"理想的我"和"现实的我"矛盾中。随着年龄增长，个体逐步分化为"主观的我"和"客观的我"。前者站在观察者的角度，往往代表了社会的要求，在头脑中塑造了一个"理想的我"的形象；而后者则站在被观察者的角度，表现为"现实的我"的形象。自我意识的矛盾性聚焦于个体的"理想的我"与"现实的我"的矛盾性。这种矛盾使个体焦虑不安，个体为了摆脱这种状态，力图使自我意识中主客两个方面再统一起来，这种统一是在新的水平和方向上的协调一致。每个人的具体情况不同，其自我的再统一的表现也各不相同。

（2）自我意识的形象性。

美国社会学家库利提出"镜中我"的概念，认为他人对自己的评价是自我评价的"一面镜子"，为自我评价提供了基础。自我意识的这一侧面，被称为"自我形象"，即自己了解自己的一切，自己对自己的认识，就像站在镜子面前看到自己的一切一样。自我形象伴随着自我情绪体验。比如，当学生认为老师对自己的印象很好或不好时，就会产生某种情绪体验，从而影响他对自己满意或不满意的感觉。

（3）自我意识的独特性。

随着年龄的增长，个体在与他人交往的过程中，逐渐把他人的判断内化为自己的判断，于是个体逐渐能按照自己所想象的他人的观点来看待自己。这种自我态度的逐渐积累，使个体逐渐变得"我行我素"，表现出与众不同的风格和独特的形态，具体表现在每个人的自我意识的结构都有独特的一面。

5. **自我意识的基本心理成分**

（1）自我认知和自我评价。

自我认知是自己对自己身心特征的认识，而自我评价指主体对自己思想、愿望、行为和个性特点的判断和评价。自我评价能力如何，反映一个人的心理成熟程度，是自我意识发展水平的重要指标。一般而言，自我评价形成的途径包括：第一，根据社会上他人对自己的态度评价自己；第二，通过与社会上和自己地位、条件相类似的人的比较来评价自己；第三，通过个人对自己心理活动的分析来评价自己。

（2）自我体验。

自我体验指自我意识中对自己情绪、情感的体验和态度。如，自信、自卑、自满、自责、自我欣赏等都是各种自我体验。

（3）自我控制。

自我控制指一个人对自身的心理与行为的主动掌握。可由几个相互关联的词组来表达，如目标选择、目标认知、维持方向、改变方向、实现目标等。自我控制的动因是自我需要和自我教育。

（二）自我意识的管理

1. 正确的、健康的自我意识的标准

第一，符合实际的自我认识。在正常情况下，一个人知道“我是谁”，也就知道自己的社会角色，就会产生与这一角色相应的角色行为。

第二，辩证的自我评价。自我评价回答“我怎么样”的问题。辩证的自我评价包括对自己作一分为二的评价，对自己作自主的评价，以及辩证地看待和理解客观评价与主观评价之间存在的差距。这种人有自知之明，知道自己的优势，也知道自己的劣势。

第三，积极的自我体验。表现为能经常保持愉快的、对自己满意的情绪体验，如自尊、自爱、自豪、自信等；能主动消除消极的自我体验，如自卑、严重的自责、长时间的羞耻体验等。换句话说，个体应该是积极的、自我肯定的、独立的，并与外界保持一致。

第四，适当的自我期望。每个人都会对自己的未来提出设想，这种对自己未来可能达到目标的设想就是自我期望。自我期望包括以下两个方面：①自我期望是从现实的自我出发提出的设想，通过努力可以实现的目标；②适当的自我期望还包括远期、中期、近期目标的有机结合。

第五，严格的自我调控。这包括排除各种客观的障碍和主观的困难，发动自己去为实现期望而努力。面对不符合期望的目标，则会抑制自己不去做。事实

上，它还包括在一定情境中能审时度势，控制自己的情绪及外部行为。

知识链接

不同自我形象的表现

高自我形象的表现	低自我形象的表现
接纳自我	否定自我
喜欢和尊重自己	不尊重和讨厌自己
有安全感和自我肯定，清楚个人的能力	没有安全感，怀疑自己，不清楚个人的能力
独立自主、自律	依赖他人
对自己的行为负责	情绪化，逃避责任
对自己有恰当的期望	没有恰当的期望
有勇气开放表达自己	羞怯，不敢表达自己
对自己的成就感到自豪	害怕成功

（资料来源：樊富珉，王建中．当代大学生心理健康教程．武汉：武汉大学出版社，2006．31）

2. 大学生自我意识的管理与培养

个体的自我意识是逐渐发展的，小学时期的自我意识发展是模糊和不自觉的，主要指向外部世界；初中时期的自我意识发展是清晰、自觉的，开始意识到自己与他人、集体的关系，意识到自己的内心活动，但这种自我意识水平还不高；从高中开始，尤其是大学阶段，个体的自我意识进入全新的发展和趋向成熟。这一时期，它的显著特征是把原来主要朝向外部的认识活动，转向自己的内心世界，探索自己的内心活动。这个时期，大学生自我意识发展的一个突出特征就是自我意识逐渐完成分化和统一，个体分化成既是自我的观察者——主体的我（包括我是什么，我做什么等），又是被观察的我——客体的我（包括别人怎样看我，对我的态度如何等）。或者说分化成"理想的我"，即关于自己未来的总观点和总设想（"我希望成为怎样一个人"），以及"现实的我"（"我现在是怎样一个人"）。在这个过程中，大学生不断地进行自我观察、自我分析、自我评价，把现实的我与理想的我加以比较，而这时期现实的我往往是落后于理想的我，二者之间的矛盾和距离，会使我们感到很痛苦，并产生强烈的内心体验，从此进入一个内心动荡不安、情绪体验错综复杂的时期。为了摆脱这种痛苦和不安，大学生必须设法解决这种矛盾，求得自我意识的重新统一。

显然，人们非常关心的问题是：大学生的自我管理能否对其自我意识的分化和统一产生积极作用呢？答案无疑是肯定的。那么，我们该怎么做呢？以下途径可供借鉴：

（1）形成正确的自我认识。

认识自己是每个人的心理需要，是一个人心理健康的基本原则和要求。不少学生在学习、生活中产生各种困惑、压力，正是因为对自己缺乏了解，缺乏正确的自我观念。正确的自我认识，可以使个体对自己有一个客观的、恰如其分的估价，既不妄自尊大，又不自卑丧志。然而，一个人认识自己比认识别人更为困难。正所谓："人贵有自知之明。"人要能清醒地认识自己，正确地评价自己，是件十分不容易的事。心理学研究发现，尽管许多人认为对自己是了解的，但事实上他们并没有很好地了解自己。这是由于人们在认识自我时，除了受认识对象因素的影响外，还受到动机、需要、愿望等其他心理因素的影响。特别是青年人，由于各种原因，他们或是自我感觉太好，对自己估计过高，过于自信，结果视而不见、听而不闻，再好的意见、经验，都会从眼皮底下溜走，以致自己裹足不前；或是对自己估计过低，缺少自信，过于自卑。这两个方面都会使人丧失适合自我发展与成功的机会。

全面、正确的自我认知是形成正确自我意识的基础。自我认知是从多方位建立的，既有自己的认识与评价，也有他人的评价。如果大学生能够全面、正确地认识自我，客观、准确地评价自我，就能量力而行，为确立合适的理想自我，并为实现理想自我而不懈努力。自我认识的难处和关键在于自己（主体我）认识自己（客体我）。大学生可以借鉴学者们提出的一种较有效的方法，分几个步骤操作实施：

第一，用尽量多的形容词描述自己，这个过程一定要认真仔细，要忠实于自己的内心。

第二，他观自我的描述，描述父母眼中的我、同学眼中的我、老师眼中的我、恋人眼中的我、兄弟姐妹眼中的我，然后再寻找这些描述中共同的品质，将其归类。描述的维度越多，越会找到比较正确的自我。

第三，当将这些描述清晰地整理出来时，可以与同学、家人、朋友、恋人等沟通，听取他们对自己评价的认同度，这也是自我过滤的过程。先将自己的优点列出，并得到大家的认同，再写出自己的弱点，请大家帮助分析，这些澄清的过程也是自我认识不断深化的过程。这一过程可以借助于 WAI 技法。WAI 技法（"Who am I"，简称 WAI）是指对"我是谁?"这样的问题自问自答，因其形式上是自由书写 20 种回答，故也称为二十句测验（Twenty Statements Test）。WAI 法始于 20 世纪 50 年代，列出以"我"字开头的 20 空行，并印有 1 至 20 的序号。要求被试针对"我是谁"这样的问题，给出 20 种相异的回答，说明头脑中浮现的关于自己的想法。

第四，注意避免进入自我认识的误区。从总体而言，大学生的自我意识发展水平较高，但尚未完全成熟，因而容易出现各种认知偏差。在此我们讨论两种主要的认知偏差：①过分追求完美。过分追求完美的人往往不能容忍自己的某个或某些“不完美”的表现，甚至对那些在很多人身上同样会遇到的问题也看作是自己的“缺陷”而难以忍受。这样的人往往对自我十分苛刻，他们自视甚高，只能接受理想中完美的自我形象，而无法接纳现实中平凡或有点缺点的自我。②过度自卑。过度自卑的人，往往只看到自我中的某些缺点或缺陷，而忽略了自身的长处。在日常生活中，他们往往不喜欢自己，否定、抱怨、指责自己；他们往往感到自己什么都比不上别人，处处低人一等；他们待人处事往往缺乏信心，严重的可能因自我否定继而自我厌恶最终走向自我毁灭。

（2）积极悦纳自我。

悦纳自己，就是对自己的本来面目抱认可、肯定的态度，它是自我意识健康发展的关键和核心。它涉及一个人是以积极的态度认可自我，形成自尊，还是以消极的态度拒绝自我，形成自卑。大学生要形成积极悦纳自己的态度，首先要喜欢自己、欣赏自己，体会自我的独特性，在此基础上体验价值感、幸福感、愉快感与满足感；其次是理智与客观地对待自己的长处与不足，正确、冷静地对待挫折和失败。对于挫折和失败所带来的消极情绪，要认真分析其原因，再通过适当的方式及时宣泄出来；并且要认真总结经验、吸取教训，树立不达目的决不罢休的信心。积极的策略是：关注自己的成功，并将优势积累。每个人身上都有着无数的闪光点，重点在于寻找自己的闪光点并将其构成亮丽的人生风景线。

（3）主动进行自我调控。

大学生的心理调控已经逐渐从以外部为主慢慢变为以内部力量为主，从他律转为自律。因此，主动进行自我监控，不仅有可能，实际上也很有必要。自我调控是主动定向地改造自我的过程，也是个体对待自己的态度的具体化过程，是通过内部语言进行的，主动改变“现实我”以达到“理想我”的过程。在大学生自我意识的心理成分中，独立性、自尊、自信、自我理想发展较快，而自制力发展较慢，往往出现自我体验与自我行为不协调的矛盾。引导自我意识向健康积极的方向发展，提高自我教育、自我完善的效果，大学生应该主动进行自我调控。不但要增强自我调控的自觉性、主动性，将社会需要转化为主观上实现“理想化”的内在动机，不断地进行自我监督、自我说服，而且要克服消极情绪，增强自控能力，不断进行自我激励和自我教育。自我教育包括自尊教育、自律教育、自省教育、自强教育、自信教育等。大学生人格发展中的自我教育应遵循以下几个步骤：第一，确立正确的自我观念，包括自我意识的完善和自我同一性的建立；第二，树立责任意识，正确处理好个人与他人、社会和自然的关系；第三，通过自我教育培养独立自主、创新的能力，同时锻炼自己的意志力。

（4）关注自我成长，积极提升自我。

自我的发展需要不断的自我反思、自我监控。但将成长作为一条线索贯穿于人的始终时，整理自己成长的轨迹显得尤为重要。大学生应依照过去、现在、未来的模式进行梳理，深刻了解与把握自己。同时在这个过程中，要学会与人分享，因为当我们在分享他人自我成长的硕果时，也在促进自己的成长。在自我成长过程中，大学生还应学会积极地提升自我，尤其是提高自我效能感。自我效能感是个体在一定情境下对自我完成某项工作的期望与预期。提高自我效能感一方面要主动克服自我障碍；另一方面，要不断进行自我尝试，在自我尝试中不断发现新的支点。

（5）努力完善自我。

自我完善是个体在认识自我、悦纳自我的基础上，自觉规划行为目标，主动调节自身行为，积极改造自己的个性，使个性全面发展以适应社会要求的过程。自我完善是个体自我教育最重要的方式，它实际上是一个合理确立理想自我、努力提高现实自我的过程，也就是一个主动改变现实自我以达到理想自我的过程。大学生自我意识分化所引起的矛盾与转化，有积极与消极两个方面的发展方向，积极方面是自我进取的活力，消极方面是自暴自弃的起点。大学生应积极发挥自我意识中的积极因素，克服消极因素，培养健康的心理品质，达到与他人、社会和自然的理想和谐。

二、自我管理的其他模式——见仁见智般的多样性

（一）动机的自我管理

动机是激发和维持个体进行活动，并导致该活动朝向某一目标的心理倾向或动力。它是个性倾向性的重要组成部分，是推动人进行活动的内在动力系统，对人格的形成和发展会产生重要影响。动机可以是有意识的，也可能是无意识的。它能产生一股动力，引起人们的行动，维持这种行动朝向一定目标，并且能强化人的行动，因此在国外有时也被称为驱动力。动机对人的行为的作用主要表现在三个方面：第一，引发行为；第二，选择目标，动机能使人的行动朝着特定的方向进行，有选择地决定目标，使行为指向一定方向；第三，强化行为，一定动机指引下的行为结果，反过来对动机以巨大影响。如果行为的结果好，这个动机会使行为重复出现，使行为进一步保持与巩固加强，这叫做正强化作用；当动机引导的行为效果不好，动机会因不好的行为结果而削弱行为，使行为减少以至不再出现，这就是负强化作用。

知识链接 **动机的性质与力量**

人的动机的性质是各种各样的。不同性质的动机，对人具有不同的意义，具有强度不同的推动力量。行动的方式、行动的坚持性和行动效果，在很大程度上受动机性质的制约。

有一个实验研究了不同动机对儿童行为的影响。学前儿童活泼好动，要他们长时间地站着不动是很困难的。但实验者安排了一种游戏的情境，儿童所扮演的角色要求他长时间地保持不动的站立姿势。这时情形就明显不同。比之成人单纯地提出要求，游戏情境中保持站立的时间要长 3 ~4 倍。这里，除了游戏带来的情绪方面的有利因素外，儿童的活动动机显然起着重要的作用。

在活动动机中，社会性因素起着重要作用。社会性动机所产生的力量如此之大，以致会超过和压制人的生物性本能。比如一些社会活动家，为了政治斗争的需要，可以抑制进食的自然需要，长期绝食达十几天之久。

在实验室里，也见到类似结果。有人报道，要求三组成人被试（大学生）用右手食指拉起久布氏测力计上悬挂的重达 3.4 千克的砝码。对第一组被试不说明任何理由；对第二组被试，要求他们表现自己的最高能力；对第三组被试，则告之这种活动与一种社会性的重要任务有直接关系（拉砝码的动作同电力输送到工厂、住宅的效果有关）。结果显示，在三种不同的活动动机之下，大学生完成工作的平均指标分别为 100、150 和 200。

个人在日常生活中，经常会同时产生两个或两个以上的动机，而这些并存的动机却又往往无法同时获得满足，甚至互相对立或排斥，产生冲突，即其中某一个动机获得满足，其他动机将受到阻碍。动机的冲突会形成进退两难、不能决定的心理状态，引起挫折，使人痛苦。目前反映出来的大学生在学习、生活等方面面临的各种冲突，很多源自对自我动机管理的混乱。显然，大学生如何处理其动机将对其人格发展产生非常重要的影响。因此，大学生对动机的自我管理有助于其人格的健康发展。在管理的动机内容上，包括以下方面：

1. 需要管理

需要是有机体内部的某种缺乏或不平衡状态，它表现出有机体的生存和发展对于客观条件的依赖性，是有机体活动的积极性源泉。它是动机产生的内在条件，不同的需要会导致不同的动机。

（1）正确认识自身需要。

大学生在分析自我需要之前有必要掌握需要的一般常识。人的需要是多种多样的，是一个多维度、多层次的结构系统。人本主义心理学创始人马斯洛把人的需要分为五类——从低到高依次为生理的需要、安全的需要、归属与爱的需要、自尊的需要、自我实现的需要。根据这一理论，人是一种不断需求的动物，除了短暂的时间外，极少达到完全满足的状态，一个需要满足后，另一个需要迅速出现并取代它的位置。这种更替几乎贯穿人的一生。进入大学后，大学生的各种需要可能会陆续涌现出来：第一，归属和爱的需要，表现为渴望与他人的感情联系，渴望在他的团体中有一个位置，渴望与他人交知心朋友，渴望与同学间有良好的关系等；第二，尊重需要，表现为对成就、荣誉、地位的欲望，希望获得别人的尊重，十分重视他人对自己的看法，希望得到他人或社会的高度评价等；第三，自我实现的需要，表现为渴望发挥自己的才能和潜力，力求实现自认为所能之事；第四，追求美的需要，表现为渴望身材美、衣着美、语言美，行为大方得体，渴望能够留给别人美好的印象。

（2）依据客观情况满足自身的需要。

尽管人的需要表现出自下而上的层级性，但这只是一种普遍的倾向。在实际生活中，不同时段或不同的场合，这种倾向性可能会发生一些变化，有时候这种变化是不被大家认可的。例如，有些大学生为了“展现”自己的能力或为了能够担任班干部（满足自尊或自我实现的需要）而采取一些不被同学认可的方式，如考试舞弊、拉选票等（牺牲归属和爱的需要）。因此，大学生还应认真分析各种满足自我需要的客观条件，理性地选择和创造条件，满足自己的各种需要。例如，通过真诚、热心等个人行为维持与同学之间的良好关系，进而创造一个快乐、团结、和睦的集体，满足自己的归属和爱的需要。积极参加学校或班级组织的活动，一方面扩大自己的交友面；另一方面在活动中锻炼和提高自己的各种能力，进而满足自己的各种高层次需要。

2. 成就动机管理

（1）正确认识成就动机。

成就动机是人们在完成任务的过程中，力求获得成功或取得成就的内部动因，即个体对自己认为重要的、有价值的事情乐意去做，努力达到完美的一种内部推动力量。在行为上，它表现为个体对自己认为有价值的、重要的社会或生活目标的努力追求。成就动机具有多维度、多成分的心理结构。阿特金森认为个体的成就动机由两种稳定的倾向组成，即希望成功与害怕失败。如果个体处在一个成就导向的情境中，两种倾向可以同时被唤起，此时希望成功和害怕失败之间会产生情绪冲突，这些情绪力量决定个体是接近还是逃避成就取向的活动。阿特金森还指出，接近成就目标的趋势是由三个因素决定的，即成就需要或渴望成功的动机、成功地完成任务的可能性，以及成功的诱因值。这些因素之间是一种乘数的关系。例如，如果是太难实现的目标，哪怕此目标的实现对于个人有着重要的意义，也难以激发个体的求成动机。相反，如果目标很容易实现，但它对个人几乎没有什么激励作用，那么即便不用怎样努力就能完成，也无法激发个体的求成动机。

（2）正确运用成就动机。

一些大学生倾向于希望成功，并且预感到获胜之后的自豪感会鼓励他们去追求优胜，这些人被称为成功倾向的人。他们会努力进取以获得成功，对成功感到自豪，对失败也不怎么沮丧，他们的情绪积极向上，敢于大胆追求，对未来成功的希望比较高。另一些大学生害怕胆怯和耻辱的体验，这会驱使他们回避他们认为可能失败的情境，这些人被称为失败倾向的人。他们会努力避免失败，对成功没有多大追求，思想负担重，焦虑程度高，心情压抑，对未来成功的希望偏低。

大学生在正确认识成就动机的基础上，要进一步分析和合理运用成就动机引导自己的行为。

第一，大学生首先应该明白，决定自己行为时除了要认真分析自己渴望成功的需要（如提高自己的英语成绩），还要根据实际的情境分析获取成功的可能性（如快速提高的可行性）。

第二，应该为自己的成就动机设立若干具体子目标，这样可以使成功目标变得可操作化，使自己的行为具有坚持性和长久性。例如，在外语学习中，设立若干分目标，能够避免想快速提高自己成绩的浮躁心态，以及防止自己在一段时间努力没有收到明显成效后变得灰心，进而降低甚至丧失学习动机的倾向。

第三，养成积极的思维习惯，即只要自己竭力去追求成功，相信通过自己的努力朝着既定的目标去奋斗，一定会有收获。即使失败了也没关系，并不因此而沮丧，仍然保持健康、快乐的心情，这样成就动机就会演变成朝向目标奋斗的动力，进而逐渐形成积极、健康的行为习惯。

知识链接 **测测你的成就动机**

请根据自己的实际情况用下面给的不同分数对自己作出评价：

5 = 非常同意；4 = 有些同意；3 = 既不同意也不反对；2 = 有些反对；1 = 非常反对

学习动机：

1. 对我来说，尽自己最大努力把学习搞好非常重要，哪怕我的同学们都不这样想。

2. 只要我尽了自己的最大努力，我对自己的学习就会感到满意。

3. 对于完成得很好的学习，我会感到满意。

4. 对于胜过自己从前的学习表现，我会感到满意，哪怕我并没有超过别人。

5. 我喜欢努力学习。

6. 我的快乐部分来自改进自己的表现。

控制力：

*1. 我更愿意做一些能让我感到有信心及放松的事情，而不愿做那些有挑战性和很困难的事。

2. 当我所属的团体正在计划一项活动时，我愿意亲自策划，而不只是协助别人或完全由别人组织。

3. 我愿意学一些容易有趣的游戏，而不愿意学那些费脑子的游戏。

4. 如果我总是学不会某种东西，我愿意继续努力，直到学通，而不会停下来去学容易学会的东西。

5. 一旦我接受了某项任务，我就会坚持到底。

6. 我喜欢那种需要较高技巧的工作。

7. 多数情况下，我会接受那些不能确定我能否干好的任务，而不是那些我确定能干好的任务。

8. 我喜欢忙碌充实的感觉。

注：*号题目为反向计分题，例5=1。

竞争性：

1. 我喜欢在有竞争对手的环境中学习。

2. 在某项任务中表现得比别人好，对我来说很重要。

3. 无论在学习中还是在游戏中，获胜总是最重要的。

4. 当别人的表现比我好时，我感到气恼。

5. 当我与别人竞争时，我会更加努力工作。

计分方式：

你的分数就是这三个分量表各个题目的分数之和。为了更好地了解你的分数含义，你可以与下面的斯宾塞和海尔里希得到的大学生的平均分作比较。

	学习	控制	竞争
男	19.8	19.3	13.6
女	20.3	18.0	12.2

（资料来源：贾晓明．大学生心理健康．北京：北京理工大学出版社，2005．56-57）

3. 自我效能管理

（1）正确认识自我效能。

自我效能感是指人们对自己实现特定领域行为目标所需能力的信心或信念，是人对自己某方面能力的自我评估。当人确信自己有能力进行某一活动时，他就会产生高度的“自我效能感”，并愿意去进行这一活动。

通常，自我效能感具有以下重要作用：首先，自我效能感影响人们的行为选择。一个人对自我效能感的判断，部分地决定其对活动和社会环境的选择。人们倾向于回避那些他们认为超过其能力所及的任务和情境，而承担和执行那些他们认为自己能够干的事情。其次，自我效能的判断决定着人们将付出多大的努力以及在遇到障碍或不愉快的经历时，将坚持多久。自我效能感越高，其努力程度越高，也越能坚持下去。第三，自我效能感影响人们的思维模式和情感反应模式。自我效能感低的人与环境作用时，总会想到个人不足并将潜在困难看得比实际更严重。这种思想会产生心理压力，使其将更多注意力转向可能失败和不利的后果，而不是如何有效地运用其能力实现目标。自我效能感高的人则将注意力和努力集中于情境的要求上，能被障碍激发出更大的努力。班杜拉的研究表明，自我效能感的知觉与人的实际能力并不完全相同，在动机作用的过程中起重要作用的不是能力而是对自己是否胜任的知觉。

知识链接

一般自我效能感量表

［指导语］以下10个句子是关于你平时对自己的一般看法，请你根据自己的实际情况（实际感受），在右面合适的□上打“√”。答案没有对错之分，对每一个句子无须多考虑。

	完全不正确	有点正确	多数正确	完全正确
1. 如果我尽力去做的话，我总是能够解决问题的。	□	□	□	□
2. 即使别人反对我，我仍有办法取得我所要的。	□	□	□	□
3. 对我来说，坚持理想和达成目标是轻而易举的。	□	□	□	□
4. 我自信能有效地应付任何突如其来的事情。	□	□	□	□
5. 以我的才智，我定能应付意料之外的情况。	□	□	□	□
6. 如果我付出必要的努力，我一定能解决大多数的难题。	□	□	□	□
7. 我能冷静地面对困难，因为我信赖自己处理问题的能力。	□	□	□	□
8. 面对一个难题时，我通常能找到几个解决方法。	□	□	□	□
9. 有麻烦的时候，我通常能想到一些应付的方法。	□	□	□	□
10. 无论什么事在我身上发生，我都能应付自如。	□	□	□	□

计分方法：GSES为单维量表，把所有10个项目的得分加起来除以10即为总量表分。

（资料来源：量表由华南师范大学王才康修订）

（2）自我效能的培养。

首先，多选择自己力所能及的事情，因为个体行为的结果（成与败）对自我效能影响最大。成功的经验能够提高个人的自我效能感，多次的失败则会降低自我效能感。尤其是在一项行动刚刚开始之时的失败，因其不能反映努力的不足或不利的环境因素，容易使人归因于自己能力的不足。当然，不同的人受影响的程度并不一样。对于先前已经具备很强自我效能感的大学生而言，偶然的失败不会影响其对自己能力的判断，他更有可能寻找环境因素、努力不足或策略方面的原因。这样，失败反而能提高其信念，因为他能想到改进后的策略会带来将来的成功。而对于自我效能水平不高的大学生来说，选择难度较小的任务则对其自我效能的提高有更明显的帮助。另外，在选择任务的过程中，大学生还应培养自己的自信心，学会经常自我鼓励、自我表扬，从而增强自己的信心，努力克服困难，完成各种任务。因为较强的自信心，能使自己充分发挥各种潜能，明确自己的目标。同时，自信心也是维持内在动机的重要因素。

其次，要善于观察和学习。人们观察别人所得到的替代性经验对自我效能影响也很大。特别是看到与自己相近的人成功能促进自我效能感的提高，增加实现同样目标的信心；但看到与自己相近的人失败，尤其是付出很大努力后的失败，则会降低自我效能感，觉得自己成功的希望也不大。另外，当一个人对自己某方面的能力缺乏现实的判断依据或知识时，这种间接经验的影响力最大。因此，大学生应善于观察与自己相近的同学或朋友的成功经验，同时也要借鉴他们的失败经验。

再次，正确辨析他人的评价。他人的评价、劝说及自我规劝是影响自我效能感的信息源。大学生应该学会分辨这些评价。对于缺乏事实基础的评价和言语劝告，可以置之不理，但对于别人在直接经验或替代经验的基础上进行的劝说、鼓励等，应该认真听取、仔细分析，以提升自我效能水平。

最后，学会控制自己的情绪。情绪和生理状态会对自我效能产生影响。比如紧张、焦虑等消极情绪容易降低人们对自我效能的判断水平。因此，大学生要努力探索克服消极思维、情绪和行为的办法，以激发固有的学习动机，及早转变到积极向上的健康心态上来，形成积极的思维定式；同时，应学会对自己的思维进行控制，正确评价自身及各种情境，从而提升自我效能感。

知识链接

在一个心理学实验中，将两只狗分别放在两个底部可以通电的笼子中，笼子中间放置了一个隔板。当给笼子底部通电的时候，狗受到电击，拼命地想要越过隔板跳到笼子另一边以逃避电击。其中一个笼子的隔板不高，狗可以轻易地越过去，从而躲避电击。而另一个笼子的隔板则很高，狗几乎无法越过去。多次电击中，低隔板的狗每次都能成功地逃到另一边，而高隔板的狗在经过若干次无效的努力后就只是躺在笼子里忍受电击，不再作任何尝试了。

然后将两只笼子的隔板变为两只狗都能够越过，但需要经过更大努力才能越过的高度。重新进行电击实验，结果发现，有曾经成功逃避经验的狗会作更加持久的努力，每次电击都迫使它付出更大的努力增加跳跃的高度，最终得以逃避电击。而另外那只狗虽然现在有了逃脱的机会，却没有再作任何尝试，只是躺着忍受电击，发出呜咽的呻吟声。

很多时候，真正限制我们的不是外在的客观条件，而是我们对自我、对世界歪曲的认识。通过以上的实验，你对自己的自我效能有没有新的认识？过去哪些生活经历影响了你的自我效能？你愿意作出怎样的调整呢？

（资料来源：贾晓明．大学生心理健康．北京：北京理工大学出版社，2005．25）

4. 归因管理

（1）正确认识归因。

所谓归因，是指个体对某一事件或行为结果原因的知觉。不同的归因会导致个体产生不同的行为结果和情绪反应，从而产生不同的动机，对个体的后继行为产生积极或阻碍作用。那么，人们在对事件结果进行评价时，一般选择怎样的归因模式呢？比较有代表性的观点是韦纳的归因效果理论：

1）归因的三个维度。韦纳认为，无论事情成功与否，人们总是习惯于对其原因进行分析、总结，这种分析和总结主要包括三部分，即内外因、稳定性和可控制性。

内外因是指个人把成败的原因归结为自身还是自身以外。内因是个人把行为的结果归结为自身，如自己的能力大小、努力的程度等；外因则是指从自身以外寻找原因，如领导是否重视、自己有无机遇、工作或任务的难易程度等。稳定性是指影响行为结果的内外因素是否稳定，它会对以后类似情境中是否成功的期望或预测产生重大影响。如果个体把成功归因于稳定的因素，如自己的知识比较渊博、能力比较强等，则会期望自己在以后的类似情境中继续成功；如果把失败归因于不稳定的因素，如运气太差、努力不够、没有社会关系等，也会对成功抱有很高的期望，并不会丧失信心。可控性是指在导致个体行为结果的因素中，有些因素是自己可以控制的（如自己的情绪、努力程度、知识的掌握、某些技能的形成等），有些是自己无法或很难控制的（如领导的赏识程度、管理水平、对自己的看法、社会环境、管理体制等）。如果个体认为自己的成功是可以控制的，则会产生比较强的动力；相反，如果个体认为自己的失败是无法控制的，则会对后继的工作产生厌倦情绪直至放弃。这样，如果一个人从能力、努力、工作难度、运气、身心状况、别人反应六方面归因，那么依照韦纳的这三个维度可以将其归纳如下（见表4－2）：

表4－2　归因内容与归因维度的关系

归因内容	归因维度					
	稳定性		因素来源		可控制性	
	稳定	不稳定	内在	外在	能控制	不能控制
能力	√		√			√
努力		√	√		√	
工作难度	√			√		√
运气		√		√		√
身心状况		√	√			√
别人反应		√		√		√

2）归因的两种类别。另一种划分归因的方法是从归因的主体角度进行的，这样可以将其分为自我归因（或叫个人归因）和社会归因（或叫人际归因）。

自我归因是指当事人自己对行为结果的归因。自我归因与当事人自身的特点密切相关。有的人常常从自身寻找原因，而有的人则习惯于从外部寻找原因；有的人归因时能够做到客观、实事求是，而有的人则易受情绪的影响与干扰，导致错误归因；有的人对于可以控制的原因善加控制，而有的人则紧紧抓住不可控制的因素不放。社会归因则是指周围的朋友、同学、同事、领导和家人等对个体行为结果进行的归因。当然，这两种归因并不是孤立存在的，而是相互联系的。社会归因常常成为个人归因的依据，并最终通过自我归因对个体的意识、情绪情感及后续行为产生影响，成为个体后续行为的动力或阻力，并对个体的自我归因产生强化或抑制作用。

（2）合理归因的培养。

1）培养自我归因能力，形成积极的归因风格。

不同的归因方式将会产生不同的成就动机水平。大学生应养成积极的归因风格，在完成一定难度的任务后，应更多从自身内部而不是从外部寻找原因，注重对活动过程而不是对活动结果进行评价，促使归因由外控向内控转移，增强自我归因的主动调节能力。还可以运用强化法，定期让自己完成一定难度的任务，然后通过不断的自我暗示和引导，促使自己形成比较正确的归因倾向。例如，将成功归因于稳定的、内部的、可控制的原因，而将失败归因于不稳定的、外部的、不可控制的原因。

2）创设成功情境，增强自我体验。

大学生应经常性地创设通过努力而取得成功的情境，增加自我的成功体验，增加自我效能感。在获得成功体验的同时，自我评价应以正面评价为主，对活动结果作出积极的归因（如将成功归因于能力）而产生自豪感，增强自信心。倘若失败了，应该把重点放在对失败原因的分析与改进上，而不是放在自责和内疚上，同时适当降低自我的预期目标值，淡化自我挫折感。另外，还要学会通过其他情境的成功补偿该情境的失败，将注意力从失败的阴影中转移到另一成功的情境中，从而在失败后仍然保持对后继活动的成功期望。值得注意的是，成功情境的创设应遵循“最近发展区”原则，即大学生应根据自身能力水平的高低创设合适的情境，切不可好高骛远。

3）多向榜样学习，增加替代性经验。

替代性经验指个体通过观察能力水平相当者的活动，获得的对自己能力的一种间接评估，它是一种间接经验。它使观察者相信，当自己处于类似的活动情境时，也能获得同样的成就水平。大学生应有意识地多向榜样学习，对他们的成功行为作出积极归因，从而受到替代强化。在这个过程中，榜样既是强化物，又是他们评定自己的参照物。为了增加向榜样学习的机会，大学生应积极参加一些活动，经常与成功榜样一起活动。研究表明，这不仅有助于增强他们的成就动机，而且有助于将观察学习的效果外化到日常行为中。

5. 期望管理

（1）正确认识期望。

期望是影响个体动机的一个重要因素。美国心理学家弗洛姆对它在个体行为中的重要作用进行了研究，提出著名的期望理论。它的基本观点是：人们在预期他们的行为将会有助于实现某个目标的情况下，才会被激励起来去做某些事情以达到这个目标。用公式表示为：

$$激励力 = 期望值 \times 效价$$

这里激励力是指调动一个人积极性、激发人内部潜力的强度。它的高低表明了动机的强烈程度。效价是指一个人对某一目标（奖酬）的重视程度与评价高低，即主观认为的奖酬价值大小。期望值则是根据个人经验判断经过努力，导致某种结果和满足需要的可能性大小，即主观上估计达到目标或得到奖酬的可能性。从公式上可以看出，如果个体把目标的价值看得越大，估计能实现的概率越高，那么激发的动机越强烈，唤起的内部力量也就越大。反之，当一个人对实现某一目标漠不关心时（效价是零），或者当一个人宁可不要实现这一目标时（效价是负值），或者期望值是零或负值时，他都没有任何动力去实现某一目标。

（2）正确运用期望理论。

1）设立难度适度的目标。

大学生处于一个爱幻想的阶段，好高骛远的想法可以是他们将来的目标，但不可能一蹴而就。每一位大学生都应该学会把他们的长远目标分解转化为现实的目标，并确认这些目标是可以实现的。为此，首先，他们应清晰地分析自己的能力，准确地估计自己的水平，通过分析主观和客观条件，给自己树立一个适当的期望目标。切记，目标太高或唾手可得，都会导致没有干劲，缺乏内部动力。显然，由于各种主客观原因，每个人设立的目标应是不同的，同学之间没必要也不应该过多地对此进行比较和评论。

2）要确立有吸引力的奖赏。

大学生在看待目标的价值时应该将外在奖赏与内部自我激励相结合。外在奖赏切忌单纯以学习成绩作为标准，它包括老师的表扬，解决了某个问题，获得了某种荣誉，通过了某次考试等；内部激励则可以包括人际关系和谐，自我组织能力得到提高等。当然，与目标的差异类似，同学之间对相同或不同目标，或者某一同学在不同时间对同一目标的效价估计都是有差异的。因此，同学之间也不应对此进行评价或诋毁。

（3）阻止不良行为通向绩效的可能性。

实现一个目标的路径有很多，可以通过自身的努力，也可以通过一些不良的行为。例如，对于考试取得好成绩这个“绩效”，学生可以通过积极勤奋的学习获得，也可以通过抄袭等作弊手段达到。大学生除了应该遵守学校的行为规范外，还应自觉自律地设立内在行为准则，鞭策自己保持健康、积极的心态，激励自己不断发展。

知识链接　**期望效应——皮格马利翁效应**

远古时候，塞浦路斯王子皮格马利翁喜爱雕塑。一天，他成功塑造了一个美女的雕像，爱不释手，每天以深情的眼光观赏不止。看着看着，美女竟活了。

1963 年，罗森塔尔和福德告诉学生，用来进行迷津实验的老鼠来自不同的种系：聪明鼠和笨拙鼠。实际上，老鼠来自同一种群。但是，实验结果却得出了聪明鼠比笨拙鼠犯的错误更少的结论，而且这种差异具有统计显著性。对学生测试老鼠时的行为进行观察，并没发现欺骗或做了其他使结果歪曲的事情。似乎可以推断，拿到聪明鼠的学生比那些拿到笨拙鼠的学生更能鼓励老鼠去通过迷津。也许这影响了实验的结果，因为实验者对待两组老鼠的方式不同。

1968 年，两位美国心理学家来到一所小学，他们从一至六年级中各选 3 个班，在学生中进行了一次煞有介事的“发展测验”。然后，他们以赞美的口吻将有优异发展可能的学生名单通知有关老师。8 个月后，他们又来到这所学校进行复试，结果名单上的学生成绩有了显著进步，而且情感、性格更为开朗，求知欲望强，敢于发表意见，与教师关系也特别融洽。

实际上，这是心理学家进行的一次期望心理实验。他们提供的名单纯粹是随机抽取的。他们通过“权威性的谎言”暗示教师，坚定教师对名单上学生的信心，虽然教师始终把这些名单藏在内心深处，但掩饰不住的热情仍然通过眼神、笑貌、音调滋润着这些学生的心田，实际上他们扮演了皮格马利翁的角色。学生潜移默化地受到影响，因此变得更加自信，奋发向上的激流在他们的血管中荡漾，于是他们在行动上就不知不觉地更加努力学习，结果就有了飞速的进步。这个令人赞叹不已的实验，后来被誉为“皮格马利翁效应”或“期待效应”或“罗森塔尔效应”。

于是，皮格马利翁效应也被总结为：“说你行，你就行，不行也行；说你不行，你就不行，行也不行。”

（资料来源：http：//baike. baidu. com/view/41268. htm#2）

当然，人类的动机是很复杂的，心理学家对动机的理论探索也是多侧面的。各种动机理论都有一定的合理性，但又不能解释所有的动机现象，都有其局限性，同时各理论之间存在一些交叉和重叠。受动机理论的影响和启示，大学生动机的自我管理也是多角度、多层面的，在实施自我管理时也不是单一地对某一动机进行管理，而是具有同时性、相依性和重叠性。另外，我们必须认识到，新的动机理论会不断涌现。例如，费斯廷格的认知失调论把认知失调作为一种动机。所谓认知失调，是指一个人具有两个彼此互相矛盾的认知，从而产生不愉快的体验。这种不愉快的体验驱使个体设法减轻或消除失调状态，使有关的态度与行为的认知变得协调起来，因而具有动机作用。因此，大学生对动机的自我管理也是一个不断发展的过程，可能还会不断涌现新的管理内容、方法和途径。这要求大学生保持清醒的头脑、积极的心态、开阔的视野，以及孜孜不倦的学习精神，能够自我引导、自我进步和自我发展。

知识链接

了解和控制自己的感觉

心理学家左克曼认为，部分个体的动机具有感觉主义倾向，表现为个体在身心两方面都有自动保持适度兴奋的内在倾向，兴奋过高时会寻求降低，兴奋太低时则寻求增高；或者个体的某些行为活动本身带给他的快乐感觉就是促使这种行为活动的原因。为此，他编制了一种感觉取向量表。他研究发现，感觉取向较强的人，在性格上显示了四个特征：①喜欢冒险；②喜欢新奇经验；③敢于自由抒发感情；④对例行工作或单调事务缺少耐心。量表具体内容如下：

1. A. 同个性平和言行不爽快的人谈话，我没有耐心。
   B. 同任何人谈话，我都觉得蛮有意思。
2. A. 一幅好的图画必须具有使人心灵震动的感觉。
   B. 一幅好的图画必须具有使人心灵安适的感觉。
3. A. 我觉得爱飙车的人是拿自己的生命当儿戏。
   B. 我喜欢坐在车上那种风驰电掣的感觉。
4. A. 我向往能住在一个安全、平静、人人快乐的城市里。
   B. 我希望自己生活的地方发生一件创造历史的动乱大事。
5. A. 我时常想要去做一件冒险刺激的事情。
   B. 我认为凡事要谨慎，尽量避免危险。
6. A. 我不想尝试被人催眠。
   B. 我想尝试一下被催眠的感觉。
7. A. 人生最重要的目的就是向环境挑战的充实经验。
   B. 人生最重要的目的是求取快乐与安适。
8. A. 我很想尝试高空跳伞的那种惊险感觉。
   B. 我从未想过去参加高空跳伞之类的惊险活动。
9. A. 在进入冷水游泳池时，我总是慢慢进入，让身体有时间适应。
   B. 在进入游泳池时，不管是温水还是冷水，我的习惯总是一跃而入。

10. A. 外出旅行时，我喜欢住在安静舒适的宾馆。

B. 外出旅行时，我觉得住野外的帐篷更有意思。

11. A. 我喜欢说话时表情丰富的人。

B. 我喜欢说话时稳重不带情绪的人。

12. A. 我喜欢一直在同一地点上班的内勤性工作。

B. 我喜欢时常改变地点的外勤性工作。

13. A. 坏天气待在家里不能出门时，我喜欢这个意外的假期。

B. 坏天气待在家里不能出门时，我感到很不耐烦。

14. A. 我喜欢结交新朋友，对日久相处的老面孔感到厌烦。

B. 我喜欢跟熟朋友相处，我觉得与人相交日久，相知才日深。

记分标准：凡是圈选 1A、2A、3B、4B、5A、6B、7A、8A、9B、10B、11A、12B、13B、14A 的，各得一分。按该量表的常模，感觉取向高低定为：0～3 分，极低；4～5 分，低；6～9 分，中；10～11 分，高；12～14 分，极高。

（资料来源：Zucherman，1979）

（二）自我目标管理

1. 目标及其争议

严格地说，目标管理也是动机管理的内容之一，它与成就动机、自我效能、期望效应等内容具有一定的交叉性，很难将它们作非常严格的区分。但是，在动机管理中涉及的各种理论似乎并没有把其中涉及的目标指向行为放在实际情境中进行分析，因此它们并没有很好地回答为什么个体的人格能保持长时间的稳定性，同时又具有一定的变化性和灵活性的问题。目标理论则不然。它们首先揭示了这样一个事实：大多数人的行为存在模式化的、有组织的特征，并且这种组织似乎直接指向终点或目标。换句话说，个体在特定情境中的行为总是具有一定的目标指向性。因此，尽管我们知道，人类行为是复杂的，由多种力量决定的，但是它们却是有目的的或有目标指向性的。这也正是我们将目标管理从动机管理中单列出来的主要原因。

目标是什么？目标的功能有哪些？它具有怎样的特征？我们该怎样认识它呢？

第一，目标是一个动机性的概念，因为行为是由动机引起的，但是人类行为模式化的特征又表明它是直接朝向某一终点或目标的。目标可以是复杂的或简单的，也可以是十分重要的或较不重要的，还可以是短期的或长期的。每个人的总目标和达到总目标的各子目标可能很不同，但心理学家发现大多数个体还是具有共同的目标分类，如自尊、赞许、放松、快乐、友谊、攻击、权力、减少紧张、冲突、威胁、感情、支持等。

第二，目标具有与之相联系的认知的、情感的和行为的成分。目标的认知成分包含目标的心理表征或意象，即能够描绘自己想要追求的目标。目标与快乐或痛苦相关，人追求与快乐相联系的东西，避免与痛苦相联系的东西。这就是目标的情感成分。当然，与目标相联系的情感范围远比快乐或痛苦复杂得多，例如，成功的自豪感、失败的羞耻感、对朋友的爱、对敌人的恨等。值得注意的是，正是这些情感给予了目标动机的力量。另外，目标还与行动计划有关。这些计划包括对达到每一目标所必需的活动的认知表征和对自己完成必要活动能力的评价。

第三，个人的目标是以等级序列结构组织的，是动态的，具有动力功能。这种目标的等级性是指有些目标是高层次的，有些目标则是下属的。例如，一个人高层次的目标是生活快乐，其下属目标可能是有家庭、有事业或者两者都有；或者假如他的高层次目标是做个好人，其下属目标则是帮助他人和品行端正。但是，目标的这种层级结构是可以改变的，因此在整体目标结构下，人经常调整其结构以满足各种内在和外在的要求。个体系统内的目标可能是整合的，也可能是冲突的。当一个目标的追求妨碍另一目标的追求时，两个目标则是冲突的。

第四，目标系统功能的动力包括激活、维持和实现目标指向活动。某一目标可以由外在刺激激活，也可以被内在刺激（如饿和渴等生理刺激、想法、意念等）激活。一旦目标被激活，接着个体就会对目标进行认知评价，包括评价目标的价值或积极性，以及成功实现它的可能性等。在目标追求的过程中，个体会持续地对目标的心理表征进行关注，同时下属目标的定期实现和诸如自豪或羞耻等情绪的自我强化，都能不断地维持活动。但当目标实现或当达到实现目标的满意水平时，或当认为进一步努力已毫无意义时，个体就会终止目标的指向活动。这时，就会出现另一个目标以代替先前的指向性活动。目标系统发挥动力功能遵循三个重要原则，即多重决定原则、等势原则和等效原则。多重决定原则是指非常复杂的行为同时包含了交互作用的许多目标，例如，通过提高学习成绩满足很多目标。等势原则是指同一目标可以通过不同的方式或计划实现。等效原则指的是同一种行为可以表达许多不同的目标。

2. 目标设置与管理

（1）将目标融入动机管理中。

在促使个体行为发生的过程中，目标并不是独立地发挥作用的，它经常与动机等因素相结合。一个重要的体现就是它与成就动机具有非常紧密的联系，有学者干脆把这两者结合起来，提出成就目标理论。在成就目标理论系统中，成就目标是指个体为了获得或达到某一有价值的结果或目的参与成就活动的原因。或者可以将成就目标的含义归纳为个体行为的目的，它具有认知（如对于情景的认识、成败的归因等）、情感（如焦虑）和行为（如学习策略、任务选择和学业）的特征。成就目标主要包括任务目标和能力目标两种类型。任务目标是指个体把完成任务作为行为的目标，考虑的是自己是否掌握了任务，重视学习的过程和个人努力的作用，把完成任务的过程作为提高能力的手段，对自己能力的评价不受外界环境的影响；能力目标是指个人以胜过他人，证明高能，回避对能力的负性评价为目标，把完成任务作为表现能力的手段，重视社会比较。

（2）目标设置要清晰明确。

有证据表明目标本身具有一定的动机性。设定了标准或目标，人就会对实现目标的最好计划或策略以及所需的努力作出一些估计。班杜拉用实验证明了没有为自己设定目标的人表现出较少的努力，且作业不如设定了较低目标的人；反过来，设定低目标的人，其努力程度和作业又不如为自己设定有挑战性目标的人。另外，对努力作业来说，在设定目标的基础上给予信息反馈，会提升个体的动机水平。班杜拉在一个相关研究中对其进行了验证。研究中，他首先让被试在四种条件下从事一项艰苦的活动：有目标和作业反馈；只有目标；只有反馈；既无目标又无反馈。活动之后，告诉被试作为研究项目的一部分，要制订和评价心脏病康复的锻炼计划，让被试评价其努力作业后自我满意或自我不满意的程度，并再次测量了他们的努力作业。结果与假设一致，被试在既有目标又有作业反馈的条件下具有强的动机作用，而在只有目标或只有反馈的条件下具有相似的动机作用。

（3）目标应具有一定的挑战性和难度。

班杜拉认为有挑战性的目标比无挑战性的目标更有助于自我激励。在有挑战的情境下，人们为了更高的目标，会更努力地工作，成就会更高。但应该注意，目标的难度不要超出自我能力的范围。大学生们应将大部分的时间花在具有挑战性的任务上，这些任务经过拼搏能够实现，这样会减少自己的挫折感，增加成就感。

三、自我管理新取向——来自积极心理学的启迪

近年来，心理学发展的一个重要趋势是积极心理学的兴起。积极心理学主要是对最理想的人类机能进行科学的研究，其目标是发现使个体和团体、社会良好发展的因素，并运用这些因素来增进人类的健康、幸福，促进社会的繁荣。积极心理学认为，科学心理学主要面临三项主要使命：①治疗人的精神或心理疾病；②帮助普通人生活得更充实幸福；③发现并培养具有非凡才能的人。显然，它继承了人本主义心理学关注人们积极品质的传统，脱离了过去诸如精神分析和行为主义等病理心理学和消极心理学的束缚，为大学生人格的发展、培养和管理提供了新的视角和途径。

（一）积极心理学的兴起及其主要特征

1997年，塞里格曼就任美国心理学会主席，提出“积极心理学”这一思想。随后，越来越多的心理学家开始涉足此研究领域，逐渐形成了一场积极心理学运动。

积极心理学表现出以下几个主要特征：第一，积极的价值观取向。积极心理学主张，心理学应把自己的工作重心放在研究和培养人固有的积极潜力上，用一种更加开放的、欣赏性的眼光去看待人的潜能、动机和能力等，关注健康、勇气、乐观、希望、快乐、信仰、毅力等，通过培养或发掘人的这种积极力量而使之成为真正健康并生活幸福的人。甚至对于心理疾病，积极心理学也提出了积极的取向，认为积极预防是应对心理疾病的重要途径，而预防的关键则来自对人内部积极潜力的塑造或唤醒。第二，研究视野兼顾了个体与社会层面。积极心理学在研究视野上摆脱了主流心理学过分偏重个体层面研究的缺陷，在关注个体心理研究的同时，强调对群体和社会心理的探讨。第三，积极心理学具有以实证研究为主的方法论倾向。其具体研究方法主要有实验法、量表法、问卷法和访谈法等。目前，有关积极情绪、主观幸福感、积极人格特质的研究大都采用的是访谈、调查、量表等研究方法；而对有关积极情绪及其与身心健康的关系的研究，以及有关创造性思维的脑机制的研究等则经常采用实验法或实验法与访谈、量表相结合的研究方法。这些特征一方面保障了积极心理学研究的科学性和严谨性；另一方面也表明了它的可信性，即积极心理学的研究结论是比较可靠的，会对人们的实际生活作出积极的指导。

知识链接 **从《美丽人生》中看积极心理学**

电影《美丽人生》以极为乐观的态度讲述了一个极为悲惨的故事。影片中，为了天真无邪的儿子免遭心灵伤害，作为父亲的基多用谎言编织了“美丽人生”。通往纳粹集中营的漫漫路程，被基多解释为儿子期盼已久的野营，一份送给儿子生日的神秘大礼。而纳粹集中营种种折磨人的花样，被基多解释为充满巨大悬念和诱惑的积分游戏。谁最先拿到一千分，谁将得到一辆真正的坦克。纳粹集中营在基多儿子的眼中，变成了全世界儿童都思慕不已的迪斯尼乐园。这部影片是对积极心理学的最好诠释。它给我们展示了男主角在面对挫折时接纳与积极的人生态度；它带给我们的是在那个寒冷的冬天里男主角一家能够感受到而我们却常常忽视了的那一轮温暖的阳光；它展示了爱的力量，充满乐观的希望和散发着春天活力的心灵世界……

（资料来源：徐光兴．中外电影名作心理案例集．上海：上海教育出版社，2006．269）

（二）积极心理学对大学生人格自我管理的启迪

目前关于积极心理学的研究，主要集中在研究积极的情绪和体验、积极的人格特征、创造力与培养天才、积极环境等方面。这些内容对大学生人格的自我管理具有重要的借鉴和启迪，他们可以在领会积极心理学精神的基础上，从以下几方面进行人格的自我管理：

1. 保持积极的情绪和体验

积极的情绪和体验是积极心理学极其关注的一个主题，它们在保持生理健康方面也有很大的意义。积极的情绪状态（如乐观）可以增加人的心理资源，使人相信结果会更好。在面对压力事件时，积极的情绪状态更能抵御疾病的侵袭，并且在疾病状况下，良好的情绪状态会提高免疫系统的活动水平，相应地加速个体的康复进程；而消极情绪则相反。对于积极情绪，雷里克提出了拓延—构建（broaden and build）理论，认为某些离散的积极情绪，包括高兴、兴趣、满足、自豪和爱，都有拓延人们瞬间的知—行（thought - action）的能力，并能构建和增强人的个人资源，如增强人的体力、智力、社会协调性等；消极情绪则正好相反。

大学生在保持积极的情绪体验时，不能忽视的一个方面是要设法保持自己的主观幸福感水平。主观幸福感是指个体根据自定的标准对其生活质量的整体性评估，是衡量个人生活质量的重要综合性指标。它不仅指一种心理状态，而且指一种生存状态。主观幸福感包括积极情感，没有消极情感以及对生活满意度的整体评价。具体来说，主观幸福感建立在积极情绪和体验、没有消极情绪和体验、对生活不同部分的评价，以及对整体生活满意度的评价的基础之上。这预示着大学生必须关注生活中的积极体验，想办法尽量避免消极的情绪体验；另外还应该提高对具体生活领域和生活事件的满意度水平，从而维持总体的较高水平的幸福体验。

2. 培养积极的人格特质

积极心理学关心积极的心理品质。赫尔森和玛丽曾将积极的人格特征与消极的人格特征进行了区分，认为积极的人格特征中存在正性的利己特征、与他人的积极关系两个独立的维度。前者是指接受自我，具有个人生活目标或能感觉到生活的意义，感觉独立，感觉到成功或者是能够把握环境和迎接环境的挑战等；后者则指的是当自己需要的时候能获得他人的支持，在别人需要的时候愿意并且有能力提供帮助，看重与他人的关系并满意已经建立的人际关系。积极的人格有助于个体采取更为有效的应对策略，从而更好地面对生活中的各种压力情景。对大学生来说，培养自己积极的人格特质该如何入手呢？对此，积极心理学提供了几个重要的人格特质。

(1) 培养乐观的品质。

"乐观是什么?"对此，积极心理学存在两种不同的观点。一种观点认为乐观是一种人格特质，以总体的乐观性期望为特征，主张乐观是对未来好事情比坏事情更有可能发生的总体期望。持这种观点的学者认为，乐观的人在面对困难时，会继续坚持所认为有价值的目标，采用有效的应对策略，不断地对自己和自我状态进行调整，以便他们更有可能实现目标。另一种观点认为乐观是一种解释风格。他们认为，乐观的人把消极事件或经验归因于外部的、暂时的和特殊的原因（比如当前的环境），悲观的人则把消极事件归因于内部的、稳定的和普遍的原因（比如个人失败）。积极心理学认为，要形成乐观的积极品质，个体应努力以他人尤其是父母的乐观解释风格为榜样，学会把成功归因于内部的、普遍的和稳定的因素，把失败归因于外部的、特殊的、暂时的因素。同时，要采用不同的方式不断自我强化乐观和坚韧性。

知识链接　**乐观主义的效应：坚持与放弃**

研究表明，乐观主义者即使进展困难或缓慢，也会继续朝着他们的目标奋斗；相比之下，悲观主义者在同样的情境里则有可能放弃他们的努力，脱离他们原先定下的目标。这种概念上的两分法（坚持与放弃）为许多预测提供了基础。

其中一个颇具依赖性的研究涉及保持健康的目标。社会心理学家曾经花了5年时间追踪手术后的心脏冠状人工搭桥病人，调查了他们的有关生活方式。研究对象为男性，要求他们在3个时段上填写问卷：手术前1天，手术后6~8天，手术后6个月。研究人员意欲通过问卷来对乐观主义、积极或消极的情感、疼痛的忍耐程度、应对策略，以及短期内的康复期望作出评价。乐观主义者在手术前称他们的抑郁程度比悲观主义者要低。手术后1周，乐观主义者感觉轻松和怜悯，对治疗觉得满意，而且对亲属或朋友给予的慰问和关怀感到满足。手术后6个月，乐观主义者比悲观主义者获得更高的生活质量。例如，乐观主义者比悲观主义者更有可能自觉服用维生素，吃低脂肪的食品，或者积极报名参加心脏康复计划。即便当研究人员从统计角度对医疗因素进行控制后，上述这些差异仍然十分明显。

（资料来源：李维．风险社会与主观幸福．上海：上海社会科学院出版社，2005．366）

(2) 保持希望的状态。

里克认为希望是一种认知集合，包括两个主要因素：动因和路径。动因指的是达到目标的一种自我效能感和决心意志，反映了达到目标的动机因素；路径是达到期望目标的计划或者途径，反映了目标计划的策略因素。动机因素和策略因素是相互作用的，希望就是这两种因素的总和，可以用图4－1来说明：

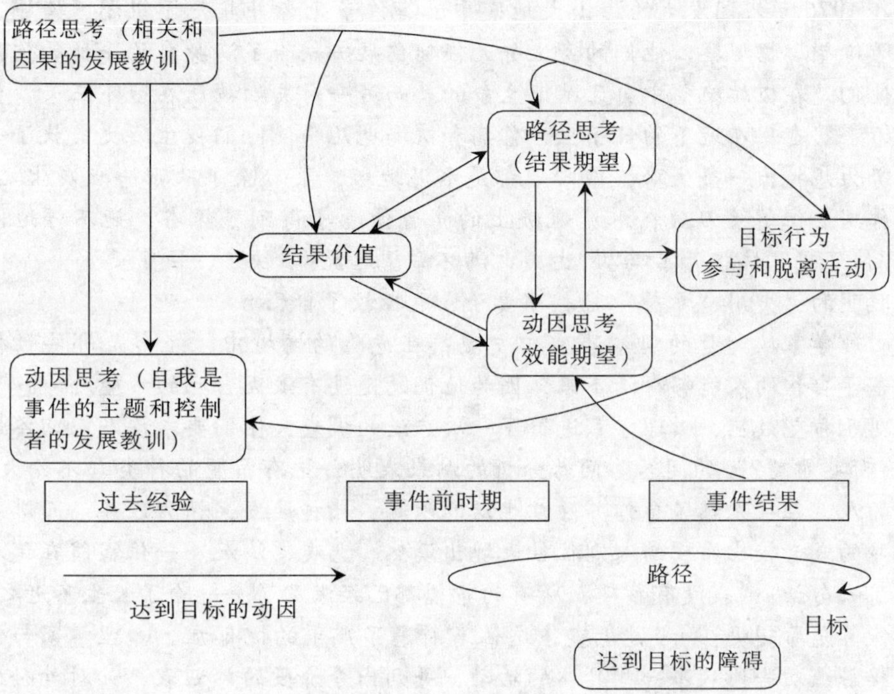

图 4－1　Snyder 的希望理论

（资料来源：Adapted from Snyder，2000）

知识链接　　希望效应

1900 年 7 月，一位叫林德曼的精神病学专家独自一人架着一叶小舟驶进了波涛汹涌的大西洋，他在进行一项历史上从未有过的心理学试验，预备付出的代价是自己的生命。

林德曼博士认为，一个人只要对自己抱有信心，就能保持精神和机体的健康。当时，德国举国上下都在注视着这个独舟横渡大西洋的悲壮的冒险者。已经先后有 100 多位勇士相继驾舟横渡大西洋，结果均遭失败，无人生还。林德曼博士认为，这些死难者首先不是从肉体上败下阵来的，主要是死于精神上的崩溃，死于恐怖和绝望。为了验证自己的观点，他不顾亲友们的反对，亲自进行了试验。在航行中，林德曼博士遇到了难以想象的困难，多次濒临死亡，他的眼前甚至出现了幻觉，运动感也处于麻木状态，有时真有绝望之感。但只要这个念头一升起，他马上就大声自责："懦夫，你想重蹈覆辙，葬身此地吗？不，我一定能够成功！"生的希望支持着林德曼，最后他终于成功了。他在回顾成功的体会时说："我从内心深处相信我一定会成功，这个信念在艰难中与我自身融为一体，它充满了我的身体的每一个细胞。"他的试验表明，人只要对自己不失望，对自己充满信心，精神就不会崩溃，就可能战胜困难而存活下来，并取得成功。

在1976年我国发生的唐山大地震中，有许多死者并非死于饥渴、垮塌，而是死于绝望。据观察，他们的身上并无任何伤痕——除了满身自己手抓的伤痕以外，他们是在极端绝望中自己结束生命的。而另一对夫妇被压在地下三天，仍然活了下来。在压在地下的日子里，伤痛和饥渴也几乎使他们丧生。丈夫找了一把菜刀努力想挖出一条生路，但四周都是水泥地板，菜刀除了砍下一点灰尘之外，并无作用。但是菜刀砍在水泥地板上的声音使妻子得到了振奋，她不停地问丈夫："快了吗？快挖开了吗？"丈夫也满怀希望地说："快了，快了。"

聪明的丈夫用"希望"拯救了妻子，也拯救了自己。

心理学家从大量的观察事实中发现：在危险的情境中，经常是那些性格乐观、富于自信的人能够存活下来，因为他们总是没有泯灭自己的希望。

对于希望效应，心理学家进行了一次广泛的调查，他们要求许多人回答题为"你有哪些希望？"的问卷。问卷分析的结果表明，抱有希望的种类（不论大小）越多的人，往往充满了自信并注意生活的乐趣，精神焕发，精力旺盛。而那些没有明显的或者较少希望的人则往往表现出漠然、悲观、消沉。一位富翁在试卷上只填了一句话："我没有希望，所有的希望都已经满足了——除了长生不老之外，而这能算是希望吗？"经过调查，这位富翁患了严重的忧郁症。心理学家与他进行了接触，劝告他从事一些具体的活动，并列出分阶段的计划表，如对外孙的培养、对某个足球俱乐部的支持等。经过指导，经过不断的、各种各样的希望的"煎熬"，这位富翁在精神上已判若两人。希望感是人类能够生存的根本欲望。一些刚刚步入社会及人生之路的青年，却过早地结束了自己的生命，大多数是由于对生活感到失望以至累积成绝望。而一个对生活有希望的人，即使环境再艰难，他都会发挥同环境抗衡的能力，在改造环境的过程中改善自己的生存条件和地位。

（资料来源：刘宗粤. 心理辅导，2000（11）：15）

（3）运用自我决定理论，促进人格发展。

赖安和丹斯从人的本质出发研究了自我决定理论（SDT）。该理论以个体的内在动机为出发点，认为人有三种先天需要：自主（autonomy）、能力（competence）和关系（relatedness）。当这三种需要得到满足时，内在动机最有可能发生，人们会得到幸福感，发挥潜能，并促进社会的发展。它还假定，所有人都有基本的需要，希望在行为中感到自由和不受压制，希望通过自身的行动缩短同重要人物的距离，甚至和这些人物发生联系，并且在这些行为中体会到力量和能力。这一理论认为，要有效满足自主性、能力和关系的需要，个体必须维持良好的人际关系，这对提升他们行为的内在动机和伴随其成长的各种能力非常有益。

另外，大学生还可以培养其他一些积极的人格特质，包括爱、交往技巧、美德、工作能力、感受力、宽容、毅力、勇气、防御机制、智慧、关注未来等。积极心理学家对它们都进行过探讨，认为这些积极特质可以培养，一条最佳的途径就是增强个体的积极情绪体验。

3. 培养自己的创造力

有许多积极心理学的研究对创造力进行了探讨。

知识链接

小练习

做个小练习：请在两分钟内说出报纸有多少种用途。请将您的回答写在下面的表内。

报纸的用途：

创造力研究的兴起可追溯到1950年吉尔福特的研究，他认为，发散思维和变换能力是创造性思维的核心。在他之后，由于创造力的定义和研究的复杂性，这一领域的研究进展不大，直到积极心理学的介入，提出了一个颇有影响的创造力投资理论。该理论认为创造力是一种多维结构，由六种资源构成：智力过程、知识、智力风格、人格、动机和环境线索，创造性是这六种因素以各种方式聚合的结果。

这一理论还提出了发展创造性潜能的12种策略，对大学生具有很好的借鉴和指导作用。这些策略包括：鼓励假设性的质问，允许含糊和不明确，容许犯错，鼓励他人对问题进行定义或重定义，对创造性的想法和产品进行奖励等。在具体的实践过程中，大学生还可以参照积极心理学家设计的一套程序进行操作，具体步骤大致如下：

第一，给自己提供一个环境，其中有许多机会供选择，让自己发挥创造性。如果你想找到一个特殊问题的创造性解决方法，那么你可以创造一个自由的环境，然后在其中去探索大量问题的设计。而且，每天，你都可以通过设计一个希望达到的目标，在一个不受打断的时间为此进行工作，然后写下你的收获。

第二，创造一个你想到达的境界。如果你想解决什么问题，或者想创造什么艺术，但是却不能准确表达，那么你可以使用暗喻、情绪性语言和模糊或者诗意的语言。当你想获得对这个境界的感觉时，听从你内心的直觉。

第三，发展进入一个领域的基本技巧。这些领域可能是语言、数学、音乐、艺术或运动。

第四，熟练掌握特殊领域的所有相关知识 。这开始于对领域的简单表征，但是长期的目标是增加复杂性。

第五，创造一个鼓励好奇和探索的环境。这包括练习较强的注意力，对外部世界更加关注，以及允许自己对观察到的大范围事件表示惊异。这种惊异包括，放弃把常规的假设、规则和实践当作理所当然；挑战正统的问题；像一个孩子，对事情为什么会这样和否则它们会怎么样保持玩乐的好奇心。每天试着注意三件让你惊奇的事情并把它们写下来，也试图在每天用一点时间给他人一些惊奇，并把它们写下来。

第六，激励自己对领域保持热情。这包括对任务的真诚兴趣，集中注意力完成任务，完成任务以满足自己的需要而不是受报酬的影响。为了维持对任务注意力的集中，可以适当接受赞扬和回馈，但是应注意不能让注意力持续偏离在那些完成任务的回报上，否则对任务的热情将受到损害，这会产生低创造性。另外，虽然为他人设置的目标工作不会产生创造性，但是，如果调整他人的目标以适应于自己的视野，那么这些目标也同样可以产生创造性。

第七，尽量使工作目标做到最好而不是为了赢得竞争。如果你在这一次的目标上比上一次做得更好，而不是比其他人做得更好，那么就更可能产生原创的思想。

第八，发展冒险的习惯。当你想到可能的观点或者尝试性的解决方法，不管这个想法有多么奇怪，不要太早判断和拒绝它们。新想法是有高价值的，尤其是当它们承担着冒险时。如果没有冒险，你将会服从传统，从而不会获得原创性和创造性。

第九，培养自己能够提高创造性产品的乐观信仰。认为创造性潜力完全是由先天决定的观点会抑制创造性。

第十，发展打破僵局的策略。这些策略包括：创造性的子目标，手段—目的分析法，列出问题的所有属性或者潜在解决方法并以不同的方式进行重组，运用问题的多种隐喻表征，根据视觉、听觉和口头表征来考虑问题，考虑极端案例(小或者大)，使用排除、替代、结合、修正或者重组一个或所有元素的方式以重新思考等。如果你依然处于僵局中，可以把问题先放在一边，做一些别的事情，例如睡觉、散步或者一些转移注意力的事情，然后再返回到更新的问题中。

最后，要有耐心。创造性和原创性需要时间，需要付出大量的创造性努力进行生产，在你最多产时，最有创造性的作品将会出现。

知识链接

西方思想家有句名言："太阳每天都是新的。"不论是伟大的发明家还是背着书包上学的我们，也许心中都有无穷的创意思维。让我们一起来看看，在日常生活和学习中，我们可以通过哪些方面拓展我们的思维：

A. 加一加

航天飞机实际上就是火箭、飞机和宇宙飞船的组合。收录机就是将收音机和录音机组合在一起。想想还有什么？

B. 减一减

隐形眼镜、无线电话、自动售货机等都属于这种效果。还有什么呢？

C. 扩一扩

宽银幕电影、投影电视都是这种思维的产物。还有什么吗？

D. 缩一缩

折叠雨伞、袖珍电视、随身听就是例子。你能试试吗？

E. 变一变

改变一下形状、颜色、声音、味道、气味会怎么样？这种东西还存在什么缺点？有什么不足？使用时有哪些不方便？

F. 学一学

有什么事物可以模仿吗？模仿它的形状和结构或原理会有什么结果？你听说过鲁班发明锯子的故事吗？

G. 代一代

一件东西用别的东西顶替会有什么效果？如果用别的材料、零件、方法等行不行？

H. 搬一搬

把这件东西搬到别的地方，还能有什么别的用途？这个想法、经验、道理、技术，搬到别的地方，也能用得上吗？

（资料来源：黄伟民，许思安．思想品德七年级（上册）教师教学用书．广州：广东教育出版社，2003．231）

1. 小　结

虽然人格的发展在很大程度上依赖于遗传和环境，但是人格的自我管理也是真实可行的，对自我意识渐趋成熟的大学生来说尤其如此。但这种自我管理该如何操作和实施呢？在呈现当代大学生人格状况的基础上，笔者对此进行了探讨。

从一般性自我管理和积极自我管理两个角度，本章为大学生人格管理提供了两个不同的视角。一般性的自我人格管理涉及自我意识管理、自我动机管理和自我目标管理。其中，自我动机的管理涉及的内容非常复杂，涵盖了需要、自我效能、归因、成就动机、期望等，甚至目标管理也是它的重要主题。积极的自我管理主要是在积极心理学的启发下，为个体的人格发展提供一些积极的思维和方法。如果说一般性的自我管理是为了防止人格发展出现冲突、紊乱，甚至出现危机和障碍的话，那么积极的自我管理则是为了使人格发展呈现和谐、整合和统一。前者是预防性的，后者则是发展性的。虽然本章的主线是以自我管理为主，但是环境对人格的影响始终不能忽略，因此，个体在实施自我管理的过程中必须使自己与他人、群体、环境等保持密切的联系，维系一种和谐的关系，进而使人格的自我管理达到更理想的效果。

2. 关键词

自我意识　需要　自我效能　成就动机　归因　目标管理　乐观　希望

3. 思考题

(1) 健康的自我意识的标准是什么?

(2) 大学生该如何对自我意识进行自我管理?

(3) 大学生动机的自我管理涵盖哪些方面?

(4) 大学生目标的自我管理该如何实施?

(5) 积极心理学研究对当代大学生人格管理有哪些启示?

第五章　大学生人格的自我评估

本章提要

想了解自己的人格状况吗？有什么办法吗？人格评估是可行、可信的吗？答案无疑是肯定的。本章对此将进行一些介绍和回答。对大学生来说，掌握一些人格评估的常用方法和技术，进而能够及时了解自己的人格状况，无疑是非常有益的。这也正是我们在讨论大学生人格管理与辅导时将人格的评估专门列为一章的初衷。不过，人格的内涵毕竟非常复杂，因此在人格评估的具体方法问题上，人格心理学家们有着不同的观点，存在一些争议。尽管如此，在人格评估的取向上，他们之间还是取得了一些一致看法。为了使人格评估更易掌握，本章从人格评估的三大主要取向入手，分析了自陈式评估、投射测验以及评估的其他方法的操作，同时也对其适用性进行了简单的评论。

一、人格评估的一般问题——用科学的方法了解自己

（一）人格评估的可行性

人格是否可以测量首先决定于对人格本质的认识。前面我们提到，由于对人格的研究角度不同，关于人格的本质问题，不同的人格心理学家所持的看法也不相同。尽管如此，他们对人格本质的理解至少在以下四个方面是一致或基本一致的。第一，绝大多数心理学家都承认或强调人格的整体性。人格虽然可能表现为各种不同的具体形式，但各种形式彼此交织，互相结合，组成一个整体。第二，所有心理学家都承认人格的独特性，即承认没有两个人的人格是完全相同的。这使人格测量有其实施的可能性。第三，绝大多数心理学家都承认人格对个人行为的调节功能，即认为人格是个体在行为上的一种内部倾向，它表现为个体适应环境时在能力、情绪、需要、动机、价值观、气质、性格和体质等方面的整合。第

四，多数的心理学家都主张人格的相对稳定性。既然是稳定的，那就说明经由不同方式和时间评估到的人格应该具有相同或相似的一致性，即可表现为跨时间和跨情境的一致性。既然有外在的表现形式，那就说明可以通过对个体能力、情绪、需要、动机、价值观、气质和性格等方面的测量，间接推测其人格状况，也可以用追踪研究等手段根据这些内容的变化推知人格状况的变化。

（二）人格评估的资料来源

人格评估的真实性和可靠性关键取决于它所依赖的资料出自何处，即这些资料的获得途径怎样。表5－1从资料形式、获取途径和反应的客观性三个角度出发，简要说明了10种人格评估的资料源并作出了相关解释。资料形式指依赖的是行为量变的意识表征（知觉、记忆和认知鉴定）、行为的同时性记录，还是心理生理的测量数据；获取途径是指所获资料是在人为的、标准化的、限制性的实验室条件下研究行为的变化，还是根据现场收集到的数据；反应的客观性是指所收集到的资料在客观性上是很满意（＋）、基本满意（＋/－）、不够满意（－/＋），还是缺乏客观性（－）。

表5－1　10种人格评估的资料源

资料来源	资料形式			获取途径		反应的客观性
	意识表征	行为	心理生理学	实验室	现场	
传记性记录		×			×	+
行为踪迹		×			×	+
行为观察		×		×	×	+/－
行为等级评定	×			×	×	+/－
表现性行为		×		×	×	+/－
投射技术		×		×		－/+
访谈	×	（×）		×		－
问卷	×	（×）		×		－
客观性测验		×		×	×	+
心理生理数据		（×）	×	×	×	+

（资料来源：Pawlik，1998）

对于大学生来说，这些资料来源大部分可以比较清晰地界定。例如，传记性的记录涉及有关个人历史、教育、就医等的记录，也可能包括违纪、参加的活动等资料。而行为踪迹则可以指诸如手迹、艺术作品（如图画、作文、诗歌或其他文学作品）等，自我设计的起居环境是整洁、有序还是杂乱无章，还可以指个人的言行举止、待人接物和衣着打扮等。在自我评估中，行为观察一般指对自己的行为进行记录、监控、描述和分类等；而行为的等级评定则主要指大学生要请一个人根据给定的特征、判断标准或者核查项目来对他本人的行为进行评估。这种评定可以与行为同步进行，也可以应用于过去的具体情境中或普通意义上的行为。

表现性行为是指一个人在观看、行动、谈话或表达其目前的情绪状态、感受或动机时的变化。例如，板起面孔、颤抖、脸变红、出汗、行动犹豫不决、高声或柔声地说话等，这些都是对行为变化的描述，大学生可以通过自我观察和体验获得。投射技术指通过一个模棱两可的刺激物诱导出一个人的知觉，从而自觉或不自觉地表露出其个人特征，包括那些甚至连他自己都未意识到的动机和情绪等。而在访谈技术上，大学生可以通过一定的程序或随意性的自省式自问自答来获取资料。实际上，问卷来源就是一种以比较正规的形式设计成的结构化的访谈。而客观性测验就是通过某一测验来完成。至于心理生理数据是指一系列与特定行为变量相关的心理生理系统参数，包括大脑的活动情况及其功能状况（如脑电图、功能性磁共振成像等），荷尔蒙和免疫系统参数及其反应形式，也包括心血管系统反应模式，如心电图、呼吸参数、呼吸描计器、汗腺活动变量等。

值得一提的是，上述10种资料来源对不同的评估变量可能有较大的效用差别。因此，大学生在进行实际的自我评估时，不应单一地依靠某一种测验去获取数据和信息，而应把客观测验和行为观察信息、真实的传记性记录资料等综合起来。

（三）人格评估工具的保证

在大学生人格自我评估的过程中，“选择什么样的评估工具”、“评估工具是否有效”等问题都会动摇其自我评估的信心。他们可能还会质疑：行为和身心状态可能会由于各种原因而产生变动，那么该如何避免或尽可能减少这种误差，从而确保评估的有效性和准确性呢？对此，心理学家从信度和效度两个方面进行了研究，为各种人格评估工具提供了有效的保证。

1. 信度

（1）信度（reliability）概念。

信度是指测验的可靠性、稳定性，即测验结果是否反映了被测者的稳定的、一贯性的真实特征。这种可靠性主要体现在三个方面：①测验结果跨时间的一致性，即被测者在不同时间内所测结果应基本一致；②测验内容的一致性，即同一测验内的各部分题目所测的是同一种行为或行为特征；③不同评分者之间的一致性，即不同评分者对同一测验结果的评分一致性。

（2）评估信度的方法。

针对不同的误差来源，信度可以有不同的确定方法，这里简单介绍几种主要的信度类型及其考察方法：重测信度、复本信度、内部一致性信度、评分者信度等。

1）重测信度（test - retest reliability），又称为稳定性系数。它采用重测法进行计量，即对同一个测验，在第一次施测后，经过一段时间对同一对象群进行再测验，求两次测验分数的相关系数（采用积差相关系数），这一相关系数即为重测信度。这一重测信度越高，说明测量的结果越一致、越可靠。

重测信度所考察的误差来源主要是时间的变化带来的随机影响，如疲劳、疾病、焦虑、情绪波动等被试本身身心状态的变化，或者由于测量时外在的变量，如气候、噪音、灯光等对测量的影响。因此，重测信度代表了测量能用于不同时间的程度，即信度越高，测量就越稳定，不因时间的变化而变化。尽管如此，在评估测验的重测信度时，重测间隔的时间是必须注意的一个重要问题。如果间隔时间太短，被试对测验内容记忆犹新，必然会造成假性的高相关；而如果间隔时间过长，测量结果又可能会受到被试身心特质改变的影响，从而降低相关系数。一般而言，人格评估的重测间隔时间在2周到6个月之间比较合适。

2）复本信度（alternative - form reliability），又称为等值性系数（coefficient of equivalence）。它是指以两个测验复本来测量同一群体，然后求被试在这两个测验上得分的相关系数（积差相关）。这两个复本必须是功能上等值但题目内容不同，即在难度、平均值、变异数、内容等方面应该非常近似。与重测信度类似，复本信度也要考虑两个复本实施的时间间隔。在实际评估中，为了避免时间的影响，通常是一半被试先做其中的一个复本，而另一半被试先做另一个复本。

复本信度具有几个显著的优点：①能够避免重测信度的一些问题，如练习效应、记忆效果等；②它适用于进行长期追踪研究或调查某些干涉变量对测验成绩的影响；③它减少了辅导或作弊的可能性。与此同时，它也有一些不容易克服的缺陷：①由于测验的反复，测验的性质有可能改变；②如果测验的行为易受练习的影响，则复本信度只能减少而不是消除这种影响；③有些测验很难找到合适的复本。

3）内部一致性信度（consistency reliability）。它是指同一测验量表的两个部分（例如分为奇数题和偶数题，或者量表的前一半和后一半）得分的相关系数。如果说重测信度和复本信度分别注重考虑测验的跨时间的一致性（稳定性）和跨形式的一致性（等值性），那么内部一致性信度则主要反映测验内部题目之间的关系，考察测验的各个题目是否测量了相同的内容或特质。它一般分为分半信度和同质性信度。

分半信度（split－half reliability）的方法是把一个量表按题目序号分为两半，一半是奇数题，一半是偶数题。计算时先把每个人的奇数题、偶数题得分分别相加，得到一个奇数题总分、一个偶数题总分，然后求所有应试者奇数题总分与偶数题总分的相关系数。采用这种方法，只需要一种测验形式，实施一次测验，因而比较简单，容易操作。

计算分半信度仍可以采用常用的积差相关方法。但是由于折半，所以题目只是实际的一半，这就降低了信度，因而必须对其进行修正。常用的修正公式是斯皮尔曼—布朗公式。公式如下：

$$r_u = \frac{2r_{x_1x_2}}{1 + r_{x_1x_2}}$$

式中，$r_{x_1x_2}$——两半测验的相关系数；r_u——估计或修正后的信度。

同质性信度（homogeneity reliability）是指测验内部各题目在多大程度上考察了同一内容。因此，如果想在一个测验中测量不同的内容，理想的做法是将测验设计成几个分量表的测验。

4）评分者信度（raters reliability）。它是指不同评分者对同样对象进行评定或相同评分者不同时间评定同样对象时的一致性。在一些人格评估（如投射测验、画树画人测验等）中，评分者的评判也是误差的重要来源之一，因此也有必要考虑评分者信度。这种信度最简单的操作方法是随机抽取若干份已答问卷，由两个独立的评分者评估分数，再求每份答卷两个评判分数的相关系数。如果评判者是两人，那么这种相关系数的计算既可以用积差相关方法，也可以采用斯皮尔曼等级相关方法；如果评分者是三人以上，而且又采用等级记分，那么就需要用肯德尔和谐系数来求评分者信度了。

（3）影响评估信度的因素。

评估的信度会受到一些因素的影响，这里列举主要的几个方面，以便在测验的编制和使用过程中予以注意，也让评估者在解释信度系数时能够充分考虑这些因素：

1）信度依赖于测验的长度（即题目的多少）。一般而言，测验越长，信度值越高。这是因为：一方面，测验越长，题目取样或内容取样就越充分，结果就越可靠；另一方面，较长的测验不容易受到被试猜测因素的影响。不过，在增加测验长度时要注意，只有当所增加的题目和原题目在性质上相同时，才能真正提高测验的信度。

2）信度受被试样本性质的影响，这种影响主要包括样本的分数分布和样本的异质性两方面。一般来说，分数分布越广，信度系数就相对越高；分数分布越窄，信度系数就会越低；取样团体的异质性越大，信度系数也相对越高。

3）信度还受到测验难度的影响。如果一个测验的难度太低，测验分数就会集中在高分段，出现天花板效应；反之，如果难度太大，测验分数就会集中于低分端，出现地板效应。无论哪一种情况出现，都会使测量分数分布太窄，进而降低信度。因此，只有当测验的难度水平适当，能够使测验分数分布范围最大时，测验的信度才会比较理想。研究表明，当所有被试的平均分为测验总分的一半，并且分数从零分到满分分布时，测量的信度最高。

（4）提高测验信度的方法。

为了提高测验的信度，尤其是在刚编制一个评估量表时，在考虑信度影响因素的基础上，应尽可能满足下面这些条件：延长测验的长度，测验的难度应适中，测验的内容应尽量同质，测验的时间要充分，测验的程序应统一，评分要客观，加大应试者之间的差异。

2. 效度（validity）

（1）效度的概念。

效度（validity）是指评估时所测量到的结果反映所想要考察内容或特性的程度。也就是说，效度是一个测验所要测量的某种行为特征的正确性或准确度。两者越吻合则效度越高；反之，则效度越低。因此，可以说测验的效度是对测验本身进行测验，即测验的结果对其所要完成的目标达到何种有效的程度。

（2）效度的分类。

根据评估方法的不同，效度可以分为内容效度、构想效度和效标关联效度三类，现在分别进行介绍。

1）内容效度（content validity）。它是指测验目的代表所欲测量的内容和引起预期反应所达到的程度。较好的内容效度依赖于两个条件，即测验内容范围明确和测验内容的取样有代表性。内容效度的确定一般没有可用的数量化指标，只能靠推理和判断来进行。其通常采用的估计方法是逻辑分析，这是指根据心理学理论，勾画出应掌握知识内容的范围和深度，提出应形成的技能名称等，然后以逻辑分析的方法估计测验题目在多大程度上代表这些内容，在多大程度上能够测量出所要测验的特性和功能。

不过，值得一提的是，内容效度最适合的是评估教育和成就测验，也适合于某些用于选拔和分类的人事测验，但一般不太适用于人格测验。

2）结构效度（construct validity）。亦称构想效度、构念效度和建构效度，是指测验分数能够说明心理学理论的某种结构或特征的程度，也可理解为测验实际测量了所欲测量的结构和特性所达到的程度。它也是一种内容效度。一般而言，判断结构效度的步骤分为三步：首先，建立理论结构；其次，根据理论结构进行假设；最后，用逻辑的和实证的研究（包括测验）来验证假设。其中逻辑推论方法大概可分为以下几步：①分析某种结构和特性与测验题目的关系，看这些题目是否能测量该种结构和特性；②比较两组被试进行同一测验（如智力）的结果；③把自己所编制的测验的施测结果与另一性质相同而被公认具有较高结构效度的测验结果进行比较；④比较先后两次测量的结果；⑤用因素分析法判断结构效度；⑥用计算聚敛效度（convergent validity）与区分效度（discriminant validity）的方法估计结构效度。

聚合效度和区分效度既是一种效度，也是检验结构效度的一种方法。聚合效度是指测量某种心理结构的测验分数，要与测量相同结构的其他测验的分数具有高相关。区分效度则是指测量某种心理结构的分数要和测量不同结构的测验分数具有低相关。

3）效标关联效度（criterion - related validity）。也称为效标效度（criterion validity），是指测验分数与作为效标的另一独立测验结果之间的一致程度（或者定义为测验分数和效标之间的相关）。效标实际上是衡量测量有效性的外在标准，具体即是根据测验所要测量的特性和预测的行为所确定的参照标准。

根据效标收集时间的不同，可以将效标效度进一步区分为同时效度（concurrent validity）和预测效度（predictive validity）。同时效度即效标与测验分数同时获得，用两次测验结果的相关系数来估计；预测效度即效标在本测验之后相当时间获得。

（3）效度的影响因素。

同信度一样，效度也受到许多因素的影响。大致来说，一般可分为以下几类：

1）测验的因素。这些因素包括测验题目的质量（例如，题目的指导语不明确、题目的表达不清晰、题目太难或太容易、题目中出现额外线索、题目的安排和组织不合理等）、测验时的干扰因素（如测验环境）、测验长度等。

2）被试本身的影响，如测验动机、情绪和身心状态变化、出现反应定势等都会影响测验效度。

3）进行效度化所依据的有关准则。一般来说，如果其他条件相同，所测量的心理特质与效标行为或特质越相似，效度系数就会越高。

4）团体的性质对效度产生影响。这种影响体现在三个方面：首先，同一测验对不同的团体所测量的功能可能是不同的；其次，对于同一个测验，样本团体的性质不同，效度也会有较大的差别；最后，样本团体的异质性对效度也会有影响。

5）信度对效度也会产生影响。

（4）提高效度的方法。

要提高测验的效度，可以通过以下途径：①控制系统误差；②精心编制量表（内容、题目、难度）；③妥善组织测验；④扩充样本的容量和代表性，使随机误差趋于抵消；⑤合理处理效度与信度的关系（同质性测验信度高，非同质性测验效度高）；⑥适当增加实验的长度。

3. 信度与效度的关系

信度和效度的差别在于所考虑的误差不同。信度考虑的是随机误差的影响，而效度的误差还包括对测验目的来说无关的变量所引起的系统误差。这样，即使随机误差减少，也不一定能消除那些对测验目的来说无关变量引起的误差。因此，信度高不能保证效度也一定高；但是反过来，如果效度高的话，那么随机误差就自然降低，这样信度就高了。因此可以说，信度是效度的必要而不充分条件。

二、测验法与投射法——人格自我评估的主要方法

到目前为止，人格心理学家已经开发了几类比较成熟的评估量表。大致可以分为：①问卷式人格测验量表，包括自陈式量表和评定量表。前者指一种自我报告式问卷，包括内容效度问卷（如爱德华个人偏好量表）、因素分析人格问卷（如16PF）、经验效标人格问卷（如MMPI）等；后者指以观察为基础，由他人对某个人的某种行为或特质作出评价。②投射测验，指让被试在不受限制的情境下对各种图形、墨迹或数字自由地作出反应，据其反应的结果来推断其人格，如罗夏墨迹测验、主题统觉测验、文字联想测验、画人或画树测验。③人格评估的其他方法，如人格的客观测量（包括人格的生理学测量、知觉和认知测量如场独立和场依存测量、认知风格测验等）、人格的行为观察法（包括特殊的观察技术、情境测验、非语言行为、晤谈法）等（见表5－2）。为了使大学生能有针对性地掌握一些评估方法，本节择取几种主要的人格评估量表分别进行介绍。

表5－2　常见的人格测验

测验名称	测验类型	测验目的及使用范围
明尼苏达多相人格量表	自陈量表	适用于临床上对病态人格的诊断
卡特尔16种人格因素问卷	自陈量表	描绘个体的16种人格因素特征，适用于正常人
艾森克人格问卷	自陈量表	评价个体的内外倾、情绪性、精神质方面的特征
爱德华个性偏好量表	自陈量表	测量个体的需要、兴趣倾向
加州心理问卷	自陈量表	适用于评价正常个体人格特征
詹金斯活动性调查表	自陈量表	评价可导致冠心病的A型行为特征
控制点问卷	自陈量表	评价个体内控及外控特征
米伦临床多项问卷	自陈量表	临床精神病诊断

（续上表）

测验名称	测验类型	测验目的及使用范围
儿童人格问卷	评定量表	鉴别需要进行心理治疗的儿童
莱氏品质评定量表	评定量表	评定他人内外向特征
猜人测验	评定量表	教育情境中的品质评定
形容词检核表	评定量表	评价他人人格特征
罗夏墨迹测验	投射测验	临床精神病的人格评估
主题统觉测验	投射测验	临床精神病的人格评估
完成句子测验	投射测验	评价人格特征及适应状态
画树测验、画人测验、屋—树—人测验	投射测验	评价人格特征
品格教育测验	情境测验	中学生品格评估
情境压力测验	情境测验	军事或特殊人才选拔
镶嵌图形测验	客观测量方法	评价场独立性、场依存性认知方式
社会关系图解法	社会计量法	评价团体中成员关系亲疏、远近
社会距离量表	社会计量法	评价团体中成员关系亲疏、远近
瑟斯顿量表	态度量表	对事物的态度评价
Q分类技术	评定量表	了解“自我”理解及一致性

（资料来源：郑日昌等．心理测量．长沙：湖南教育出版社，1987．190）

知识链接

性格类型测验

下面有一些问题，每一问题有四个答案选项，请你将最适合你情况的选项记4分，依次记3分，再次记2分，最后记1分。

1．你给别人留下的深刻印象可能是……

A．经验丰富　　B．热情友善

C．灵敏快捷　　D．知识丰富

2．当你按计划工作时，你希望这计划能够……

A．取得预期效果，不要浪费时间、精力

B．有乐趣，并能和有关的人一起进行

C．有事实为依据，计划详细和精确

D．能产生有价值的新成果、新观念

3. 你我的时间很宝贵，所以总是首先确定要做的事情……

A. 有没有价值　　B. 有没有兴趣

C. 是否安排得当，按计划进行　　D. 是否考虑好下一步的计划

4. 对你来说，最满意的情况是……

A. 比原来的计划要求做得更多

B. 对别人有帮助，利人利己

C. 经过思考解决了问题

D. 把一个想法和另外一个想法联系起来了

5. 你喜欢别人把你看成是一个……

A. 能完成工作任务的人　　B. 充满热情和活力的人

C. 办事胸有成竹的人　　D. 有远见卓识的人

6. 当别人对你无礼时，你会……

A. 立即表现出不快　　B. 心情不快，但能很快消除

C. 谴责对方　　D. 不去理他，考虑自己的事

评分：把6个问题中A、B、C、D 4项的分数分别相加，得出4个总分数。分数最高的一项，就是你的性格的基本类型。其中，A代表敏感型，B代表感情型，C代表思考型，D代表想象型。

（一）人格评估的问卷式测验

1. 自陈问卷的格式

为了便于大学生的自我评估，这里列举的问卷主要是自陈问卷。它是一种自我报告式问卷，即对拟评估的人格特征编制许多问题，要求被试（学生自己）做出符合自己实际情况的回答，主试（学生自己）根据作答情况来评估其人格特征。这是目前最广泛也是最通用的人格评估工具，也是人格的一种客观测量。问卷的项目形式一般采用是非判断式或选择式。现在流行的主要有以下几种格式：

（1）是否式。

提供一个陈述句或问句，并列出“是”和“否”两种选项，要求受测者选择其中的一个选项。例如：

你喜欢热闹的事情吗？　　是□　　否□

你总是喜欢一个人去看电影吗？　　是□　　否□

（2）二择一式。

提供两个意思相反的陈述句（A、B），要求受测者选择其中符合自己实际情况的一个。例如：

A. 我喜欢批评那些有权威和有地位的人。　　□

B. 在长辈或上级面前，我会感到胆怯。　　□

(3) 是否折中式。

提供一个陈述句或问句，并列出“是”、“否”和“不一定”（或“介于是与否之间”）三种选项，要求受测者选择其中的一个选项。例如：

我善于控制自己的表情。

A. 是的　B. 不是的　C. 介于A与B之间

你总是喜欢呆在安静的房间吗？　是□　否□　不一定□

(4) 文字等级式。

提供一个问句，同时列出几个（通常是五个）程度不等的选项，供受测者选择。例如：

你对自己的工作满意吗？

非常满意□　比较满意□　无所谓□　不大满意□　极不满意□

(5) 数字等级式。

实际上是文字等级式的变式，只不过是将文字式选项改为数字式选项。例如：

你对自己的工作满意吗？

非常满意————————————非常不满意

1　2　3　4　5

2. 几种主要的人格问卷

(1)《艾森克人格问卷》。

《艾森克人格问卷》（Eysenck Personality Questionnaire，EPQ）是艾森克教授编制的。EPQ有成人和青少年两种问卷，成人问卷有90题，青少年问卷有81题。我国的钱铭怡教授等修订了《艾森克人格问卷简式量表》（EPQ－RSC），由48题组成。每种问卷都包括4个量表：精神质量表（P）、内外倾量表（E）、情绪稳定性量表（N）和效度量表（L）。量表采取是非题形式，被试的回答与规定的答案相符记1分，否则记0分。

四个分量表的具体描述如下：

P：精神质。并非有精神病，它在所有人身上都存在，只是程度不同而已。但如果某人表现明显，则易发展成行为异常。高分者可能表现为孤独，不关心他人，难以适应外部环境，不近人情，感觉迟钝，与别人不友好，喜欢寻衅搅扰，喜欢干奇特的事情，且不顾危险。

E：内外倾性。高分表示人格外向，特点是喜欢交际，渴望刺激和冒险，易冲动。低分表示人格内向，特点是好静，富于内省，除了亲密的朋友外，对一般人缄默冷淡，不喜欢刺激，喜欢有秩序的生活方式，情绪比较稳定。

N：情绪稳定性。反映的是正常行为，并非病症。分数高者可能表现为焦虑、担忧、郁郁不乐、忧心忡忡，常有强烈的情绪反应，以至于出现不理智行为。分数低者则可能表现为情绪反应缓慢且轻微，易恢复平静，稳重，性情温和，善于自我控制。

L：测定被试的掩饰、假托或自身隐蔽行为，或者测定其社会性朴实幼稚水平。

EPQ 的重测信度为 0.58～0.86，效度仍在考察之中。尽管如此，该问卷已在许多国家得到修订和应用，仅在我国就有陈仲庚和龚耀先等进行过修订，钱铭怡等还修订了其简式量表。

（2）《人格的五因素问卷》（NEO－PI－R）。

这一问卷是由科斯塔和麦克雷编制的，由 240 个题目构成。量表的测题采用第一人称表述，每一个表述都与人格的五大维度相关联。受测者按照从“很不同意”到“很同意”五个级别的标准来评估自己对每一个表述的认同程度。以下是各维度的项目举例：①神经质，如“我很少感到恐惧或焦虑”；②外倾性，如“与人闲聊时，我得不到多少乐趣”；③开放性，如“我不喜欢将时间浪费在幻想上”；④随和性，如“我总是把人往最好处想”；⑤责任心，如“我总是为自己能做出正确的判断而感到自豪”。表 5－3 列出了每个维度的高、中、低得分者的特征描述。另外，这一测试还提供了另一种内容相似的第三人称表述，这样可以由受测者的同学、老师或其他专业人员给出更为客观的评价。

表 5－3　人格五因素各维度的高、中、低分描述

五大维度	高分描述	中等分数描述	低分描述
神经质	感觉灵敏，感情脆弱，很容易体验到令人心烦意乱的感觉。	总体上讲，很安静，有能力应付压力，但有时体验到负疚、愤怒或悲伤的感觉。	无忧无虑，能吃苦耐劳。即使面对压力，一般也能保持轻松。
外倾性	外向、开朗、活泼、情绪高昂，大多数时间里愿意与人打交道。	在行为和热情两方面保持得不温不火。愿与人相处，但同时也注重个人隐私。	内向、含蓄、庄重，喜欢孤独或只与几个密友交往。
开放性	喜欢经历新鲜事物，兴趣广泛，想象力丰富。	讲求实际，但也愿意尝试新方法。在新与旧之间寻找一种平衡。	脚踏实地、讲究实际、因袭传统，固守自己的处世原则。
随和性	极富同情心，性情温厚，渴望合作，避免冲突。	总体上讲，富于同情心，信任他人，性情随和，但有时会固执己见。不乏竞争意识。	斤斤计较，怀疑心重，骄傲自大，争强好胜。直截了当地表达自己的愤怒。
责任心	责任心极强，做事有条不紊。总是高标准、严要求，并努力实现自己的目标。	为人可靠，做事较有条理。有目标，但有时也能将工作弃置一旁。	生性闲散，做事缺乏条理。有时还马虎大意。不愿制订计划。

（3）《卡特尔 16 种人格因素问卷》。

《卡特尔 16 种人格因素问卷》（Sixteen Personality Factor Questionnaire，16PF）是美国伊利诺州立大学及能力测验研究所 R. B. 卡特尔编制的。它主要是从 16 个方面对个体的人格特征进行分析。

16PF 适用于 16 岁以上的青年和成人，现有 5 种版本：A、B 本为全版本，各有 187 个项目；C、D 本为缩减本，各有 106 个项目；E 本适用于文化水平较低的被试，有 128 个项目。目前我国通用的版本是刘永和博士于 1970 年发表的修订本，其常模是由两千多名港台地区的中国学生得到的。问卷中 16 个人格因素的题目按顺序轮流排列，便于记分并能保持被试作答的兴趣。作答时，每一题目有 a、b、c 三种答案，分别记为 0 分、1 分和 2 分。记分可用计算机或模板进行操作。模板共两张，每张包括 8 个因素。在得到各量表的原始分数后，还需要通过常模表将原始分数转化为标准拾分，并按标准拾分在剖析图上找到相应圆点，最后将各点连成曲线，即可得到一个人的人格轮廓图。

因素	原始分	标准分	低分者特征	标准分 1 2 3 4 5 6 7 8 8 10	高分者特征
A			缄默，孤独	· · · · · A · · · · ·	乐群，外向
B			迟钝，学识浅薄	· · · · · B · · · · ·	聪明，富有才识
C			情绪激动	· · · · · C · · · · ·	情绪稳定
E			谦虚顺从	· · · · · E · · · · ·	好强，固执
F			严肃，审慎	· · · · · F · · · · ·	轻松，兴奋
G			苟且敷衍	· · · · · G · · · · ·	有恒心，负责
H			畏惧，退缩	· · · · · H · · · · ·	冒险敢为
I			理智，着重实际	· · · · · I · · · · ·	敏感，感情用事
L			信赖，随和	· · · · · L · · · · ·	怀疑
M			现实，合乎成规	· · · · · M · · · · ·	幻想，狂放任性
N			坦白，真率，天真	· · · · · N · · · · ·	精明能干，世故
O			安详沉着，有自信心	· · · · · O · · · · ·	忧虑抑郁，烦恼自扰
Q_1			保守，服从传统	· · · · · Q_1 · · · · ·	自由，批评，激进
Q_2			依赖，随群附众	· · · · · Q_2 · · · · ·	自立，当机立断
Q_3			矛盾冲突，不顾大体	· · · · · Q_3 · · · · ·	知已知彼，自律严谨
Q_4			心平气和	· · · · · Q_4 · · · · ·	紧张困扰

图 5－1　16 种个性因素剖面图

借助问卷，受测者不仅可以了解自己在16种因素上的人格特点，而且根据卡特尔制定的人格因素组合公式可以对自己的整体人格作出评价。其双重个性因素类型及其推算公式如下：

①内向—外向。

公式：$(2A+3E+4F+5H-2Q_2-11)\div 10$

公式中字母代表相应量表标准分数，计算所得分数代表内、外向性。低分者内向、羞怯；高分者外向，善于交际。

②感情用事—安详机警。

公式：$(77+2C+2E+2F+2N-4A-6I-2M)\div 10$

低分者情绪多困扰不安，不果断，较含蓄敏感；高分者安详警觉，果断刚毅，有进取精神，但考虑欠周全。

③怯懦—果断。

公式：$(4E+3M+4Q_1+4Q_2-3A-2G)\div 10$

低分者人云亦云，依赖性强；高分者独立性强，有气魄，进取心强。

④适应—焦虑。

公式：$(38+2L+3O+4Q_4-2C-2H-2Q_2)\div 10$

低分者生活适应顺利，常心满意足；高分者易激动、焦虑，常有不满感。

值得一提的是，16PF问卷除了可对人格的双重个性进行测验应用外，还可以用于心理健康因素、专业成就者的人格因素、创造能力人格因素、新环境中成长能力人格因素等测验。

（4）《明尼苏达多相人格问卷》

《明尼苏达多相人格问卷》（Minnesota Multiphasic Personality Inventory，MMPI）是由美国明尼苏达大学教授哈撒韦和心理治疗家麦金利在20世纪40年代共同编制的。该问卷可以同时测量多种特质，因此称为“多相”人格问卷。

MMPI的主要功能是测查个体的人格特点，区别精神病患者和正常人。它涉及的范围很广，包括身体各方面的情况（如心血管系统、生殖泌尿系统、呼吸系统），精神状态以及个人对政治、法律、宗教、家庭、婚姻和社会的态度。测验时，被试对每一个问题选择“是”、“否”或“不能确定”三种答案中的一个。一般测试时间为45分钟，最多可达90分钟，文化水平低的被试所需时间将超过2小时，病人所需时间更长。

量表由566个项目组成，其中16个为重复项目（用于测查被试反应的一致性，看作答是否认真），因此实际项目只有550个。总项目中前399个项目分别分配在13个分量表中，包括10个临床量表和4个效度量表；其余的项目则与一些研究量表有关。通常在临床诊断中只使用前399个项目。10个临床量表和4个效度量表的名称及典型题目简述如下：

①或疑病症：题目来自表现对自己身体功能异常关心的病人。如“我每周胸

疼好几次”。

②或抑郁症：题目来自过分悲伤、无望，思想及行动迟缓的病人。如“我经常感到生活有趣而且有意义”。

③或癔病：题目来自经常无意识运用身体或心理症状来回避困难的冲突和责任的神经症患者。如“我的心脏跳得厉害，我经常都能明显感觉到”。

④或精神病态：题目来自经常地和放肆地漠视社会习惯、情绪反应简单并且不能吸取教训的病人。如“我的行为和兴趣经常受到其他人的批评”。

⑤或男子气—女子气：题目来自有同性恋倾向的患者以及男性和女性反应的差别。例如“我喜欢摆弄花朵”。

⑥或妄想狂：题目来自表现出异常猜疑、夸大或被害妄想的患者。例如“有坏人想控制我的思想”。

⑦或精神衰弱：题目来自表现出着迷、强迫、变态恐怖以及内疚、优柔寡断的神经症患者。例如“我保存我买的所有东西，即使今后一点用也没有”。

⑧或精神分裂症：题目来自表现出稀奇古怪的思想或行为以及经常退缩，经历过幻觉的患者。例如“周围的事情对我来说都不是真实的”，“有人接近我会使我很不舒服”。

⑨或轻躁狂：题目来自具有情绪激动、过于兴奋和思想奔逸特征的患者。如“我经常无缘无故地感到特别高兴或特别悲哀”。

⑩或社会内向：题目来自表现出胆怯、不关心人或靠不住的人。例如“我的日常生活中充满了使我感兴趣的事情”。

MMPI 使用的四个效度量表，不是指心理测验的效度，只是反映被试掩饰、反应定式以及参加测验时的态度。这些量表是：①疑问分数（Q），指被试认为不能回答的题数，即被试未作回答的题数，一般限制在 10 题以内；②说谎分数（L），指一组过分好的自我报告的题目，被试若偏向选择讨人喜欢的报告，表明结果不可靠；③效度分数（F），指题目为标准化团体经常不回答的题目，高分数表示计分错误、反应时粗心、古怪回答或故意掩饰；④校正分数（K），它与 L、F 都有关，但更为巧妙，是测量被试做测验时的态度，高 K 值表示防御、总是企图伪装成“好人”，低 K 值表示过分坦率与自我批评，或者故意伪装成“坏人”。四个量表中，L、F 量表主要用于对测验记录作总评价，如果得分超过某个特殊值，测验将被认为是无效的；K 分主要用于修正各种临床量表的分数，但使用时谨慎，若 K 值过高，测验本身就值得怀疑，应该认真检查才行。

知识链接 **人格测验与实际工作表现的关系**

艾森克人格问卷、16PF 与 NEO 等人格量表在人员选拔中使用非常广泛。如果这些测验具有良好的实证效度，那么就可以使用它们预测工作表现。布林克宏和约翰逊（Blinkhon & Johnson，1990）等对这一问题进行了研究。他们考察了许多运用加州心理调查表（CPI）、16PF或职业人格量表预测工作表现的研究，发现只有不到10%的人格特质与工作表现间的相关达到显著的统计水平，表明这些测验实证效度很差。布林克宏和约翰逊作出了如下结论：即使是最好的人格测验，也没有多少证据表明它可以预测工作表现，却有很多证据表明，我们用了很多并未弄懂的统计方法支持一些不可靠的说法。

如果人格测验分数预测真实世界中的行为很差，那么，因素理论的普遍有用性将大受限制。然而，休（Hough，1990）等人报告了更大的成功预测。她们对士兵施测了背景与生活经验评估测验（Assessment of Background & Life Experiences），并告诉一些士兵，他们的反应可能对其军旅生涯有影响，而另外一些士兵未得到这种说明。结果，士兵的人格分数与其他士兵及上级作出的工作等级评定相关很高，而且对两个组来说都是如此。休等人得出这样的结论：如果用说谎量表探查虚假反应，即事先警告虚假反应会被查出，那么人格问卷就能够预测工作表现。

（资料来源：M. 艾森克．心理学——一条整合的途径（下）．阎巩固译．上海：华东师范大学出版社，2005．717）

（二）人格评估的投射测验

1. 投射测验的原理及特点

投射是个人把自己的思想、态度、愿望、情绪、性格等心理特征无意识地投射到外界事物上，通过对事物的反应表达自己内心感受的心理倾向。投射测验的基本方式是向受测者提供预先编制的一些未经组织的、意义模糊的、标准化的刺激情境，让受测者在不受任何限制的情况下，自由地对刺激情境作出反应，然后通过分析受测者的反应，推断他的人格特征。

投射测验的原理与人格的刺激—反应理论和知觉理论有关。刺激—反应理论假设：个体不是被动地接收外界的各种刺激，而是主动地、有选择地给外界刺激赋予某种意义，然后再对此表现出适当的反应。知觉理论认为，人们在知觉反应中，实际上或多或少都含有投射的作用。具体表现在两个方面：一是知觉者常常将自己的情绪投射到外部事物上去，透过投射的情绪可以分析潜意识活动；二是人的期望对于知觉经验也有影响，人们更容易感知到他们准备感知的事物。因此，知觉结果也能反映有意识的期望。

与其他人格测验相比，投射测验有如下突出特点：第一，测验材料一般都很含糊，模棱两可，没有明确的含义，而受测者也不受任何限制，可根据自己的理解去解释。事实上，刺激材料越不具有结构化特点，反应就越能代表受测者人格的真正面貌。第二，测验的目的具有明显的隐蔽性，受测者一般不知道自己的反应将得到何种心理学解释，这样在很大程度上排除了受测者的伪装和防卫，使测验的结果更能反映受测者真实的人格特征。第三，对测验结果的解释重在对受测者的人格特征获得整体性的了解，而不是对某个或某些人格特质的关注。

2. 几种主要的投射测验

（1）罗夏墨迹测验。

罗夏墨迹测验是由瑞士精神病学家罗夏经过长期的试验和比较研究后创制的一种投射测验。该测验出版于1921年，曾一度在欧美流行，但目前应用已不那么广泛。它由10张图片组成，每张图片上的墨迹形状各异，内容毫无意义，其中5张是黑白的，5张是彩色的。这10张图片编有一定的次序，测验时要按顺序呈现。测验开始之前，要给受测者一个标准的指导语，指导语不能提供任何暗示。指导语如下："你将要看到的是印着偶然形成的墨迹图案的卡片，请你将你看图时所想到的东西，无论什么，都原封不动地说出来，回答无所谓正确和错误，所以请你想到什么就说什么。"

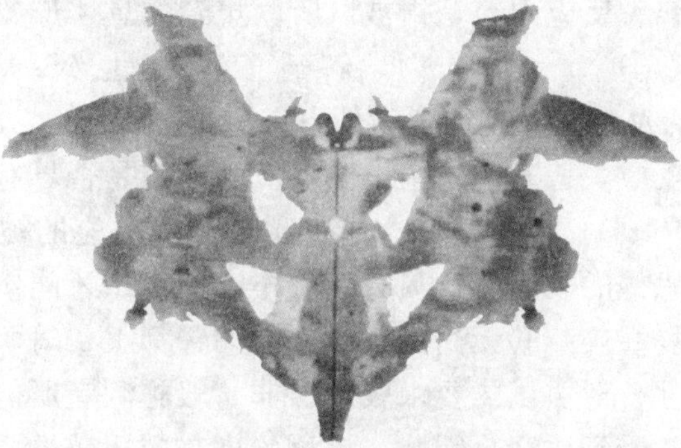

图5-2 罗夏墨迹测验

正式测量过程可分为三个阶段：①自由联想阶段，被试根据材料自由地展开联想，主试只负责忠实地记录被试反应的内容和速度等特征，对被试提出的问题作模糊的回答，但可以鼓励被试联想；②提问阶段，在被试对10张图片自由联想之时，主试可从第一张图片开始询问被试，询问包括：反应是根据哪些部分作出的？引起反应的因素是什么（颜色、形状）？③极限试探阶段，确定被试能否从图片中看出具体的事物。在自我评估中，大学生可按照要求认真作答。

罗夏墨迹测验一般根据四个方面的内容进行计分，每个方面都有规定的符号和可能代表的意义。

第一，反应部位。部位指被试所注意到的墨迹部分，是整体或局部。它有五种类别：①整体反应（W），被试对墨迹的全部或几乎全部进行反应。W分数过高可能表示被试思维过分概括的倾向，或愿望过高。W分数过低或没有，表示被试缺乏综合能力。②普通局部反应（D），被试对被墨迹图的空白、浓淡或色彩所隔开来的大部分进行反应。有较多数量D答案的被试，可能有良好的常识。③细微局部反应（d），被试对被墨迹图的空白、浓淡或色彩所隔开来的部分进行反应。④特殊局部反应（Dd），被试对墨迹的极小的或不同一般方式分割的一部分进行反应。分数过高者可能有刻板或不依习俗的思维。⑤空白反应（S），被试将墨迹部分作为背景，将空白部分作为对象，对白色空间进行反应。

第二，决定反应因素。这是被试反应的主要根据，即墨迹中的何种因素使被试产生了特定的反应，是墨迹的形状还是颜色等。一般有四种因素：①形状反应（F），由知觉的形状或者形式决定。相似程度可以分为F+、F、F-。F+是指被试的反应与墨迹形状甚为相似，被试通常被认为具有现实性思维；F-则相反，极差的外形相似形，可能意味着被试思维过程混乱。②运动反应（M），被试在墨迹中看到人或动物在运动。M多表示情感丰富，M少可能意味着人际关系差，M也是表示内向性的符号。③浓淡反应（K），被试的反应决定于墨迹的阴影部分，可被认为是焦虑的指标。④色彩反应（C），被试的反应由墨迹的色彩决定。C分高表示外向，情绪不稳定。

第三，反应内容。反应内容是指被试所联想到的具体形象，主要有以下几方面的反应内容：人（H）、动物（A）、解剖（At）、性（Sex）、自然（Na）、物体（Obj）等。如果A分高，表示智力低下，思维刻板。

第四，普遍性反应。普遍性是指被试反应的内容是否具有独特性。有普通反应（P）和独创反应（O）两种情况。作出比较特殊反应的被试可能是富有创造性，也可能是病态思想的表示。这只有经验丰富的主试才能作出正确的区分。

不难发现，罗夏墨迹测验无论是计分还是解释都很费时、费力，而且结果的解释常常带有主观性，对主试的要求较高，非一般施测者所能为。另外，该测验的信度和效度也经常受到质疑。因此，该测验现在应用较少，在我国只有龚耀先在小范围内做过试用。但是，这并不妨碍它作为大学生人格评估的参考。

（2）主题统觉测验。

主题统觉测验（Thematic Apperception Test，TAT）是投射测验中与罗夏墨迹测验齐名的人格测验，是莫瑞和摩根在1938年编制的，其主要任务是让被试根据所呈现的图片自己联想、编造故事。其理论基础是莫瑞的需要—压力理论。TAT假定，个人面对图画情境所编造的故事与其生活经验有密切的关系。故事内容中有一部分固然受当时知觉的影响，但其想象部分却包含着个人有意识及潜意识的反应，即被试在编造故事时，常是不自觉地把隐藏在内心的冲突和欲望等穿插在故事的情节中，借故事中的人物的行为宣泄出来，即把个人的心理历程投射在故事之中。基于这一设想，主试便能够通过分析被试的故事，了解其心理需求。

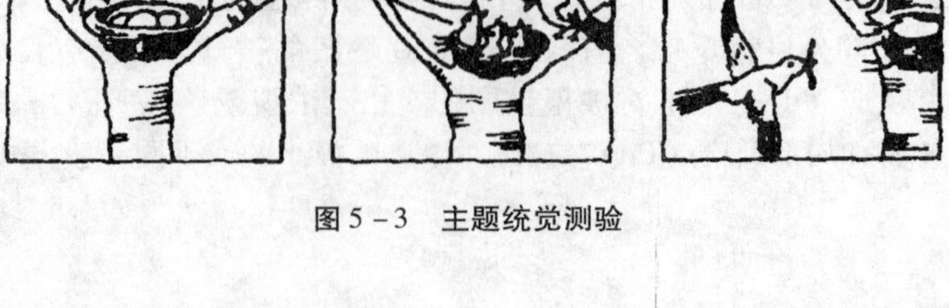

图5-3　主题统觉测验

TAT由30张内容暧昧不明的黑白图片组成，另附一张空白卡片。图片的内容多为人物。实施时，对每一被试只从30张图片中选取20张（包括一张空白的在内），选取标准依被试的性别及年龄而定（一般TAT包括成年男性、成年女性、男孩、女孩4类被试及图片组合）。每次给被试一张图片，要求他编一个故事，说明图中所表现的情景、事情发生的原因、可能的结果及个人的感想。要求故事越生动、越戏剧化越好。每张图片约5分钟，采用个别实施的方式。而对于材料中的空白卡，要求想象上面有一幅画，并要求受测者描述此画面，再根据想象中的画编造故事。主试需详细记录被试的反应。一般而言，为节省时间，许多人都不使用整套TAT图片，而是依被试问题的性质选10~12张实施。由于是自我评估，大学生在进行该测验时，可以借助录像器材记录自己的反应。

TAT的解释同所有投射测验一样，主观性很强，因此，大学生在自我评估时，除了进行自我分析外，最好由两三位老师或同学共同评估。评估时，根据编故事的内容特质（故事格局、明确的内容、省略情节等）和形式特质（长度、种类、故事的组织、内容描述的恒定性等）对被试的需要、情感、冲突、压力等作了解。具体来说，可以从以下六个角度进行分析：

1）主人公。在编造的故事中，主人公的形象可以反映受测者自己的特征。如：故事的主人公是个领袖，受测者可能有统治欲望；主人公是罪犯，受测者则可能有自卑感。有时故事里不只有一个主人公，而是会产生一系列的主人公："两个合成的主人公"、"主要主人公"、"次要主人公"、不存在能辨别清楚的独立的主人公等。

2）主人公的动机倾向与情感。故事中主人公的所作所为及其情绪体验，如屈辱、成功、冲突、激动、失意等，可能正是受测者自己的心境。主人公身上所表现出来的每一种需要和每一种情绪的强度，都可以用五个等级予以评定。强度的指标是：强烈、持续性、重复次数和重要性。例如，强烈的反应（如暴怒）或中等强度但是连续发生或重复发生，则记5分。2分、3分、4分则表示中间程度的反应。

3）主人公的环境压力。在故事中，主人公周围的人对主人公的行为，如拒绝、伤害、表扬、谄媚等都可能说明受测者周围的环境压力，尤其是人际关系的压力。

4）结局。把主人公的力量和环境力量进行对比，故事中主人公奋争或妥协的结果如何？是成功还是失败？期间经历多少挫折？主人公是快乐的还是沮丧的？

5）主题。主题实际上是前四种因素的组合，主人公的愿望、与环境压力的相互作用和故事结局一起构成一个故事的主题。评估时要从中分析受测者最严重、最普遍的难题是来自环境压力，还是来自自身的需要。

6）兴趣与情操。受测者在编造故事时，对主题的选择、角色的表现是积极的还是消极的。比如，在主人公的表现上，有的受测者表现为正面人物（正的方向），有的受测者表现为反面人物（负的方向）。

（3）文字联想测验。

文字联想测验相对比较简单。测试时，主试念单词，被试讲出由此单词进行联想时最先想到的词。有些反应词具有诊断意义，可通过分析反应词的范型、经常重复的话题及反应时是否迟疑不决等，来推断被试的人格。大学生在运用此方法进行自我评估时，主试和被试都是自己，所以要求其在反应时尽可能排除杂念，消除各种干扰作出联想，并且要求其分析自己的联想结果时要有比较丰富的经验。或者，也可以将自己的联想结果交由有经验的老师或同学帮助分析。

三、人格评估的方法补充——其他方法的综合运用

（一）场独立和场依存测量

场独立和场依存实验是威特金通过其编制的镶嵌图形测验进行测量的。镶嵌图形测验要求被试能够在复杂的整体图形中找出并描出小部分隐蔽于其中的图形。测验的分数反映被试克服隐蔽的知觉能力，即空间改组能力。因此，那些能够相当准确并迅速地发现镶嵌图形的被试，其认知方式属于场独立性强者，而比较困难的被试则属于场依存性强者。

图 5－4　镶嵌图形测验

早期的时候，威特金将场独立性、场依存性看作是一种认知能力，即从复杂的整体中区分部分的能力。场独立性的认知方式意味着个体能不依靠外界线索和环境的作用，根据自身的内在标准和线索认知事物，而场依存性则恰恰相反。后

来他发现，场独立性、场依存性还反映了个体的人格特点。他发现，典型的场独立性的个体独立性强，心理更成熟，善于自我接纳，主动地应付环境，以理智思维作为防御机制，明了自己的内部经验；而典型的场依存性的个体则心理不成熟，依赖性强，内部经验不协调，被动，倾向于以压抑和否定作为防御机制。不难看出，场独立性、场依存性其实是一种人格特质。也正因为如此，隐蔽图形测验实质上是通过测量个体的认知特点来解释和评估个体的人格特性。

（二）行为评定

对于大学生来说，为了了解自己的人格状况，有时候可以借助于熟人对自己的行为进行评定来实现。所谓熟悉的人（如父母），不仅是那些对自己的情况知道很多的人，也包括那些在不同情境下都能观察自己的人。行为评定有一个基本假定，即一个人的人格特征可以从周围的人对他的评价中反映出来。严格来说，这一方法并不属于大学生人格自我评估的范畴，但是由于它方便操作，简单易行，可以作为自我评估的有益补充，所以我们将它作一介绍。

评定法在形式上与问卷法有些类似，都是要对给定的行为项目进行回答，主要的区别是问卷由评定者对自己的心理、行为作出评价，而行为评定法则是由他人来评估。大学生在运用评定法时，对评定者的选择很重要。父母、老师、同学、朋友、邻居等，哪一个更合适呢？确定评定者有一个基本原则：评定者除了必须受过专业训练外，还应知道问卷中所有题目所涉及事项的含义，而且对自己应有相当程度的了解。因此，从这种意义上说，评定法并不是一种严格的人格评估方法，它只是一种变式的观察法。

进行行为评定时，大学生应首先准备或设计评定量表。评定量表包括一组用以描述自己的特征或特质的词或句子，然后交由评定者在一个多重类别的连续体上对自己的行为和特质作出评价判断。评定量表可以采用多种形式，但通常情况下大学生可以选用下面的任一种形式：

（1）数字评定量表式。

在数字评定量表中，评定者根据被评定的某种属性（例如领导能力、人际交往能力等）在学生身上的表现作出判断并分派数字值。所有这些评定都要求在一个连续体上进行。连续体上的不同位置分派以不同的价值，分别代表不同的属性程度。例如，评定者评定对受测者“即使在陌生的情境中，他也能主动和人交谈”的赞同程度，要求在 1 到 5 的连续体上进行评定。其中，“1”表示不同意；“2”表示稍不同意；“3”表示中性；“4”表示稍微同意；“5”表示同意。

（2）标准评定量表法。

在评定量表中，评定者将受测者与标准进行比较，从而获得某种特质的估计。例如一种人—人对应量表，比较的标准就是具有不同特质水平的人。如果一个受测者的某种属性与某一标准的水平相符合，则该受测者的特质水平就可被评定出来。

（3）强迫选择评定量表法。

在该类量表中，每道题目有两个在社会赞许上等值的句子，要求评定者标出与被评定者最为相似和最不相似的句子。有些情况下还可采用四个句子，选择其中最相似和最不相似的两个句子。例如：

——容易承担责任。

——不懂得自己的权力范围。

——有许多建设性意见。

——不听他人的建议。

值得注意的是，评定量表在实施过程中可能会受到来自评定者的一些影响。如评定者本身的人格、“月晕”效应、肯定定式和中庸定式（指趋向于将被评定者评定为中间水平）等。而这些误差显然会影响评定的信度和效度。因此，对于大学生来说，此方法应只作为人格评估的参考和补充，应与人格自我评估的其他方法结合使用。

知识链接

延迟满足实验

心理学里有一个经典实验。实验人员给一些4岁的小孩子每人一颗非常好吃的软糖，同时告诉孩子们可以吃糖，如果马上吃，只能吃一颗；如果等20分钟，则能吃两颗。有些孩子急不可待，马上把糖吃掉了。另一些孩子却能等待对他们来说是无尽期的20分钟，为了使自己耐住性子，他们闭上眼睛不看糖，或头枕双臂、自言自语、唱歌，有的甚至睡着了，他们终于吃到了两颗糖。在美味的奶糖面前，任何孩子都将经受考验。这个实验用于分析孩子承受延迟满足的能力。所谓的延迟满足，就是能够等待自己需要的东西的到来，而不是想到什么就要什么，这是一个很通俗的解释。

这个实验后来一直继续下去，那些在他们几岁时就能等待吃两颗糖的孩子，到了青少年时期仍能等待，而不急于求成；而那些急不可待，只吃了一颗糖的孩子，在青少年时期更容易有固执、优柔寡断和压抑等个性表现。

当这些孩子到了上中学的年龄时，就会表现出某些明显的差异。对这些孩子的父母及教师的一次调查表明，那些在4岁时能以坚忍换得第二颗软糖的孩子常成为适应性较强，冒险精神较强，比较受人喜欢，比较自信，比较独立的少年；而那些在早年已经不起软糖诱惑的孩子则更可能成为孤僻、易受挫、固执的少年，他们往往屈从于压力并逃避挑战。对这些孩子分两组进行学术能力倾向测试的结果表明，那些在软糖实验中坚持时间较长的孩子的平均得分高达210分。

研究人员在十几年以后再考察当年那些孩子的表现，发现那些能够为获得更多的软糖而等待得更久的孩子要比那些缺乏耐心的孩子更容易获得成功，他们的学习成绩要相对好一些。在后来的几十年的跟踪观察中，发现有耐心的孩子在事业上的表现也较为出色。

（资料来源：阿尧咨询网．本领测试．海口：海南出版社，2001）

（三）访谈法

这也是一种常用的人格评估方法，但可能也是效率最低的一种方法。通过访谈，人们可以获得个体身上很多方面的信息，从而更好地描述其人格特征。不过，访谈所得到的一些描述和解释，并不能代替其他人格测量结果。严格意义上说，访谈不是测量，它的结果不能量化，它更多是属于访谈者的人格功能范围，是不易传授的，对访谈者的能力要求比较高。

大学生该如何运用这一技术评估自己的人格特征呢？在具体的操作过程中，一方面可以运用自问自答的方式，引导自己挖掘和思考；另一方面，可以委托老师、父母、同学或朋友作为访谈者，自己作为访谈对象，然后由他们根据访谈过程和材料，提供对自己人格的状况评估。

在访谈法中，一种常用的方法是行为事件访谈法（behavioral event interview, BEI），这是由麦克里兰结合关键事件法和主题统觉测验而提出来的。它采用开放式的行为回顾式探察技术，让被访谈者找出和描述他们在工作和学习中最成功和最不成功的几件事，然后详细地报告当时发生了什么。具体包括：这个情境是怎样引起的？牵涉到哪些人？被访谈者当时是怎么想的，感觉如何？在当时的情境中想完成什么，实际上又做了些什么？结果如何？最后，对访谈内容进行内容分析，以确定访谈者所表现出来的人格特征。

一般来讲，行为事件访谈法有以下几个步骤：①访谈开始阶段的自我介绍和解释；②了解被访谈人的工作、学习经验；③深入挖掘被访谈者的行为事件（一般采用 STAR 法）；④求证被访谈者所需的特质；⑤结束语。大学生在运用这一方法时，由于多由熟人或自己参与操作，因此在上述步骤中，最重要的是如何使用 STAR 法。

所谓 STAR 方法，主要由四个问题构成：S（situation），“那是一个怎么样的情境？什么样的因素导致这样的情境？在这个情境中有谁参与？”T（task），“您面临的主要任务是什么？为了达到什么样的目标？”A（action），“在那样的情境下，您当时心中的想法、感觉和想要采取的行为是什么？”在此，要特别了解被访谈人对于情境的认知和事例的关注点，即被访谈人如何看待其他的人（例如，肯定或否定）或情境（例如，问题分析与解决的思考）？被访谈人的感受是什么（例如，害怕、信心、兴奋）？被访谈人内心想要做的是什么？什么想法会激励他们（例如，想把事情做得更好，让老板印象深刻）？R（result），“最后的结果是什么？过程中又发生了什么？”但是 STAR 也是一项比较复杂的技术，所以在运用时应该特别注意以下这些技术关键点：①从正向的事件开始；②遵循事件本身的时间顺序；③探究相关的时间、地点和心情，通常有助于被访谈人回忆当时的情节；④强化被访谈者多说有用的素材，通过不断地强化，可以训练被访谈人如何描述此类事件；⑤了解访谈过程被访谈人可能会引发情绪的反应；⑥一次只描述一个情况，注意探究其行为模式。探究思想上的起因S和行为过程A，即实例中的技术问题的解决模式和策略规划的思考程序。

（四）情境测验

情境测验是在一种对真实生活环境的模拟情境中对被试的行为表现进行观察的人格评估方法。大学生在运用这一方法进行自我评估时，也应借助他人的帮助。由别人观察自己在挫折情境、诱惑情境、压力情境或其他情境中所暴露出来的人格特点。这些情境可以由别人有意设计和控制，因为也可以认为情境测验是一种特殊的实验观察。例如，可以通过下面一些典型情境测验了解个体的一些人格特征：

（1）被试按正常方法大声地读一篇故事，然后倒过来读。所费时间的差距越大，表明被试比较僵硬和不灵活的可能性就越大。

（2）一组被试参加一个对某个有争议的话题的态度测试，每个人都私下里被告知他的观点与大多数人的观点不同（这不一定是事实）。过了一会儿，被试再接受测试，一个人对其态度改变的程度被用来检测他对于求同压力或适应性压力的抵抗能力。

（3）被试坐在椅子上等待一件计划好的事情发生，这件事却被推迟了。但是他又不知道，这椅子便成了一个“小动作计”，把所有的动作都记录下来，那些动得很多的人被认为是很紧张或者很容易受挫折的人。

1. 小　结

人格评估是了解人格状况和人格特点的途径和方法。要想使大学生准确、可靠地评估其人格状况，必须首先解决评估方法和评估工具的问题。为此，心理学家开发了一系列人格评估工具，同时他们从评估方法的信度和效度着手，确保了各种评估方法的稳定性和可靠性。在具体的评估方法上，主张采用问卷形式的心理学家开发了艾森克人格问卷、人格的五因素问卷、卡特尔16种人格因素问卷、明尼苏达多相人格问卷等，问卷均采用自我报告的形式实施，即大学生根据实际情况回答测试题目，然后根据作答情况评估自我的人格特征。主张投射测验的学者则开发了罗夏墨迹、主题统觉、文字联想等著名测验。投射测验施测时，学生（受测者）是在不受限制的情境下对各种图形、墨迹、文字或数字等自由地作出反应，然后根据这些反应的结果来推断人格特点。由于投射测验的分析具有比较明显的主观性，因此评估这类测验时要求评估者具有比较丰富的经验。另有部分学者提出了诸如场独立和场依存测量，以及行为评定等方法，为大学生的人格评估提供了一些新的取向。为了较全面、准确地掌握自己的人格特点，大学生在实际的操作中可以对不同类别的评估方法综合运用，也可以将自评与他评结合起来。

2. 关键词

信度　效度　自陈式问卷　投射　投射测验　行为评定

3. 思考题

(1) 如何评估信度?
(2) 提高信度的方法有哪些?
(3) 提高效度的方法有哪些?
(4) 影响评估信度的因素有哪些?
(5) 效度的影响因素有哪些?
(6) 怎样理解艾森克人格问卷?
(7) 怎样理解人格五因素问卷?
(8) 如何理解卡特尔16种人格因素问卷?
(9) 如何理解明尼苏达多相人格问卷?
(10) 怎样理解罗夏墨迹测验?
(11) 怎样理解主题统觉测验?
(12) 怎样理解人格评估的其他方法?

第六章 大学生人格辅导的外部寻求

本章提要

“我是一个在路上行走的小男孩，一直在往一个奇异的地方走去，我正好到达了我的出生地。我一直在为一项事业奋斗，那是最适合我的事业……我不知道你们每一个人从什么地方来，但事实上可以是任何地方，你们不需要经过任何提携，不需要亲友，不需要任何特殊和优惠，也不需要经过任何一个特殊的学校……只需要你们的能力和天资。”人本主义心理学家马斯洛的话语，也许能启迪我们去思考在大学这个人生道路的驿站里，我们将如何走好自己的路。每个人都在走自己的路，有时我们走的是阳光大道，有时我们也会误入弯路，有时甚至迷路……在这条路上，也许我们会得到他人赞赏的眼神，也许要迎接来自别人在他的路上投来的各样目光……但不管怎样，这是属于我们自己的路，靠的是自己的力量。在大学这条康庄大道上，也许我们也会有感受惊喜、体验成功、遭遇挫折、经历波动、尝到失败等种种人生历练。在历练中，我们能否准确把握自己的心态？如果出现偏差，我们又该以何种心态调整自己？我们可以从哪些方面得到帮助和支持？这些正是本章中讨论的要点。

一、大学生常见的人格障碍——识别中提高警觉

看过《火柴人》这部电影的朋友，是否还记得电影中有这么一些细节：宽敞的客厅整洁、明亮，宽大的玻璃门被百叶窗遮掩得严严实实。主人公罗伊正在客厅里漫步，突然，他发现了地毯上的一些散落的灰尘，他马上弯腰把它们拾起，之后他开始检查每一个房间，每开或关一次门，他都要连续重复三遍，口里数着“一、二、三”。……准备出门时，罗伊又重新把所有房间再探视了一遍，这才数着“一、二、三”关上房门，离开……这些细节几乎是罗伊每天起床后出门前的例行公事。回顾了这些细节，你觉得罗伊的行为是否属于异常？要作出准确的判断，需要我们掌握对“异常”进行识别的相应知识。那么，什么是心

理异常？让我们来看看：

（一）心理异常概述

1. 心理异常的概念、种类

（1）心理异常的概念。

心理异常一词是对许多不同种类的心理和行为失常的统称。在日常生活中常用精神病、变态行为、情绪障碍这样的词来对此加以描述和区分，甚至使用“神经崩溃”这样的非专业词汇来描述那种突然发生而损伤工作能力的心理障碍。在心理学科中，心理异常是在大脑生理生化功能障碍和人与客观现实关系失调的基础上产生的对客观现实的歪曲的反映。它反映人的各种心理活动（包括认识活动、情感意志活动以及个性心理特征等）偏离正常的状态。

（2）心理异常的种类。

按照我国现行的精神疾病诊断标准（CCMD－3），心理异常包括以下10类：

1）器质性精神障碍，包括颅脑外伤、感染、变性等疾病所引起的精神疾病，如老年性痴呆、动脉硬化性精神障碍、癫痫性精神病等，同时亦包括以各种躯体疾病为基础的精神障碍。

2）精神活性物质与非成瘾性物质所致的精神障碍，如药源性精神障碍及酒精、一氧化碳中毒等。

3）精神分裂症和其他精神性障碍。

4）心境障碍（情感性精神障碍），包括抑郁症、躁狂症、躁狂抑郁症等。

5）癔症、严重应激障碍和适应障碍。

6）心理因素相关的生理障碍，包括性功能障碍、睡眠障碍、内脏功能障碍。

7）人格障碍，包括习惯和冲动控制障碍、性心理障碍等。

8）精神发育迟滞与童年和少年期心理发育障碍。

9）童年和少年期多动障碍、品行障碍、情绪障碍。

10）其他精神障碍和心理卫生情况。

2. 心理异常时的“心理表现”

总体而言，在心理异常产生的时候，个体常常（而不是绝对）出现以下这些特征（景怀斌，2005）：

（1）痛苦感。

除了特殊的意识丧失，如精神分裂、脑功能丧失等，按一般情况看，个体在心理异常时，常常有明显的心里难受的感觉和体验，如自我感到难受、心情烦躁、情绪低落、焦虑等。

（2）心理—生理机能紊乱。

心理学的一个基本原理是：心理是脑的机能。这说明，心理是受生理制约的。其实，心理对生理有影响，生理对心理也有作用。例如，在身体不好的时候，往往情绪也比较差；而心情压抑的时候，消化功能也往往会出现问题。这都说明了身心的密切关系。

因此，心理出现问题的时候，心理—生理机能也往往出现紊乱。这是因为：人的心理—生理是一个具有内在平衡功能的有机系统，这个系统在心理正常的情况下，能够自我调节，从而使人保持良好的机能状态。比如，我们在该休息的时候就会自然地睡眠；在学习的时候，机体会调动有关部分参与，并达到最高的机能状态。但是，在心理异常的情况下，有机体的心理—生理机能受到损伤，出现紊乱的状态，表现为在该工作的时候，他不能最有效地起作用。所以，在心理异常时，人会发现自己处理问题的能力下降了，原来不是问题的事情成为问题了。

（3）我向关注。

在心理正常的情况下，人关注的是他周围的世界，对外界有浓厚的兴趣。在心理正常的情况下，人也会有苦恼、忧虑，这些苦恼、忧虑表现出社会性的、发展性的、外部性的特征。例如，为如何自我发展而苦恼，为成长而忧心等。但是在心理异常的情况下，人关注的是自己，是自己的心理问题如何才能解决，为什么是我而不是他遇到这样的问题等，并为这些问题困惑，反复思考却没有答案和结果，感到非常痛苦。

（4）异常心理固着。

心理固着指个体在相当时期内为某种想法困扰，不知如何处理，又无法排解的心理现象。

应当说，心理固着是正常的心理活动。这是因为，环境信息引起我们的心理活动后，我们的心理活动就有了一个意识中心，这个中心成为神经活动的兴奋点。这就是心理固着的生理机制。一般来讲，大脑神经系统的兴奋程度与个体心理意义上的重要程度成正比，即对个体来讲，某一事件越重要、越关键，引起的心理意义就越大，兴奋程度越高，心理固着就越强。此外，在心理正常的情况下，人的心理固着中心是不断变化的，即会随着情景的变化而思考不同的问题，心理固着自然也就会随之而转移。

但是在心理异常的时候所出现的异常心理固着则表现为：在不同的情景中，个体总是思考消极的问题，产生消极的心理体验。例如，遇到挫折后产生心理异常，就总是在想，我为什么会遇到这样的问题，出现这样的问题就完了；如果是焦虑，就总是在想如何才能解除焦虑，等等。

异常心理固着的另一个结果是：人变得意识域狭窄。人生活在丰富多彩的社会中，会为周围的事件所吸引，并主动地参与和发表我们的看法。但是在心理异常的情况下，就看不到这些，只关心、担忧自己的“心理问题”。这就是意识域狭窄。

心理异常的判断是非常复杂的专业性极强的工作，应由专业人员来进行。当一个人有上述心理表现时，不妨主动寻求专业人员（心理医生、精神科医生等）的指导，以便及早作出合理的诊断并采取有效的措施，切不可随便就给自己“下标签”，更不应任其发展。

知识链接 **心理异常判断的依据**

自我评价标准：如果自己认为有心理问题，这个人的心理当然不会完全正常，但一般不可能存在大问题。心理基本上正常的人，完全可以察觉到自己现在的心理活动和自己以前的差别、自己的心理表现和别人的差别等。这种自我评价在精神科叫自知力。

心理测验标准：心理测验通过有代表性的取样、成立常模样本、检测信度、检测效度和方法的标准化，才能形成测评量表，可以在一定程度上避免专家的主观看法。但是，心理测验也存在误差，目前并不能代替医生的诊断。

病因病理学分类标准：这种标准最客观，是将心理问题当作躯体疾病一样看待的医学标准。如果一个人身上表现的某种心理现象或行为可以找到病理解剖或病理生理变化的依据，则认为此人有精神疾病。其心理表现则被视为疾病的症状，其产生原因则归结为脑功能失调。

外部评价标准：人的心理活动总是表现在生活的各个方面，如果大家都认为某个人有问题，一般就是正确的。即使旁边的人没有看出来，专业人员也可以通过各种表现判断当事人是不是有问题。

社会适应性标准：在正常情况下，人体维持着生理心理的平衡状态，人能依照社会生活的需要适应环境和改造环境。因此，正常人的行为符合社会的准则，能根据社会要求和道德规范行事，亦即其行为符合社会常模，是适应性行为。如果由于器质的或功能的缺陷使得个体能力受损，不能按照社会认可的方式行事，致使其行为后果对本人或社会是不适应的，则认为此人有心理异常。

（资料来源：http：//baike. baidu. com/view/943919. htm）

总之，心理异常的判定难以以一个绝对的标准进行，应当综合判断。因此，我们不能简单轻易地给别人下一个心理异常的判定。

（二）大学生中几种常见的人格障碍

1. 人格障碍的概念

CCMD－3 将人格障碍描述为：人格特征明显偏离正常，导致患者形成一种一贯的反映个人生活风格和人际关系的异常行为模式；这种模式显著偏离了文化背景和大众的一般认知，明显影响了个体的社会功能与职业功能，造成对社会环境的适应不良；患者为此感到痛苦，并已具有临床意义。所谓临床意义，是指下列表现中至少有1项存在：

（1）认知（感知，解释人和事物，由此形成对自我及他人的态度和形象的方式）的异常偏离。

（2）情感（范围、强度及适当的情感唤起和反应）的异常偏离。

（3）控制冲动及对满足个人需要的异常偏离。

（4）人际关系的异常偏离。

严重者一般始于儿童或青少年期，现年满18岁且症状至少持续2年，患者虽无智力障碍，适应不良的行为模式却难以矫正，有紊乱不定的心理感受和难以相处的人际关系。

2. 人格障碍的一般性特征

美国《精神疾病诊断与统计手册》第四版（DSM－IV）确认三组共10种人格障碍：第一组，古怪型，包括偏执型、分裂型、分裂样人格障碍；第二组，戏剧型，包括表演型、自恋型、边缘型、反社会型人格障碍；第三组，焦虑型，包括回避型、依赖型、强迫型人格障碍。

根据CCMD－3的诊断标准，我们可以概括出人格障碍的一般性特征：

（1）人格严重偏离正常，社会适应不良，人际关系处理不良。

（2）态度和行为等心理机能明显不协调。生活无目标，行为受偶然动机和本能欲望的支配。

（3）情感淡漠甚至冷酷无情，情绪极不稳定，冲动控制能力差，对自己的不道德行为无罪恶感，把一切错误都归咎于他人或社会。

（4）知觉和思维方式不合常理，好猜疑和仇视他人，不能从经验中吸取教训。

（5）内心体验背离生活常情，外在行为违背社会准则。可能危及他人或殃及社会，或者给自己带来苦恼。

（6）上述表现多在儿童期或青少年期开始出现，可能伴有各种行为障碍，如说谎、逃学、不守纪律、孤僻等，持续到成年逐渐显著。

3. 常见人格障碍的表现

（1）偏执型人格。自我感觉良好，总是怀疑他人，常将善意的行为误解为隐含敌意的或威胁的，固执、心胸狭隘、不愿向人倾诉。

知识链接

偏执型人格障碍案例

小艳（化名），女，19岁，大二学生，学习成绩优良。由母亲带来进行心理咨询。据同学反映，她平素十分敏感，自视清高，好胜心强。近来发现她变得精神恍惚，脾气变得很坏，很难接近。在家跟父母顶嘴，在学校经常和老师顶撞，甚至跟平时看重她的老师在课堂上争吵顶撞，也几乎不参加学校及班级活动，并存在逆反心理。朋友、同学的关心和帮助，被认为是看不起她、小看她，或者联合起来整她。老师劝说她不要这么自以为是、固执己见，她却认为老师是故意在整她。与父母、同学、老师的关系日渐恶化。其本人也自述："我对任何人，包括老师、同学、亲戚，甚至是父母都持怀疑态度。""我常对别人存有戒备心理，总是觉得他们对我都不怀好意，要是看不习惯，就跟他们急。"

（资料来源：http：//hi. baidu. com/gaoz/blog/item/749d247ac317b1e82f73b34b. html）

（2）分裂样人格。缺乏温情，难以与人建立深切的情感联系，独往独来，不能享受人间种种乐趣。

知识链接

分裂样人格障碍案例

小芳参加工作时已经20多岁了，她是中专学历，给同事们的印象是内向、冷漠，对事物不感兴趣，做事被动，像影子一样地过活，到点来上班，坐在一个角落里，下班的时间一到，马上提包走人。对他人、集体毫不关心，虽然少了几分年轻女孩的喧闹，但是也太安静了吧！一次单位大搞卫生（春秋季大扫除），大家都在忙里忙外，这位小芳同志仍端坐在椅子上，当打扫到她那个地方时，她只是站起身来，连椅子都是由别人搬开的……一位老大姐愤愤地说："我工作都30多年了，真没见过这样的人，我们那时什么都抢着干，现在的年轻人真是太不懂事了……"

其实，小芳是性格原因，她对熟悉的人就讲过："都是别人找我说话，我从来不主动跟别人说话的。"由于工作清闲，小芳总是望着窗外发呆，或是在纸上写些什么，所写的基本上都是所上过学校的名字，如××小学、××中学、××中专和现在的工作单位，以及恋爱、结婚、家庭、孩子等文字，这样的文字反反复复写过很长一段时间。也交过一个男友，一段时间后就不了了之。随即又回到影子般的生活之中。

（资料来源：http：//www. inforbi. com/detail. asp？ id = 89）

（3）分裂型人格。有许多奇怪的念头和想法，多疑，有时有牵连妄想和异常的知觉体验，但没有达到精神分裂症的诊断标准。

知识链接

分裂型人格障碍案例

当事人男，23岁，某师范大学哲学系本科三年级学生。大学三年以来，虽然同宿舍这么长时间，但从不和宿舍同学一起聊天、谈话，也很少见有同学、老乡来找他，因此，同学们都背后戏称他为"怪人"。

他终日离群独处，冥思苦想，偶尔交谈亦不能与人合拍。说的都是些"玄论"，令人莫名其妙。他学习成绩不错，但性格孤僻，对人冷漠，又很怕羞，敏感。从不肯在公众场合抛头露面，也没有什么知心朋友。在一段时期里，他突然沉迷于气功，经常不上课，外出去找什么“气功大师”传授“功法”。回来早、晚都面壁练功，搅得同学都非常反感，怎么劝也不听。他一味我行我素，行为奇怪，简直像个“外星人”。

（资料来源：http：//web3. fimmu. com/xlx/showart. asp？ art_ id＝3196）

（4）表演型人格。渴望成为众人瞩目的对象，情感表达肤浅和夸张，易受暗示，错误判断人际亲密性。

知识链接 **表演型人格障碍案例**

当事人男，13年前不明原因地逐渐表现出爱模仿戏剧演员的动作，身着戏装或其姐的红毛衣，头扎鲜花，抹口红，打扮自己，行为举止女性化。同时容易发脾气，自己的愿望如不能得到满足，就烦躁，甚至打人。变得非常自私，把家里的电视机和洗衣机搬至自己的房间，不许别人使用，并常紧锁门户，防止他人进入。爱听表扬的话，与人谈话时，总想让别人谈及自己如何有能力，亲戚如何有地位，自己外貌如何出众等。如果别人谈及别的话题，当事人常常千方百计地将话题转向自己，对别人的讲话内容则心不在焉。因此，当事人常与家庭地位、经济情况、个人外貌等不如他的人交往，而对强于他的人常常无端诋毁。当事人常常感情用事，以自己高兴与否判断事物的对错和人的好坏，对别人善意的批评，即使很婉转，也不能虚心接受，不但不领情，还仇视别人，迫使别人不得不远离他。因此，许多人说他不知好歹。与别人争论问题时，总要占上风，即使自己理亏，也要编造谎言，设法说服别人。当事人常到火车站站口或公共汽车上帮助检票、售票。有时对人过分热情，但若别人稍违于他，就与别人吵架，从而导致关系破裂，几乎无亲密朋友。近几年来，与人发生纠纷次数有所增加，给家庭带来许多麻烦。

（资料来源：http：//www. dianliang. com/hr/mind/renge/200605/hr_ 68864. html）

（5）自恋型人格。自我夸大，过分要求被崇拜，对他人要求苛刻，缺乏同情心。

知识链接 **自恋型人格障碍案例**

某师范学校中文大专班有个学生，男，18岁，自小喜爱文学，作文常常在学校获奖。考入师范学校后，他更加喜爱文学，参加了学校的《心泉》文学社，后来又当上了《心泉》诗刊的主编；课余他写了不少诗歌、散文和小说，还有十多篇在《师范生周报》和《金钥匙》报上发表。中师毕业后考上了中文大专班，并担任了学校《心泉》文学社的社长和主编。临近毕业前，他费了很大的心血写了一部中篇小说。书稿写成后他自己非常欣赏和得意，自认为是一部非常优秀的文学作品，将来发表后一定会引起轰动效应，成为畅销作品，自己说不定也能像韩寒一样出名，成为中国文坛上的一颗新星。有一天，他带着自己的作品，叩开了市文联主席李凤杰的家门。李主席是位著名的儿童文学作家，在省内外都很有影响。他希望得到市文联老前辈的赞美之词。可是，当老前辈认真看完他的作品后，并没有对其作品大加赞赏，而是对其作品提出了一些看法和意见，并忠告他还需要加强文学功底的修养和生活经验的积累。此时，这名师范生完全沉醉在自己的小说之中，一点也听不进老前辈的意见。还认为老前辈观念陈旧，不理解新人新作，甚至认为老前辈嫉贤妒能，诋毁自己的作品。于是，他在失望之余非常痛苦，经常失眠，躺在床上翻来覆去睡不着觉，人像丢了魂似的。

（资料来源：http：//blog. sina. com. cn/s/blog_ 5e5cf1b30100dh5e. html）

（6）边缘型人格。自我认同混乱，不稳定的人际关系，空虚感，担心被抛弃，行为冲动，反复自残。

知识链接　**边缘型人格障碍案例**

来自西南山区的女孩儿红霞，长得娇小乖巧，一双大眼睛楚楚动人。以全县第一名的优异成绩考上重点大学的她，一到学校就受到了老师和同学的关注与喜爱，被同学们推举为班委成员，她还通过竞选进入了校学生会。刚开学的那一个月，红霞的心情似乎从来都没有这样舒畅过。无论是学习还是生活，时时处处都发展得很顺利。她与同宿舍的另外三个女孩儿相处得很融洽，很快就成了形影不离的好朋友。由于家庭贫寒，辅导员老师对她照顾有加，不仅帮助她顺利地办下了国家助学贷款，还给她申请了多项奖学金。

可是没过多久，室友们就发现与红霞相处起来挺难的。她的情绪波动很大，常常在大家都很开心的时候突然莫名其妙地发起脾气来，生气时还表现得非常激动，常常摔砸东西，有时甚至会拿刀割自己。刚开始，室友们都挺紧张的，在她生气时都会来劝慰，很快，大家就又和好如初了，几次三番后，大家也都习惯了。渐渐地，三个室友都有意无意地躲着她。室友们越是躲，红霞就越是难过，从她内心来说其实是很想与大家好好相处的，但她也不知道如何才能改善这种关系。

期中考试成绩出来了，由于之前没有任何计算机的相关知识基础，红霞的计算机考试很不理想。回到宿舍，伤心的她抱头痛哭，本以为室友们会来关心安慰一番，没想到她们看到她突然大哭，一个个都吓跑了。空荡荡的宿舍里，红霞越哭越伤心，她觉得自己是一个被抛弃的人，没有人关心自己，于是她拿刀割了自己的手腕。庆幸的是，伤口不深，室友们及时发现，给她进行了包扎，还轮流在她床前守护了一晚。这次自杀事件后，大家的关系似乎得到了一些改善，红霞的心情也有所好转。高兴的时候，她会不顾自己经济困难请大家到饭店吃大餐，还给自己一次买很多衣服。但是她喜怒无常的脾气很快又使大家难以忍受，纷纷逃离她。这样的人际关系让红霞很苦恼很绝望，于是自杀成了她的家常便饭，也成了她认为能引起别人关注、改善与室友关系的唯一办法。

在经历了两三次试图割腕自杀之后，红霞被惊魂未定的室友送到了医院诊治。

在与红霞的交谈中，医生了解到，红霞原来有着非常不幸的童年和非常糟糕的家庭关系。在她不到3岁的时候，母亲因为与父亲闹了点小矛盾，便赌气服毒自杀了。因为经济困难，父亲只好只身到外地打工，将红霞托付给她姨妈照看。寄人篱下长到8岁，父亲娶了继母来照顾她（随继母过门的还有两个弟弟），但在红霞心目中这个继母比魔鬼还可怕。当着父亲的面，极力对她关爱备至，一旦父亲不在，便对她恶语相向、拳脚相加，甚至不给饭吃。由于父亲常年在外打工，红霞便要常年忍受继母的虐待。即使父亲回到家，红霞也很难在父亲那里得到她所渴望的关爱。也许正是这样的原因，当红霞终于凭借自己的努力考上梦寐以求的大学，离开那个让她心碎的家时，她对生活又重新充满了期待。她希望跟每位同学都能有很好的关系，希望从同学那里得到关爱。但有时她会变得敏感多疑，无法控制自己的情绪，一旦感觉同学疏远她或不关注她，便会非常伤心和愤怒，会产生自伤或自杀的冲动。另外，她对自己的评价也很不稳定，一时非常自信，一时又非常自卑，时常感到生活没意义、没希望。

（资料来源：http：//bbs. zg－hl. cn/viewthread. php？ tid＝43759）

（7）反社会人格。有反复的非法行为，冲动好斗，漠视他人的感受和安全，缺乏自责感。

知识链接　　**反社会人格案例**

阿龙是个眉清目秀、风度翩翩的小伙子，在一家事务所工作，他也爱好文学，虽然奋斗多年，却没有很好的收成，平时显得闷闷不乐。

28岁了，早该是结婚的年龄，可阿龙谈了几个总是不欢而散。究其原因，原来他有一种“洁癖”，他要找的姑娘必须身上一个污点都没有。

阿龙一次次的失恋，使他的心态和人格发生了障碍。

当年6月上旬，阿龙躲在一家属楼上，看见一个衣着华丽的妇女从楼上经过，他捧起摆在楼道上的一盆仙人掌向该妇女扔去，虽未砸中，但破碎的花盆碎片将该妇女的腿部打伤。

中旬，他在火车站尾随一女青年至某立交桥处，抓住该女青年，用手术刀将其脸上划了两刀后逃走。

下旬，他遇到两名衣着时髦的妇女，夺过妇女手中刚打满开水的热水瓶，两名妇女均被烫伤。

7月的一天深夜，他从一条街上经过，路遇刚从舞场出来的一名青年妇女，该女衣着俏丽，他便尾随至某立交桥口，抓住该妇女后用手术刀在其脸上划了两刀后逃走。

8月的一天夜里，三位女工下班回家，正巧遇上骑着摩托车的阿龙，阿龙突然举起一支玩具洒水枪向三名女工喷射，并迅速疾驰而去，洒水枪中射出的是浓硫酸，三名女工均受轻伤，其中一个脸部多处灼伤。

接着8月和9月阿龙用同样的手段作案多起，受害者均为年轻漂亮、衣着入时的青年妇女或女中学生。

阿龙承认，他憎恨一切女人，尤其是年轻、风流、漂亮的女人。他有一种很强的报复心理。

（资料来源：http：//www. psyc. com. cn/Article. asp？id =564）

（8）回避型人格。社交回避，自卑，特别害怕别人的负性评价，心理充满矛盾。

知识链接　**回避型人格障碍案例**

艾咏的智商并不低，且兴趣广泛，思维敏捷。然而1999年高考时，他却名落孙山。后来艾咏去了南方，在广州一家电脑公司做营销工作。营销工作虽然辛苦，但收入颇丰。艾咏的工作也很出色，业绩好，多次受到老总的嘉奖，并担任了营销主管。一年后，公司招进三名大学本科生，其中一人做了他的助手。

有一名大学生做他的助手，本来可以使他的事业如虎添翼。然而，艾咏却陷入了自身的泥淖。他变成了另外一个人：情绪低落，不爱讲话；工作劲头大打折扣。

四个月后，老总看到他的业务成绩下降，便撤了他的营销主管的职务，并让艾咏的助手来接替他。这以后，艾咏的情况更为恶化，他不与任何人说话，看到人总是低着头，当别人主动与他接近时，他总是有意回避。

有一次，公司举办客户歌咏会。原则上，所有的人都要参加。但唯有艾咏没有报名参加。公司领导动员他参加，他就和大家一块参加排练了，但正式演出时，他却一个人不知跑到哪里去了。

下面是辅导者与艾咏的对话：

辅导者："单位说你原来不是这样的，你怎么会突然变成了一个沉默寡言的人呢？"

艾咏："我不想说话。"

辅导者："为什么不想说呢？同事们对你不好？"

艾咏："没有。同事们对我挺好。"

辅导者："你从前的那个大学生助手对你不好？"

艾咏："不，不……是。"

辅导者："那你是心里有什么事憋着，通不过，所以你才会这样的，是不是？"

艾咏："我觉得我心里是有事，但我不知道什么事。"

辅导者："你的大学生助手对你不错，可你不喜欢他？"

艾咏："我觉得我跟他不一样。原来我觉得我与大家都是一样的，现在不是了。"

辅导者："有什么不一样？不是干的一样的工作吗？那个大学生的薪水未必有你高呢。"

艾咏："我觉得所有的人都排斥我。"

辅导者："事实上不是这样的，他们对你不错，老总经常表扬你。"

艾咏："以后他再表扬我，我总觉得他只是说说而已，他并不真的欣赏我。"

辅导者："为什么这么说？"

艾咏："我没有文凭，他们不会真正看好我。"

辅导者："我明白了，你其实心底总有一种痛，因为你的人生并不顺利，你没有考上大学。这个结在你心底早就有了，当你习惯性遗忘时，你会忽略；而一旦有条件反射时，你就会想起来，使你非常不安。你想回避所有的人和事，甚至想回避这个世界。"

艾咏："我甚至连电话都不愿意接。我觉得自己是世界上最卑微的人，没有人会关爱我，包括我的恋人。我只能回避一切。"

辅导者："当你想回避一切的时候，会出现什么样的一种情况？"

艾咏："我老是出错。什么事都做不好。"

（资料来源：http：//www. psyc. com. cn/Article. asp？id＝561）

（9）依赖型人格。无主见，做日常决定时考虑过多，过分需要别人指导，害怕孤独。

知识链接　　**依赖型人格障碍案例**

当事人女，25岁，某工科大学毕业生，从事计算机工作。当事人出生于知识分子家庭，父母均为大学教授。当事人在家排行老二，上有一个姐姐，已婚，不在家。目前一家有三口人。

当事人因是老小，自小较受父亲宠爱，在家什么事都由父亲替她干，较少自己独立做自己的事。上小学时，因怕路上会危险，都由父亲陪伴上学。周末想出去玩，也常由父亲陪伴。由于这种长久的习惯，就是上了大学以后，当事人也很少在学校与同学交往，不用说，也很少与男同学交往。每天放学就回家，在家事事由父亲决定或代替办理。

虽然父母都在大学教书，但性格上父亲较母亲精明能干，做事有主见，处理问题能力强，因此父亲在家庭中占主导地位；当事人自小就很敬佩父亲，并且事事都依赖父亲，并以此为乐。在家庭中父亲极注重孩子的思想教育，与孩子经常沟通思想，帮助孩子处理或决定事情；因此孩子有问题或困难，都找父亲帮助，在心目中也较尊重父亲。无形中，女儿跟母亲就缺乏亲近，很少与母亲谈女人的悄悄事。

由于当事人年纪已不小，经朋友好意介绍，两个月前开始与一男友相识。该男友与当事人同岁，已获硕士学位，智力较高，是高材生。照一般情况说来，应该算是很好的异性对象。但当事人觉得该男友的社会经验少一些，显得不够老练和成熟。尤其与自己的父亲相比，更显得社会能力差，不够理想。当事人认为理想的男人不仅要智力超群，而且要像父亲一样能干。

可是当事人内心又很矛盾。因这次总算是头次交男友，看男友对她蛮有意思的，总要邀她出去，想跟她亲近，结果让她觉得心慌，不知如何去应付。一方面脑子里想，这个男友不够理想，另一方面却又想到自己年纪也不小了，女孩儿长大该出嫁，不能太挑剔。但最糟糕的，还是自己已经慢慢喜欢上这个男友，但又担心将来失去能干的父亲，需自立处理，不知该怎么办。

有件事需要提的，是当当事人从小学进初中，即大约 13 岁时，因父亲已不能陪她上学，当事人有所反应，曾一度发生情绪上的毛病，患了抑郁症。当时看了精神科医师，并经父亲细心照顾以后，短期内好转了。但这次当事人又开始忧虑，怕万一有一天自己又生病了，照顾不了自己，而将来的丈夫又不能干，不会细心照顾她，那又怎么办，等等。总之，由于这些一连串的心理烦恼，让当事人脑子里觉得乱，也恐慌、紧张，不知所措，唯恐自己会发起疯来。

（资料来源：http：//www.zixunshi.com/Html/20061228924－1.html）

（10）强迫型人格。过分重视规划和细节，完美主义，事必躬亲，高度责任感，吝啬、固执。

知识链接　**强迫型人格障碍案例**

张某，男，19 岁，待业。自述情况如下：“我家在农村，父母均为农民。在家我排行老大，下有一弟一妹。从小我就很懂事，知道父母很辛苦，对自己要求极为严格，一点儿时间也不许自己浪费，成绩一直名列班上前几名，初一时还任班干部，深得老师喜欢。初一后半学期，父亲节约开支给我买了块表，作为奖励。初二上半学期，我开始害怕将表弄丢了，结果果真在一次早操中将表丢了，我深知父母挣钱不容易，内心极度内疚，常常有意识地到寝室和马路边努力寻找，希望能够发现，但始终没找到，也不敢告诉父母，成绩也开始下降。后来我家添置了沙发，平时我喜欢坐在沙发上看书。一次母亲说别坐坏了，以后不准坐在沙发上看书。从此，我果真再也不敢坐沙发，后来发展到看见椅子也害怕了。初中我勉强读完，其后一直待业在家，成天为看病四处奔波，父母为此花去了不少钱，我更觉得不好受。我最苦恼的，还是小便失禁，老想去厕所，但又自觉不该去。越想控制，想去厕所的念头却越强烈。尤其是吃饭之后想去厕所，拼命克制自己不去，结果吃了饭就吐，按胃病治了很久也未奏效。如此症状持续了3年，什么事也做不了，真是苦不堪言。近段时间以来，我老是想着自己是否渴了或者饿了，椅子该不该坐，泡在盆里的衣服是现在洗还是过一会儿洗，见到电灯就要反复检查电灯开关，出了门要反复看是否关好、锁好等。与他人交往时，我总害怕别人笑话我，认为别人的眼睛都在看自己。”

（资料来源：http：//www. cycnet. com/cms/2006/xlsl/wdxs/200709/t20070924_ 594277. htm）

二、大学生人格辅导的主动寻求——调适中走向成熟

传说中有这样一个故事：有个年轻人离别了母亲，到深山去寻找菩萨，希望能够成仙。找了很久很久，都没找到。一天，正心灰意冷的他遇到了一位老和尚，他请教老和尚：“请问大师，哪里能找到得道的菩萨?”老和尚打量了一下年轻人，语重心长地说：“与其去找菩萨，还不如去找佛。”年轻人连忙接着问：“那么，佛在哪里呢?”老和尚说：“你现在回家去，在路上有个人会披着衣服，反穿着鞋子来接你，那个人就是佛。”年轻人拜谢了老和尚，开始启程回家了。一路上，他细心观察路人，但是，都没能遇到老和尚所说的那个人。他又气又悔，认为老和尚欺骗了他。等他到家门时，已是三更半夜了。他灰心丧气地抬手敲门。他的母亲听到儿子的声音，急忙抓着衣服披在身上，灯也来不及打就去开门，慌忙中连鞋子都穿反了。年轻人看到母亲狼狈的样子，心立刻顿悟了。

苦苦寻觅，“蓦然回首，那人却在灯火阑珊处”。人，也许总要学着长大吧。

正如人本主义大师罗杰斯所描述的：“美好的人生是一个过程，而非一种存在状态；它是一个方向，而非一个目的地。”生命的过程是一个动态的过程。在这个过程中，也许我们总会遇到这样或那样的麻烦，也许我们也会一时落入困境、受到困扰，如何看待成长中的我们?也许应该以动态的观点，相信我们自己有力量来应对和处理这些问题，而不要太在意此时此景中的状态。那么，这些力量如何培养或获得?

（一）积极的自我暗示

传说中，还有这样一个故事：有位名叫明慧的和尚在寺庙中修行。他每次打坐入定时，都会遇到一只大蜘蛛张牙舞爪地捣乱他的静修。明慧为此十分苦恼。他向祖师诉说了一切。祖师建议他，下次入定时，拿一支笔在手，等蜘蛛出现时

就在它的肚子上画一个圈，看看它是何方怪物。明慧照办，画圈后，蜘蛛也就消失了，他也得以安然入定。出定后，明慧赫然发现，圈画在了自己的肚子上。这就是佛教所言的“魔由心生”。而人的困扰，往往就来自他自己。

语言是人的情绪表现的强有力的影响工具，通过语言可以引起或抑制情绪的反应。因此，在情绪调节中，可以通过给自己施加一些积极的自我暗示以调整自己。如，情绪不好时，可以暗示自己：“一切都会好起来的，明天就是新的一天。”时时对自己说一些积极的自我暗示的话，可以增强自己的自信心，自信的感觉会有利于减轻不良情绪，如此将有利于形成良性循环。

例如，有人认为现实中的自我不完美，因此讨厌他、拒绝接受他，而想创造一个虚幻的理想自我来代替他，结果自己贬低自己，使自己的心理受到更大的伤害。又如，有人过分夸大自我形象，认为自己非常了不起，高高在上，目空一切，狂妄自大，这样在现实生活中就会遭人厌，到处碰壁，因而造成更深的自我伤害。因此，要努力改善自我观念，建立良好的自我意识，这是个体保持心理健康的重要条件。自我概念积极的个体，在人群中感到安全、自信，能以“真实的我”的面目出现，能够正确地认识自己，并以肯定的态度接纳自己。他们既能接纳自己的长处与发展自身潜力，也能接纳自己的缺陷、不完美和“有限制”，欣赏“我就是这个样子”。

知识链接

先把心摔过去

布勃卡是举世闻名的奥运会撑竿跳冠军，享有“撑竿跳沙皇”的美誉。他曾35次创造撑竿跳领域的世界纪录；迄今为止，他所保持的两项世界纪录，还没有人能够打破。

前不久，他接受了由总统亲自授予的国家勋章。在这次隆重而热烈的授勋典礼上，记者们纷纷向他提问：“你成功的秘诀是什么？”

布勃卡微笑着回答：“很简单。就是在每一次起跳前，我都会先将自己的心‘摔’过横杆。”

原来，作为一名撑竿跳选手，他也有过一段痛苦的日子，尽管自己不断地尝试冲击新的高度，但每一次都是失败而返。那些日子里，他苦恼过、沮丧过，甚至怀疑自己的潜力。

有一天，他来到训练场。他禁不住摇头叹息，对教练说：“我实在是跳不过去。”

教练平静地问：“你心里是怎么想的？”

布勃卡如实回答：“我只要一踏上起跳线，看清那根高悬的标杆时心里就害怕。”

突然，教练一声断喝：“布勃卡，你现在要做的就是闭上眼睛，先把你的心从横杆上‘摔’过去。”

教练的厉声训斥，让布勃卡如梦初醒，顿时恍然大悟。

遵从教练的吩咐，他重新撑起跳竿又试跳一次，这一次，果然顺利地跃身而过。

于是，一项新的世界纪录又刷新了，他再一次超越了自我。

教练欣慰地笑了，语重心长地对布勃卡说："记住吧，先将你的心从杆上'摔'过去，你的身体就一定会跟着一跃而过。"

突破心障，才能超越自己。著名的心理学大师卡耐基经常提醒自己的一句箴言就是："我想赢，我一定能赢；结果我又赢了。"

在困难和挑战面前，超越自我，赢得成功的最好办法，就是让自己的心先过去。

毕竟，没有过不去的坎，只要让你的心先过去。

（资料来源：http：//q. sohu. com/forum/7/topic/911602）

（二）掌握调适的策略

1. 调整自己的认知

同是桌面上的半杯水，有人叹息："唉，怎么只有半杯水！"有人雀跃："太好了，杯子里还有半杯水！"何种想法更有利于个体？美国心理学家威廉·詹姆斯曾说："人有一种惯性，心里想我要怎么样，真的就会怎么样。"这就意味着，对于同一件事情，如果你觉得这是个痛苦的过程，那么你自然也就会感觉痛苦；反之，如果你认为是快乐，你就能体验到快乐。生活中，我们的烦恼，不是源于我们的遭遇，而是源于我们对世界的看法！为何如此？艾利斯的 ABC 理论给我们提供了详尽的解释。

（1）艾利斯的 ABC 理论。

在艾利斯的 ABC 理论中，A 代表诱发事件；B 代表信念，是指人对 A 的信念、认知、评价或看法；C 代表结果，即症状。艾利斯认为并非诱发事件 A 直接引起症状 C，A 与 C 之间还有中介因素在起作用，这个中介因素是人对 A 的信念、认知、评价或看法，即信念 B。艾利斯认为人极少能够纯粹客观地知觉 A，而总是带着或根据大量的已有信念、期待、价值观、意愿、欲求、动机、偏好等来经验 A。因此，对 A 的经验总是主观的，因人而异的，同样的 A 对于不同的人会引起不同的 C，主要是因为他们的信念有差别，即 B 不同。换言之，事件本身的刺激情境并非引起情绪反应的直接原因，个人对刺激情境的认知、解释和评价才是引起情绪反应的直接原因。

艾利斯认为，一般而言，常见的人的非理性信念一共有 11 种：①每个人绝对要获得环境周围的人，尤其是每一位生活中重要人物的喜爱和赞许。②个人有价值与否，在乎他是否全能，是否在人生中每个环节都有成就。③世界上有些人很邪恶、很可憎，是坏人，故此应该对他们严厉地谴责和施予惩罚。④当事情不如己意的时候，实在可怕，也的确悲惨。⑤要面对人生中的艰难和责任，实在不容易，倒不如逃避来得省事些。⑥人的不愉快是由于外在因素造成的，所以人实在是无法控制自己的痛苦和困扰的。⑦对于危险和可怕的事物，人应该非常关心，要不断作出关注和思考，而且要随时留意它可能会再发生。⑧一个人的过往经历往往决定了现今的行为，而且是永远不可改变的事。⑨一个人总需要依赖他人，同时也需要一个较自己强而有力的人来让自己有所依附。⑩一个人应该要关心他人的问题，也为他人的问题而悲伤难过。⑪人生中每个问题，总会有一个精确的答案，一旦得不到答案，就会很痛苦。

知识链接　**非理性想法的实例**

1. 我非常需要身边重要人士的喜爱和称赞，否则就很苦恼。这是最普遍、最棘手的非理性想法（常见于女性），追求别人的喜爱就会过分压抑自己去讨好他人。以发展自己的优点实力为目标，才可靠。自尊自重，要爱人而非被人爱，能被别人赞赏是因为自己的实在优点。

2. 除非我很有能力、成功、成熟，否则就没有价值。这也是常见的非理性想法（常见于男性）。认为不成功就是失败，在预期失败时就会焦虑，经验到失败时就会忧郁。每个人都有缺点，会犯错；要接受自己的不完美。最好的方式是只顾去做，不要计较做得好或不好。

3. 世界应该是公平、公正的。常见于青少年中，若过于强求公平的话，就无法接受现行的世界。会不会太过理想化呢？不公平反而常见，所以必须先接受这个事实；全心全意去使生活快乐，不要去管它公平与否。

4. 不快乐是外在压力的结果，所以我无力改变。这是一个最基本的非理性想法，但科学证据告诉我们，自己的情绪反应自己要负责，自己也有能力改变情绪。情绪困扰大多起于自己的看法、想法，相信这一点，就会对情绪困扰产生巨大的控制力。

5. 若有人行为不好，他们就应该受到责备和处罚，因为他们是坏人。人归人，事归事。处罚的效力仅在改变行为，而不是用在责难人上。某些行为是不好的，这是因为人的愚蠢或神经质，因此最好协助他们改变这些行为。

6. 如果事情进展不如所愿，就很糟糕。不要以偏概全，最好整体来看事情，要认清问题及结果之评估。事情进展不顺当然不好，但它可以被修正改善；即使都不能改善，最好暂时接受它。

7. 如果情势不明朗或有大危机，就应该非常焦虑。若我们强求自己的生活必须确定安全，更容易焦虑不安，可能会有两种麻烦：一是为现在的事情操心，二是为未知的事忧心。最好迎面面对危机，否则最好接受这个事实。

8. 每个问题都有一个最好的解决方法，而且我必须要能掌控。若不能找到最好的解决方法，常会怪别人。虽然我们活在讲究几率和运气的世界，但我们可以不必理会这些，而快乐地生活下去。

9. 我应该常常舒服又无伤痛。受不了眼前的不舒服，就不可能达到长远的目标。天下无不劳而获的事。

10. 我可能会锈斗，那就完了。许多人对精神病有很大的误解，容易认为自己很糟糕，或受不了。问题的确令人不愉快，但并非受不了。

11. 我的过去对未来有极强的影响力。没有人天生就是不快乐的。天下也没有绝对无救的事。只要未被成见污染，就可以从以前的经验中学习。

（资料来源：

http：//www.chinahealthway.com/Article/2007－04/Articled9d57ba077f84a0b9964efcbb8616f5f.htm）

（2）调整自己的非理性信念。

1）辨析自己的非理性想法。比如，某当事人的想法："同学们不理我，就是张老师看不起我。"在这个想法中，"同学们不理我"是"真实事件"，而"张老师看不起我"则是该当事人的感受，是无法证明的事情，但是当事人已经将一个想象的东西当成确凿事件的前提。因此，我们首先要能区分事实、意见、推论、假设之间的不同，并领悟个人的想法及概念不一定是真实的；并从实际生活中寻找证据，加以分析，以驳斥个人的非理性想法。

知识链接

某偷窃行为个案的修通案例

第一，找出当事人的非理性想法：

●我不能得到我想要的（名誉、赞赏、学业的成就），我是个失败者，一无是处的人，偷东西可以让我觉得好些。

●这世界是不公平的，为什么他们都可以得到他们想要的，而我却得不到我想要的呢？

●反正你们不关心我，我就坏给你们看，这样你们就会知道，这世界上还有我的存在。

●"偷"可以让我在朋友中的地位高些，失去他们，我就没有地方可去了。

●只要我有钱，会摆阔，我就可以交到许多朋友，别人也会开始重视我。

第二，进行驳斥：

●有什么证据证明你是个失败者？每一个人都应该得到其他人的重视吗？为什么学业不好，就表示自己一无是处？

●有什么证据表示这世界应该是公平的？所谓的"应该"好像是指全世界都要听你的，依照你的想法去做事？

●你真的不能忍受不公平吗？事实上所谓的不能忍受的应该是指类似我们人类不能忍受长期缺水、缺氧的生活，况且何以证明你不能忍受呢？你是不是已经忍受了很久呢？

●没地方可去，又如何呢？

第三，实证上的分析：

●可利用团体辅导证明当事人仍有许多值得自重的优点。

●汇集一些幼年生活穷苦、不能好好完成学业，但成年后事业有成的例子。

●阅读伟人传记，共同讨论书中人物所遇到的不公平事件，并尝试分析他们的想法。

●共同讨论当事人同学中那些未受到重视却又活得很自在的同学。

第四，理性的自我陈述：

●不能得到别人的重视只会让我不愉快，并不会让我不能忍受。

●显然，我曾经有过偷窃的行为，但那只是表示我曾经做错过，并不表示我是一个坏人，我相信我会越来越好的。

（资料来源：王志超．中小学生心理问题个别辅导．广州：暨南大学出版社，1997）

2）学会多角度思考问题。同一个客观事物，你站在不同的视角去看，会有不一样的感受。如右图，同一幅图片，既可看到是少女，也可看到是老妇人。当我们感觉心情不好时，不妨换个角度试试，你将有新的发现……

2. **掌握必要的技巧**

（1）适度倾诉。

在情绪的调适中，适度的倾诉有许多好处：它能帮助我们在倾诉的互动中处理问题，能使我们表达自己的情感，有利于促进与人沟通的能力，帮助我们减轻压力，还能给予我们反省和总结的平台，并享受被陪伴的感觉。因此，建议大家不妨寻找自己喜欢的人、自己信任的人、关心自己的人进行倾诉。

（2）转移注意力。

我们可以采用转移注意力的方法来调控自己。比如，可以试试离开引起你心情不畅这种感觉的地方；可以做自己喜欢的事，如跑步、打球等运动；听自己喜欢的音乐，唱自己想唱的歌曲。可以尝试把这些心路历程记录下来。

表 6－1 罗列了一些调控的方式：

表 6－1　A—Z 调控 26 式

A	Appreciation	接纳自己接纳人，避免挑剔免伤神
B	Balance	学习娱乐巧安排，平衡生活最适宜
C	Cry	伤心之际放声哭，释放抑郁舒愁怀
D	Detour	碰壁时候要变通，无须撞到南墙头
E	Entertainment	看看电影听听歌，松弛神经选择多

（续上表）

F	Fear Not	正直无惧莫退缩，哪怕背后小人戳
G	Give	自我中心限制大，关心他人展胸怀
H	Humor	戴副墨镜瞧一瞧，苦中寻乐自有福
I	Imperfect	世上谁人能完美，尽力而为心坦然
J	Jogging	跑跑步来爬爬山，真是赛过食仙丹
K	Knowledge	知多一些头脑清，无谓担心全减少
L	Laugh	每天都会笑哈哈，压力面前不会垮
M	Management	不怕多却只怕乱，时间管理很重要
N	No	适当时候要讲不，不是样样你都行
O	Optimistic	凡事要向好处看，无须吓得一头汗
P	Priority	先后轻重细掂量，取舍方向不难求
Q	Quiet	心乱如麻自然慌，心静如水自然安
R	Reward	日忙夜忙身心倦，爱惜自己要牢记
S	Slow Down	做下停下喘口气，不必做到脑麻痹
T	Talk	找人聊聊有人听，被人理解好开心
U	Unique	人比人会气死人，自我突破最要紧
V	Vacation	放放假或充充电，活力充沛展笑脸
W	Wear	穿着打扮用点心，精神焕发心情好
X	X - ray	探寻压力的源头，对症下药有计谋
Y	Yes, I can	相信自己有潜能，勇往直前步青云
Z	Zero	从零开始向前看，每日都是新起点

（3）掌握放松技巧。

1）深呼吸放松法。

第一步，采用鼻子呼气，腹部吸气。双肩自然下垂，慢慢闭上双眼，然后慢慢地深深地吸气，吸到足够多时，憋气2秒钟，再把吸进去的气缓缓呼出。

第二步，配合呼吸节奏予以指导语和暗示：“吸——呼——吸——呼……”

第三步，呼气的时候尽量告诉自己现在很放松、很舒服，注意感受呼气、吸气的过程，体会“深深地吸进来，慢慢地呼出去”的感受。

第四步，重复20遍。

2）安全岛练习。属于自我安抚技术，即通过在内心世界构建一个内在的安全岛，远离内心世界的危险地带，从而建立内在的稳定性。该技术既可以作为辅导者平衡、调节自己的策略，也可以应用于灾后儿童、青少年的个别心理辅导或团体心理干预。

知识链接　　**安全岛练习的指导语**

● 请闭上眼睛，慢而深地呼吸，慢而深地呼吸……

● 请从头到脚扫描一下自己的身体，找到一个最温暖、最放松、最舒服的部位，感到这种温暖、放松和舒服的感觉向你的全身扩散……再扩散……再扩散……直到这种温暖、放松和舒服的感觉充满你的整个全身。

● 下面，我想邀请你，为你自己构建一个“安全岛”，构建一个只属于你自己的“安全岛”，它是在你的想象中的，它应该是有边界的，任何人未经你的允许是不可以拜访的。你可以将一些你喜欢的物品放到你的“安全岛”上，这个地方是能够给你最安全、最舒服、最放松的感觉的……

● 如果在你寻找安全岛的过程中，出现了不舒服的画面或者感受，别太在意这些，而是告诉自己，现在，你只是发现好的、内在的画面——处理不舒服的感觉可以等到下次再说。现在，你只是想找一个只有美好的、使你感到舒服的、有利于你康复的地方……

● 你可以肯定，肯定有一个这样的地方，你只需要花一点时间，一点耐心……

● 有时候要找一个这样的安全岛还有一些困难，因为还缺少一些有用的东西。但你要知道，为找到和装备你内心的安全岛，你可以动用一切你想得到的器具，比如交通工具、日用工具、各种材料，当然还有魔力、一切有用的东西……

● 当你到达了自己内心的安全岛时，请告诉我。如果你愿意，你可以向我描述这个地方的样子，如果你希望我对此一言不发，对我而言，也没有问题。

● 当你来到这个地方时，请你环顾左右，看看是否真的感到舒服、非常安全，可以让自己完全放松。请你用自己的心智检查一下……有一点很重要，那就是你应该感到完全放松、绝对安全、非常惬意。请把你的安全岛规划成这个样子……

● 你的眼睛所看到的东西让你舒服吗？如果是，就留在那里；如果不是，就变换一下，直到你真的觉得舒服为止……

● 很好，下面我们来看看你的安全岛具体是什么样的呢？……边界是什么样的？有哪些物品？形状如何？颜色如何？大小如何？质地如何？听见什么声音了吗？闻到什么气味了吗？你的皮肤感觉到了什么？你的肌肉有什么感觉？你的呼吸怎样？你的腹部感觉怎样？是否有阳光温暖着你？是否有微风轻拂着你？……

● 现在，请你尽量仔细地体会当下的感受，这样你就知道，到这个地方的感受是什么样的？

● 如果你在你的小岛上感到绝对安全，就请你用自己的躯体设计一个特殊的姿势或者动作，用这个姿势或者动作，你可以随时回到这个安全岛。在以后的日子里，每当你的意识或无意识感到需要的时候，只要你一摆出这个姿势或者做这个动作，它就能帮你从你的想象中迅速地回到这个安全的地方，安全的感觉就会立即回到你的身上。你可以握拳或者把手摊开。这个动作可以设计成别人一看就明白的样子，也可以设计成只有你自己才明白的样子……

● 很好，下面我想邀请你带着安全、舒适、放松的感觉，以及你为你的安全岛所设计的手势，慢慢地回到这间屋子里来，在你回来以后，你的心情会更愉快，你的身体会更轻松，你的记忆力会更好……

● 下面，我从3数到1，当……

● 很好，请跟我一起做，3——深吸一口气，2——呼气并动动手指，1——睁开眼睛。

（资料来源：马建青，王东莉．震后心理援助指南．杭州：浙江大学出版社，2008．138－139）

3）创伤释放技术。

创伤释放技术来自一个患者提出的“释放疼痛”概念，原义指通过屏住呼吸、发抖、呻吟以及其他的一切来“表达”痛苦，使之向外界转移，这包含着放弃与释放。该技术既可以作为辅导者平衡、调节自己的策略，也可以应用于灾后儿童、青少年的个别心理辅导或团体心理干预。

知识链接　**创伤释放过程**

具体操作：

当你要采取这种方法时，首先要回到你不想要的记忆以及情绪中去，这是非常痛苦的经历。

●在胸部左侧找一个柔软敏感的地方，对于大多数人来讲在锁骨下方乳腺部的左侧。找到这个点用一到两个手指进行按压，会发现这点比周围更容易越来越柔软和敏感，以这点做小圆不断地摩擦，大声重复下面的内容：

第一，“尽管对于发生在我身上的事情感到生气和无助，但是我会完全地接受自己并且爱自己”。

第二，“尽管我认为这是一件可怕的事情，但是现在我会选择平和”。

第三，“尽管我不理解为什么发生这些事情，但是我会尽量寻找其中好的方面”。

●用一个手指尖轻叩眉心与鼻梁这块地方，大声重复：“我在释放过去那些导致我糊涂和难堪的事情。”然后用你的手指尖继续按住这一点，做一次慢慢的深呼气和深吸气。

●轻叩两眼外侧，太阳穴旁的颊骨，大声重复："我在释放因为这事情产生的愤怒。"然后用你的手指尖继续按住这一点，做一次慢慢的深呼气和深吸气。

●轻叩双眼下方骨性部位，一边大声重复："我释放了因为这件事情产生的所有恐惧。"然后用你的手指尖继续按住这一点，做一次慢慢的深呼气和深吸气。

●轻叩人中位置，同时大声重复："让这件事情造成的困惑和尴尬都溜走吧。"然后用你的手指尖继续按住这一点，做一次慢慢的深呼气和深吸气。

●轻叩唇部下方，大声重复："让我释放掉这件事情所带来的耻辱。"然后用你的手指尖继续按住这一点，做一次慢慢的深呼气和深吸气。

●现在做一段时间的慢慢的深呼气和深吸气。再回顾一次创伤事件，注意你自己有多平静，对现在的恢复道一次"谢谢"。

（资料来源：摘自徐君哲老师在电子科技大学灾后心理危机干预的讲座课件）

三、大学生的人格辅导的被动寻求——学习中完善自我

健康人格的培养与塑造过程，其实就是对个体实施人格教育的过程。所谓人格教育，是一种以发展学生心理素质，培养健康的和适应现代社会需要的人格为目的的教育。人格教育就是采用观察和评定的方法了解学生的人格特点，包括它的长处和局限性；采用各种教育学、心理学手段和措施改进或补救其人格的缺陷，增强其人格的长处或优势，并培养现代社会发展所需要的人格特征，使学生的人格平衡、和谐地发展。

（一）人格教育的途径

人格教育的途径大致可分为两类：一类是专门的途径，另一类是非专门的途径。人格教育的专门途径是指那些为了实现人格教育的专门目的，并且依靠专门人才来实施的各种途径，如心理咨询、心理治疗、人格辅导活动课程等。而非专门的途径是指那些在达到别的教育目的的同时，又实现人格教育目的，并不需要专门人才来实施的各种途径，如在学科教学中渗透人格教育，结合班级活动、团队活动开展人格辅导，以及人格的环境熏陶等。

1. 人格教育的专门途径

（1）人格辅导课程。

这是为开展人格教育而专门设计的一种课程，一般都要由具有教育与心理科学专业知识与技能的师资来承担，通常都会列入学校的教学计划。这种课程的特点是以培养学生良好人格品质或调整学生不良人格心理为目的；形式上以学生活动为主，教师引导为辅；内容上充分考虑学生人格发展的实际需要；在课程组织

上一般以教学班为单位，整个课程的目标、内容、方法与步骤都是有计划、有系统地设计的。人格辅导课程的优点是能在专门组织的教学活动中对学生的认识、情感、态度与行为各方面施加积极的影响，从而起到调节学生心理状态、培养良好人格品质的目的。这种课程强调以学生活动为主，有利于发挥学生在教育中的主体作用与主观能动性。以教学班为单位便于组织管理，同时可以使全体学生在辅导课程中受益。这种课程一般是发展性的，其主要的目的是发展学生良好的人格品质。

（2）心理咨询。

心理咨询包括个别咨询与小组咨询。个别咨询是由接受过专门知识与技能训练的心理咨询师通过与学生一对一的沟通互动来帮助学生及时摆脱不良的心理状态或困扰，找到解决心理问题的方法，以保持与增进其心理健康。个别咨询的形式有个别面谈、电话咨询、信函咨询与个案研究等。小组咨询也称团体咨询，是一组学生在咨询老师的指导下共同讨论与训练，以处理他们所面临的共同心理问题。小组人数少则四五人，多则十一二人。其成员多为同年级学生，且有类似的心理困扰。心理咨询一般是补救性的，它所面对的主要是心理处于不平衡状态的学生或者是处于轻度心理不健康状态的学生。

（3）心理治疗。

所谓心理治疗，是指运用心理学的理论与方法，对已经发生较严重的心理障碍的学生进行专门的调节，使之恢复到正常状态。心理治疗是调节性的，它的对象一般是有比较严重的心理问题的学生，往往需要较长时间与周密的治疗处理，有时需要辅以精神药物。心理治疗师要求是接受过专门训练的、有较高技术的专业人员。

2. 人格教育的非专门途径

（1）在学科教学中渗透人格教育。

把人格教育与常规学科教学结合起来，要求在完成常规教学任务的同时，达到培养学生良好人格品质的目的，这是人格教育的一条重要途径。学科教学是学校教育的主渠道，学科学习是学生的主导活动，学生大量的心理困扰都产生于学习过程中，而学生的各种人格品质也在学科学习活动中得到发展。实际上各科教材中蕴涵了不少适合于人格教育的内容素材，教学过程中还会经常出现有利于实施人格辅导的教育情景。因此，在学科教学中有必要、也有可能渗透人格教育。

（2）在班级、团队活动中渗透人格教育。

把人格教育与各种协会活动、党团活动结合起来进行，是人格教育的又一条途径。这一途径能把学校安排的各种活动与人格教育有机结合在一起，便于充分发挥各项活动的整体的育人功能。当然，人格教育与协会活动、党团活动有各自的目标、内容与功能，不能相互替代，只能是在实现各自目标的基础上相互促进。

（3）环境熏陶。

人格的发展有赖于良好的社会环境，通过改善学生所处的社会环境来促进他们人格的发展，是人格教育的一条重要途径。良好的社会环境从大范围来讲应包括家庭、学校与社会等与学生生存有关的环境。从学校内部来看有两个方面，即物质环境与心理环境。良好的物质环境应该保证学生活动有一定的空间，并做到空气清新，环境噪音小，教室与校园整洁美观，明亮、和谐，学生在学校中感到安静、舒适。从人格教育的角度看，对学生影响更大的是心理环境。良好的心理环境主要是指学校中良好的人际关系与积极的社会心理气氛、良好的学风等。

（二）人格教育的方法

人格教育的途径只是指出了人格教育的主要方向、角度或工作方式，要通过这些途径来进行人格教育还必须依赖种种具体的人格教育方法。常用的人格教育方法有以下几大类型：

1. 认知法

这类教育方法主要是依靠参与者的感知、想象和思维等认知活动来实现教育目标。这类方法包括以下几种活动：

（1）阅读和听故事：组织者向参与者推荐优秀的和有针对性的读物以供参与者阅读，编印读书卡片，开辟人格教育专栏等。可以安排读书讨论，交换读书心得，可收到益智、怡情的效果，并有助于态度的改变和人格的发展。

（2）多媒体教学：采用多媒体的教学手段，通过让参与者观看富于教育意义的幻灯、录像和电影等来影响其思想和行为。

（3）艺术欣赏：通过音乐、美术和舞蹈等艺术欣赏的形式，陶冶参与者的情操，起到人格教育的作用。

（4）联想活动：通过参与者的观念联想活动，来训练参与者的想象力和创造性，以及表达参与者内心的感受和经验。例如，把一些不连贯的词或图画联想成一个完整的故事；或者通过故事接力，每人说一段话，串联成一个故事。

（5）认知改变：组织者通过暗示、说服和质疑等方法，来改变参与者非理性的信念，从而使其恢复和建立合理的思考方式，解决心理问题并促进健全人格的发展。例如，有的参与者因考试成绩不佳，就认为自己很笨，智力有问题；有的参与者认为学习不好，一切都完了，等等。这些都是非理性的看法，需要通过认知改变的方法来加以打破。

（6）参观访问：参观工厂、农村和博物馆等，以增加参与者的知识经验。近几年大学中流行的“三下乡”活动是一种很好的人格教育形式。通过城市和农村两地学校之间和个人之间的通讯和互访活动，不仅交流了思想感情、扩大了经验的范围，而且有利于培养关心他人和助人为乐的品质以及人际交往的技能。

2. **操作法**

这种类型的教育方法主要通过参与者的言语和动作的操作活动来达到人格教育的目的。

（1）游戏：游戏能让参与者在快乐中受到教育。游戏有多种分类，它可分为竞赛性游戏和非竞赛性游戏，也可分为破坏性游戏和建设性游戏等。不同种类的游戏可达到不同的心理效果，如竞赛性的游戏可以培养参与者的竞争意识和团结合作的精神；非竞赛性的游戏可以减轻紧张或焦虑，获得轻松愉快的情绪体验。

（2）工作：借助各种工作，如集体义务劳动、种树和办墙报等，来培养合作精神和爱劳动的品质。

（3）测验：通过智力、性格、态度和兴趣等各种心理测验，可帮助参与者自我反省和自我分析，了解自己的特点、长处和不足，以促进参与者自我的发展。

（4）讲演：这种方法可以训练口才，培养机智，增进参与者之间的相互了解。

（5）绘画：通过绘画活动，可以培养参与者的想象力和创造力。例如，在纸上画一个圆或几条线，让每个参与者自由发挥，或全班同学集体创作。

（6）唱歌：通过唱歌活动，引起参与者的情感共鸣，调动参与者的情绪和积极性。

3. **集体讨论法**

集体讨论可以集思广益，沟通思想和感情，促进问题的解决。这类方法有多种：

（1）专题讨论：在某一段时间，针对参与者普遍面临的问题进行专题讨论。例如，在大学新生阶段，讨论如何适应大学生活；在毕业前，专题讨论如何应对职场面试等问题。

（2）辩论：就争论性的问题进行分组辩论，提出正反两方面的不同意见、根据和理由。

（3）脑力激荡：这种方法是由美国著名创造学家奥斯本提出来的。它利用了集体思考和讨论的方式，使思想观念相互激荡，发生连锁反应，以引出更多的意见或想法。组织者要鼓励大家发表意见，容许异想天开，想法越多越好；不容许批评别人的意见，但可以将别人的意见加以组合或改进。

（4）配对讨论法：就一个题目，两人先讨论，得出结果。然后与另两人协商，形成四人的共同意见。再与另四人一起协调，获得八人的结论。这种讨论必须经过深思熟虑，参与感也比较高，因而讨论的效果会比较好。

（5）六六讨论法：这种方法要求分组讨论，每组为六人。在小组讨论中，每人发言一分钟。在发言之前，最好共同对讨论题目静思几分钟。这是一种人人参与而且省时的好方法。

（6）意见箱：可组织参与者将意见或问题投入意见箱中，在某一共同活动时间，在团体内宣读，大家共同讨论。

4. **角色扮演法**

角色扮演法是一种通过行为模仿或行为替代来影响个体心理过程的方法。简单地说就是以一种类似游戏的方式，表达出自己的心理或行为问题，进而起到增进自我认识、减轻或消除心理问题、提高心理素质的作用。以下介绍几种具体方法：

（1）哑剧表演：提出一个主题或一个情景，要求参与者不用言语而用表情和动作表演出来。例如，表演与新同学见面的情景，表演赞美别人、喜欢别人或者讨厌别人等情景。这种方法可以促进参与者的非言语沟通能力的发展。

（2）空椅子表演：这种方法只需一个人表演，适合于社交方面有困难的参与者。例如，某个参与者在异性面前害羞，难以正常交往，我们可以用空椅子表演的方法帮助他。具体做法是将两张椅子对着放，让该参与者坐在一张椅子上，假设另一张椅子坐的是某位异性。让该参与者先表演彼此间曾经有的或可能有的对话，然后坐到对面去，以对方的立场说话。如此重复多次，往往使参与者了解对方，从而改善双方的交往。

（3）角色互换：这种方法与前一种类似，只是参与的人有两个或者更多。例如，可以让一个参与者扮演失败者，一个参与者扮演帮助者。两人对话一段时间后，互换椅子和角色。

（4）双重扮演：这种方法要求两个参与者一起表演，一个是有问题的参与者，一个是助理演员。有问题的参与者表演什么，助理演员就重复表演什么，这样可以重现事实，帮助有问题的参与者认识自己。

（5）魔术商店：组织者扮演店主，店里贩卖各种东西，如理想、健康、幸福、财富、成功等。比如，由参与者扮演买主，说出自己最想要的东西及其原因。然后，组织者问他愿意用什么来交换等。

5. **行为改变法**

行为改变法的理论依据是行为主义关于行为强化的学习理论。根据这种理论，通过奖惩等强化手段可以建立某种新的良好行为或者消除某种不良行为。可以使用的行为改变法有以下几种：

（1）行为训练：组织者在使用这种方法时，指定参与者完成一些行为训练的任务，如每天主动向别人打招呼 15 次等，并加以督促和鼓励，以增强那种良好行为。这种方法对于自卑和缺乏行动勇气的参与者是很有帮助的。

（2）奖赏：利用具体实物、分数、表扬等强化物增强某种良好行为，使之能够重复出现。在活动中，主持者常常以言语形式鼓励、奖赏参与者，例如“很好，你做得很对”、“不错，你表现很好”等。

（3）惩罚：利用批评、警告、记过、隔离、限制自由，令人讨厌或畏惧的刺激物如电击、恶心药和呕吐药等惩罚手段限制、改变某种不良行为。例如，采用服呕吐药的方法帮助参与者戒烟。

（4）契约：在人格教育中，组织者与参与者双方共同商定一份明确、公平而可信的契约。在契约中，明确规定何种良好行为的表现可以得到几个积分；何种不良行为的表现每次要扣掉几个积分；多少积分就可换取何种强化物，或者享受某种特权。这份契约使组织者明确教育训练各阶段的重点，使参与者明确知道训练要达到的具体目标。

以上人格教育方法分类不是绝对的，不同种类的方法之间有一定的交叉或包含关系。例如，认知法中包含行为活动的成分，而在操作法中也包含认知活动的成分，只不过两类方法的侧重有所不同。因此，应根据教育的特殊目标和人格教育方法的特点，选择最适合的人格方法。

1. 小　结

在人生的历练中，我们也许会感受惊喜、体验成功、遭遇挫折、经历波动、尝到失败等种种。在这个过程中，我们需要依靠自己或社会支持的力量来共同分享或帮助自己渡过难关。本章首先介绍了几种常见的人格障碍，希望借此提高大学生们识别心理异常的能力；其次从主动寻求和被动寻求两个不同的层面介绍了人格辅导的可行途径与方法。其中，从自我的层面调适自己，提升自己的自我概念，调适自己的非理性想法，最终找到适合自己的方式方法是本章的要义所在。

2. 关键词

心理异常　人格障碍　自我调适　人格教育

3. 思考题

（1）人格障碍与正常人格是否截然不同?

（2）人格障碍的诊断维度有哪些?

（3）请回忆一下，自己有哪些非理性的想法，试试调整它。

（4）如何看待人格辅导中的主动寻求与被动寻求的关系。

参考文献

1. 郑雪．人格心理学．广州：广东高等教育出版社，2004.

2. 王志超．中小学生心理问题个别辅导．广州：暨南大学出版社，1997.

3. 燕国材．中国心理学史．杭州：浙江教育出版社，1998.

4. 杨中芳．中国人的世界观：中庸实践思维初探．见杨中芳．如何理解中国人．台北：远流出版社，2001.

5. 胡增暇．西方哲学史（上册）．上海：上海人民出版社，1994.

6. 许思安．青少年儿童心理危机干预的理论与实践．暨南大学出版社，2009.

7. 袁贵仁．论马克思人的全面发展观．高等师范教育研究，1992（3）.

8. 弗洛伊德．自我与本我．贺明明译．弗洛伊德著作选．成都：四川人民出版社，1986.

9. 阿德勒．自卑与超越．黄光国译．北京：作家出版社，1986.

10. 霍尔等．荣格心理学入门．冯川译．北京：三联书店，1987.

11. 车文博．人本主义心理学．杭州：浙江教育出版社，2003.

12. 马建青，王东莉．震后心理援助指南．杭州：浙江大学出版社，2008.

13. 许思安．学校心理辅导．广州：广东省语言音像电子出版社，2009.

14. 马斯洛．和尚能够自我实现吗？引自许金声．人格三要素改变命运．北京：华文出版社，2003.

15. 加登纳．智能的结构．兰金仁译．北京：光明日报出版社，1990.

16. 魏光峰．论孔子的理想人格及其特点．殷都学刊，1998（4）.

17. 岑贤安，徐荪铭，蔡方鹿等．性．北京：中国人民大学出版社，1996.

18. 张积家．我国古代心理教育思想论要．教育研究，2000（4）.

19. 许思安．汉族、壮族、蒙族、纳西族人格结构的比较研究．华南师范大学博士学位论文，2006.

20. 许波，都增花．儒家理想入格的心理学解析．阜阳师范学院学报（社会科学版），2000（6）.

21. 周义龙．儒、释、道家理想人格模式的差异比较．江西省团校学报，2004（2）.

22. 李桂兰．试析西方人格理论中的健康人格模式．唐都学刊，1995（2）.

23. 黄希庭．人格心理学．杭州：浙江教育出版社，2002.

24. 卜长莉．自我实现的人——马斯洛的健康人格模型．北华大学学报（社会科学版），2002（4）．

25. 莫坚义，罗国斌．浅谈健康人格及其标准．广西大学学报（哲学社会科学版），1999（6）.

26. 黄荣怀，郑兰琴．解读"多元"智力：多元智力理论与智力三元论述评．中国电化教育，2004（3）．

27. 聂衍刚．智力与人格协调发展的教育．广州：广东高等教育出版社，2005.

28. 孙慧．教师职业压力的负面影响及其自我调适．湖南师范大学硕士学位论文，2003.

29. 黄伟民，许思安等．思想品德七年级（上册）教师教学用书．广州：广东教育出版社，2003.

30. 余祖伟．从埃里克森的青年期人格理论探讨大学生健康人格的培养．广西高教研究，2001（3）.

31. 郑雪．跨文化智力心理学研究．广州：广州出版社，1994.

32. 孙殿凤，刘金兰，李建．家长育儿方式对学龄前儿童行为问题的影响．滨州医学院学报，2003，26（1）．

33. 全国22个城市协作调查组．儿童行为问题影响因素．中国心理卫生杂志，1993，7（1）．

34. 王俊红，王欣．中学生父母养育方式与心理健康状况的研究．健康心理学杂志，2004，12（2）．

35. 中国共产主义青年团编著．聚焦新生代——第一次未成年人现状调查报告．北京：北方交通大学出版社，2001.

36. 许思安，郑雪，高宝梅．论"发展的小生境"与人格的关系．华南师范大学学报（社会科学版），2005（6）．

37. 陈仲庚．人格心理学．沈阳：辽宁人民出版社，1986.

38. 赫根汉．人格心理学导论．何瑾，冯增俊译．海口：海南人民出版社，1986.

39. 卡伦·霍妮．我们时代的神经症人格．冯川译．贵阳：贵州人民出版社，1988.

40. 陈少华．新编人格心理学．广州：暨南大学出版社，2004.

41. 郑雪．认知操作、认知方式与生态文化因素的关系．华南师范大学博士学位论文，1994.

42. 李富强．西方文化与人格研究的历程．广西民族研究，1996，46（4）．

43. 墨菲．近代心理学历史引论．北京：商务印书馆，1980.

44. 徐光兴．中外电影名作心理案例集．上海：上海教育出版社，2006.

45. 邱林，郑雪．主观幸福感的结构及其与人格特质的关系．应用心理学，2005，11（4）．

46. 严标宾，邱林，郑雪．大学生主观幸福感的跨文化研究：来自48个国家和地区的调查报告．心理科学，2003，26（5）．

47. 王建中，樊富珉．北京市大学生心理状况调研．中国心理卫生杂志，2002，16（5）.

48. 朱心怡，霍黉琦，王莹等．医学生多项人格特质（MMPI）的13年资料分析．中国心理卫生杂志，2001，15（4）.

49. 赵富才，杨昭宁．532名高校新生的生活和人际关系调查．中国心理卫生杂志，1999，13（3）.

50. 于宏华．大学生人格障碍的流行病学调查及相关心理因素研究．山东大学医学心理学研究所内部资料，2005.

51. 张三萍．1000例独生子女大学生人格的分析与启示．武汉理工大学文法学院内部资料，2002.

52. 刘媛．单亲大学生人格及心理因素的调查与分析．大连医科大学内部资料，2007.

53. 何宏灵，刘灵，杨玉凤．单亲家庭儿童个性和学习成绩研究．中国现代医学杂志，2006，16（3）.

54. 方淑琼．单亲家庭对大学生成长的影响及其对策．肇庆学院学报，2002，23（1）.

55. 林静．767名大学生人格特征调查．中国校医，2007，21（3）.

56. 孔德生．高校在校贫困大学生人格特征分析及教育对策研究．吉林大学哲学社会学院内部资料，2004.

57. 孙芬．论社会转型期大学生现代人格的培育．河海大学公共管理学院内部资料，2005.

58. 章凤红．当代大学生人格塑造研究．武汉大学政治与行政学院内部资料，2003.

59. 张艳春．当代大学生理想人格及其塑造．延边大学社会科学基础部内部资料，2005.

60. 王馨竹．经济院校大学生人格状况的调查分析．河南职业技术学院学报（职业教育版），2006（6）.

61. 李淑娜，郭洪波．415名大学生的人格特点分析及对策．济南职业学院学报，2006，56（5）.

62. 刘衔华，刘克善，谭剑虹．大学新生人格特征2988份问卷调查．中国临床康复，2005，9（44）.

63. 于晓波. 师范院校本科新生人格特征调查及干预策略. 心理健康，2007，4（2）.

64. 刘江，刘广鸿. 普通高等院校贫困男大学生人格特征及与健康的关系研究. 北京体育大学学报，2007，30（2）.

65. 李浩涛，金艳. 汕头大学贫困大学生人格特征分析. 中国校医，2007，21（3）.

66. 胡瑞，李忠云. 大学生健全人格培养的探索与实践. 中国高教研究，2004（10）.

67. 于开文. 贫困大学生人格特征调查研究. 教育科学，2006，22（2）.

68. 尹国华. 高职学生人格现状调查及对策分析. 中国水运（学术版），2006（11）.

69. 樊富珉，王建中. 当代大学生心理健康教程. 武汉：武汉大学出版社，2007.

70. 贾晓明. 大学生心理健康. 北京：北京理工大学出版社，2006.

71. 凌文辁，方俐洛. 心理与行为测量. 北京：机械工业出版社，2003.

72. 王玲. 变态心理学. 广州：广东高等教育出版社，2006.

73. 郑雪. 社会心理学. 广州：暨南大学出版社，2004.

74. 张春兴. 张氏心理学辞典. 上海：上海辞书出版社，1992.

75. 郑雪，严标宾. 幸福心理学. 广州：暨南大学出版社，2004.

76. L. A. 珀文. 人格科学. 周榕，陈红，杨炳钧等译. 上海：华东师范大学出版社，2001.

77. Super, C. M., Harkness, S. The developmental niche: A conceptualization at the interface of child and culure. *Internatinal Journal of Behavioral Development.* 1986, 95: 45 - 69.

78. Harkness Sara, Hughes Marcia. *Entering the Developmental Niche: Mixed Methods in an Intervention Program for Inner - City Children.* US: University of Chicago Press, 2005, 443.

79. Berry, J. W. On cross - cultural comparabilitys. *International Journal of Psychology*, 1969, 4: 119 - 128.

80. Berry, J. W. Marginality, stress and identification in an acculturating Aboriginal community. *Journal of Cross - Culture Psychology*, 1970, 1: 239 - 252.

81. Berry, J. W. Independence and conformity in subsisence - level societies. *Journal of Personality and Social Psychology*, 1967, 7: 415 - 418.

82. Baumrind, D. The Influence of parenting style on adolescent conmpetence and substance use. *Journal of Early Adolescence*, 1991, 11: 56 - 95.

83. Chapell, M. S., Overton, W. F. Development of logical reasoning in the

context of parental style and test anxiety. *Merrill – Palmer Quarterly*, 1998, 44 (2): 141 – 156.

84. Zuckerman, M., Kuhlman, D. M., Camac, C. What lies beyond E and N? Factor analyses of scales believed to measure basic dimensions of personality. *Journal of Personality and Social Psychology*, 1988, 54: 96 – 107.

85. Baumrind, D. Child care practices anteceding three patterns of preschool behavior. *Genetic Psychology Monographs*, 1967, 75: 43 – 48.

86. Dai Yun. Relationships among parenting styles, parental expectations and attitudeds, and adolescents' school functioning: across – cultural study. *Dissertation Abstracts International*, *A Humanities and Social Sciences*, 1999, 59 (12 – A).

后记

1993年，一个阳光灿烂的日子里，怀着满腔的激情，带着热切的期盼，我走进了大学的校门，可是还未来得及体会大学的滋味，第二天就被剪了个很短的头发……军训生活开启了我的大学生涯。大学的四年里，承载了我很多美好的回忆，这也许是大学生们都似曾相识的共同经历：大学里，我们有过彻夜卧谈，有过扑克牌的通宵拼杀，有过弗洛伊德的争论，有过荷包岛的畅游……这是一个最值得珍惜的集体，这是一段最难以忘怀的时光……大学里，我们曾一起感受成功与快乐，一起品尝失败与忧愁，一起憧憬未来，一起渐渐长大……毕业十年，告别天真与幻想，走向成熟与理智，青春已不再，但我们更能笑对人生……

欣赏马斯洛的一段话："我是一个在路上行走的小男孩，一直在往一个奇异的地方走去，我正好到达了我的出生地。我一直在为一项事业奋斗，那是最适合我的事业……我不知道你们每一个人从什么地方来，但事实上可以是任何地方，你们不需要经过任何提携，不需要亲友，不需要任何特殊和优惠，也不需要经过任何一个特殊的学校……只需要你们的能力和天资。"这番话也许能启迪我们去思考：在大学这个人生道路的驿站里，我们将如何走好自己的路。事实上，每个人都在走自己的路，有时我们走的是阳光大道，有时我们也会误入弯路，有时甚至迷路……在这条路上，也许我们会得到他人赞赏的眼神，也许要迎接来自别人在他的路上投来的各样目光……也很欣赏但丁的这句名言："走自己的路，让别人说去吧！"因为它道出了：不管怎样，这是属于我们自己的路，靠的是自己的力量。

本书从经典的斯芬克斯之谜开始，引领大学生们进入弗洛伊德的无意识领域，探析艾利斯的非理性观点，分享罗杰斯的无条件积极关注……走进人格心理学的世界，尝试以积极的视角看待我们自己和身边的每个人，正是本书的希冀所在。我们衷心希望，我们的书能让广大大学生读者从中得到启发。

全书共六章，第一、二、六章由许思安编写，第三、四、五章由严标宾编写。全书的统稿、定稿由许思安负责。由于水平与经验的限制，书中难免有错误或不足之处，敬请读者与同行批评指正。

几经周折，这本书终于得以出版，在此感谢那些一直支持我们的老师、同事、师兄弟妹、朋友、家人。特别要感谢他们几位：黄勋华、莫清瑶、高慧冰、吴清霖、曾保春、黄圣英。

许思安

2009年春于广州中海名都